Adult Activity Books Series

The Giant Book of

Numbrix

1000 Easy to Hard
(9x9) Puzzles

Vol. 20

Khalid Alzamili, Ph.D.

A Special Request

Your brief review could really help us.

Thank you for your support

August 2020

Copyright © 2020 Dr. Khalid Alzamili

ISBN: 9789922636429

Dr. Khalid Alzamili Pub

www.alzamili.com

Author Email : khalid@alzamili.com

CONTENTS

INTRODUCTION

Playing logic puzzle is not just a fun way to pass the time, due to its logical elements it has been found as a proven method of exercising and stimulating portions of your brain, training it even, if you will and just like training any other muscle regularly you can expect to see an improvement in cognitive functions. Some studies go as far as indicating regular puzzles can even help reduce the risk of Alzheimer's and other health problems in later life.

Numbrix is a logic puzzle with simple rules and challenging solutions. It is played on a rectangular grid of squares. Some of the cells have numbers in them.

The rules of Numbrix are simple: fill in the missing numbers, in sequential order, going horizontally and vertically only. Diagonal paths are not allowed.

69			72			77		81
	67	66			75	76		80
15				63			54	
		59					51	52
17	12		8			49		47
18		10		6				
19	20							45
		28	27					
31	32	33				37		39

69	70	71	72	73	74	77	78	81
68	67	66	65	64	75	76	79	80
15	14	61	62	63	56	55	54	53
16	13	60	59	58	57	50	51	52
17	12	9	8	5	4	49	48	47
18	11	10	7	6	3	2	1	46
19	20	21	22	23	24	43	44	45
30	29	28	27	26	25	42	41	40
31	32	33	34	35	36	37	38	39

This Logic Puzzles book is packed with the following features:

- 1000 Numbrix (9x9) Puzzles from Easy to Hard.

- Answers to every puzzle are provided.

- Each puzzle is guaranteed to have only one solution.

We hope this will be an entertaining and uplifting mental workout, enjoy The Giant Book of Numbrix.

Khalid Alzamili, Ph.D.

Easy (1)

81		79				37		35
	77	78			43			
75	74		48	41				
			49		23		27	
	70	71		21				29
66		58			17		13	12
65							14	
	61		53					10
63		55		5			8	9

Easy (2)

45	46	65		69		3		1
		64	67		71		5	
	48			61				7
42			53			76		
41	50		54		80			9
						11		
35		37		57				13
	31			26	23			
		29			24			15

Easy (3)

			36			31		29
	41						49	
81	80		44					
		78	59		57			26
75	62	61		1				
74					55			
	72			9		11		21
		66		8		12		18
69	68		6		14		16	17

Easy (4)

55		57		59	60			
	53			80		62		66
49			78		70			
	47					16		18
	46		74					19
44		4		10		22	23	
43		5			12			25
		7		35		29		
41		39				33		31

Easy (5)

75		77	78				28	27
74		72			69		29	
	64			67				25
		58					23	
61		57	40		34			21
					35		19	
53		51				15		
	49		43		9		3	
	46		44		10			5

Easy (6)

33	32			25				1
34					23		11	2
	44		46				10	
36		52						4
			50	49	20			
38			81		19	18		6
	40	55						
	58			77		73		
61	62		64			67		69

Solution on Page (170)

(3)

Easy (7)

49		47	46			1		
50							3	6
		55				11		
70	67		57				9	
71		65						17
			59		35	14		18
	62						20	19
			77	32			21	
81	80	79		31		25		23

Easy (8)

39		29		19	18			5
	37		27		17			
			26					3
42		32				12		
	34				14	13		77
		52		56	67		79	
45		53						75
	49				65		81	
47	48		62	63		71		

Easy (9)

81	80	79		77		75	74	
60			63		67			
	58		64			35		
			55	38		34		
	52	53			28			
48		44					25	24
					12			23
2						19		
1		5		9	14	15		21

Easy (10)

65	64			59	58			51
		61			54			
67	68				56		48	
			75		79	80		
31				77				45
	29		37		39		43	44
27				15				
	23		17		13	2	3	6
	20				10			7

Easy (11)

39		7	6		4			23
					11			24
41			14				20	
				17				
	44	33		31			28	
46			57			62		66
	52		56		60		64	
48				78				68
49	50	75	74		72		70	69

Easy (12)

	34		32			21	20	
36		38		30				
	74					13		17
72			43					
	76	77		27		7		
70						6		4
	80		62		48		2	
68		64				52		
67	66	65		59	58		56	

Solution on Page (170)

					70	69		
	77			66			53	50
		63			58	57		
	81		9	60				
5					44	45		47
4			11		39		37	
3		15		41		33	34	
	19		17		25	32		30
		21			26			29

55		61	62		78		80	81
			76					
53		59		67	68			71
		65				1		
51				27		23		3
	46	29		21		5		
43		30				9	7	
			32		10			
37		35		33	16		14	

27							78	77
28			19	12		8		76
		23						75
30	31		17		3		81	
				15				73
36	37		39				69	
	46	43		41		59		67
		44	53				61	
49						63		65

25	26		30	59	60		70	
					68			72
	22		32				66	
6		20		56				74
							76	
			35			50		78
3		17			42		48	
2			15	38		44		
1		13			39	40		81

	5		7		11	14	15	
	3		57		9			
61				55	54		26	17
	63					28		
65			48			29		19
	67	68			41			
81				45		31		
80					39		33	
79	78			75				35

7		9			18		22	23
	5				16		20	24
3						27		
	47			40	37		29	
		49	44				33	31
	51							72
		79	78				75	71
			59		63			
55					61	65	68	69

Solution on Page (170)

(5)

Easy (19)

41						3	4	5
	38		30		2			
	37			28		14		
	49	50			16		8	
47			24	23		17		
78		52	53		21		11	
				55				
80		58	59			63		
81				71		69		67

Easy (20)

65	64			47				23
		57		43				
	62		56			41		21
	54			39		27		
71		53		51		37		19
72			3		35	36		18
						30		
		76		10		32		16
81	78		8		12			15

Easy (21)

1				41		49		51
					47			52
3					45			
		10		36	59			56
13	18		20			61	62	
		22			73			
15		23	32	33		71		
	25			76				68
27		29	30			79		81

Easy (22)

2	5		11			24	23	
		13		15	16			27
54					31	30		28
55		35		37				
56			49				43	42
	60					45		71
58			63	66		68		
81	80	79	78		76			73

Easy (23)

	79		1		3		27	
	75		77	6				
73		71			14		24	
	69						23	30
67		65		11		17		
	63		49		19		21	32
61			50			35		
	57						39	
55				45		43		41

Easy (24)

47		45			36		32	31
	51				37		33	
49				39		27		
78			55		57			
	76			59		25	24	
		62	63		13			
	74	65		11		9	16	
72			67				18	
71		69				3		

Solution on Pages (170-171)

Easy (25)

25			18		12			5
				14			1	
		21		15				7
28			39		81	80	79	
	34		38	41				
		46			43		73	
			48	59		65		71
52			49		61			
53	54	55		57		63		69

Easy (26)

13	12		10	67		65		
					69			
	16		6	71		59		57
		4		72				
	2					51		49
	1	80				46	47	
		81		75	44		40	39
			29					38
25				31	34	35		37

Easy (27)

69	68		66				60	
		72		76		62		58
	20		74					57
			25		81		53	
17					48	49		51
	31		29	28			45	
15							40	43
	11		7			38		42
13		9	8			3		1

Easy (28)

31	30			19		3		
32		26		20		4		
	34				16		14	
		24					13	8
		45		49				
	43				53			56
41		73		71			58	
76		74			61			64
77			80		68		66	65

Easy (29)

5			70	71		73		79
	7				65		81	
9				67		75		77
10					63			60
	16		32					
		20		36		50		
13	14				48			
	23		29	38		46		
25		27		39	40		42	

Easy (30)

	70			21			14	13
68		74			19		11	
	72		78	23		17		9
66	81		79					8
65		39						1
64			37		31			
			35		33			3
62							51	
61	60		58		56	55		

Solution on Page (171)

Easy (31)

37	38		42	45	46		78	77
		40			47	80		76
35	34		32			81	74	
		30			51			72
27			22	55				69
26								68
			12	11		59	62	
		14						
	2	3						

Easy (32)

73			80	79		49		41
	75	76				48		40
			56			44		
68				54		46		38
67	64						26	37
		62		22	21	28		
	6						30	
	3	8		16	15			
1		9		11				

Easy (33)

7			11		13			75
	3	2	17		15			
5	4			53		79		
		20	19					72
	24	25		51		57		71
32			27					
	30		42			59		
34		38		44		60		64
	36				46			63

Easy (34)

		6	7		9			11
2		36			17		13	
1		39		19				
	41		33	20				
43					30	29		27
	47		67					78
49	50		66		64			
54		52						
	56		58		62		74	75

Easy (35)

35		37		41		43		51
			39		45		49	
		29				47		53
26		28			57			
25				63				67
	23		3		81			68
		5		79		77		
		6					73	70
17	16		14	13	12			

Easy (36)

	72		70			17	16	15
		68	69		21			
		66						13
76		38	35			26		
		64			41		10	9
		62	43			28		8
		60		44			6	1
		56		52	51			
	58		54					3

Solution on Page (171)

Easy (37)

5		7		13				21
	3				15			
			10		58		24	
	49			56				26
47	76			55				27
46		74						28
45	78		72					
	79	80			69		33	34
		41	40	39		37		35

Easy (38)

73	72			69				27
					31		25	
75	62							23
			41		37	20	21	
77		43	40		38			
78	59					18	17	
		51	50			11		13
80				2	1			
	56	55		3			6	7

Easy (39)

77		75	74				4	5
	79		69		71		1	
		67		49		9		7
								12
63	58	57				43	14	
			53				15	16
61		55		39				
			37		27		19	
33	32		30	29		23		21

Easy (40)

81			2			5		
		60		8		6	15	
77				9	10			19
76		64	57				13	
		65				23		21
			44	39		25		
73		53	52		38		32	
72			46		34			
71	70				35			

Easy (41)

61			64		66	67		69
60			57			50	49	
	12			55	52			
14					53	46		72
		17						73
			23		39		43	
27		25				37		75
	1			4			77	
29		31			34		80	79

Easy (42)

		63		65	66	67		75
		26						76
57						72		
	55			22		20		78
53		31						79
			33		3	18		16
47		49		35				
	43		37		7	6		12
		41		39		9	10	11

Solution on Pages (171-172)

(9)

5		7			62		78	
			13	16				76
3				17	60		80	75
	21		19				81	
1			36	37				73
	23	34					69	
25			40	45		55		71
						54		
29					48		50	51

		33		37		41		49
			35	38		42		
27					8	43		51
	25		13	14			45	
23		19			6			
			17		5		3	
		69		67		65		55
74		70						
75	76		78	81		61	60	59

27			24		20		2	3
28	29		23		19		5	
		32			17			9
		38	15				11	
		36			61			71
42					67			
	44		58		64		80	
	47		57		55	78		
		51					77	76

81			70			67		65
	73						63	
			56		52	51		47
	75			54			49	46
77			32	33		39		
	21				35		41	44
19				25		37		
			15		13			
	3		5			7	8	9

17	16			13		7		1
18			21		11		5	
								3
		62						
			56		34	33		
78	69					36	31	
	70	59		53	52			39
76						44		40
75	74		48		46		42	41

51		41		7				11
		42			5		1	
			38		4			
54		44		36			15	
	46		80		34			
56		66				28		18
57		67			76		20	
	63		69			26		22
59		61			72			23

Solution on Page (172)

(10)

Easy (49)

67	68	69				73		75
66			63				59	
	50	51			54			77
			45	44		56	81	
	10					41		
12		6			1			38
				23		29		37
		18	21					
15	16		20	25		33		

Easy (50)

	62	49		37		35		33
64							31	
65		51		45		29		23
	59		53		41		25	
67		57				27		
		55		1				20
				10				
		73				8		18
79	78	75		5			16	17

Easy (51)

	72		68	65		63	62	
74		70	67		81			60
75								
			45			52		54
41			28				16	15
	39					50		
37			24		22		18	13
		4					19	
35		5		7		9		11

Easy (52)

67	66					53		51
68		76					47	50
69		77	80		56			
70	73			60		44		
			6		58			
					1	38		
11		13	14		2			
			24			32		30
19	20	21	22		26		28	

Easy (53)

47			80		72	71		
	49			76			67	
45		59			74			11
44	51			62				
		57	56					9
42	53			18		22		8
41		33	32				2	
				28				6
		35	30		26		4	

Easy (54)

		51	52		56		60	
48	47		45			58		
	22				42			63
20			28					
17		25				33		65
	5		1		31		35	
15		3						67
	7		9		75			
13		11		73		81		79

Solution on Page (172)

(11)

19		67				71	72	81
	17		65		63			
21						61		79
			9				75	
23		13			6	55		77
			1		5			
31				3				51
32		28	37		47		45	
33			36			41		43

73			66		62	61		59
74		70		64			57	
77		69						53
	43				50			
79		41			38		22	
		33	34		36			20
		29		27	26		24	19
						14		
3	4						16	17

43	44			51	78		68	
42						80	69	
	40		48		76			
38		36		54		74		
					56			63
30						58	59	
	4						60	61
2	5		25			16		14
		7			10		12	13

77	78		80					7
76			1	2				8
71							14	
	69		43		19		13	10
65				39		21		
64					37		23	24
		59					26	
	55		57	48		28		30
53				49	34			31

77		57				41		39
						36	37	
75		61			44			
	81		51		45			
73		63		49			30	31
72	65							24
	66			7		21		
			9		19			16
69	68	1		11		13	14	

		19	18		14	11		9
	25			16				
23		27			30		6	
62	61		55		35			
		57		37			2	3
64	59		53			40		
65		71						43
	69						45	
67		73		77		79		81

Solution on Page (172)

Easy (61)

23				59		67	68	
22		20		58	61			
11	12		28			63		71
								72
	14		30		50		52	
		16		32		48		74
	6		34		46		76	
		36				42		80
3	2						78	

Easy (62)

41		21		19		17		1
	39		23		13		15	
43								
	37				27		5	6
45				29		9	8	
			31		65			68
51						62		
	79			58		60		
81		77	76		74	73		71

Easy (63)

15	14		10		6		4	
		12		8				
17	18						26	
56			51		29	28		36
57							34	
	59					40		38
				73			42	
	67				45	44		80
65		69		75		77	78	79

Easy (64)

15		17			34		62	63
				32				
13	20						60	65
12		22				42		66
11					44		58	
		2		46				68
9			78	51			56	
		80			53	54		70
7	6			75	74			

Easy (65)

13			16		46		70	71
	11	20				48		
9		21		39		49		73
	23			40			67	
7						51		75
		34		54				76
					60		64	
4						62		78
1	2		30			81		79

Easy (66)

1	4		6	7	10			
2		80					15	
77	78		20		18	17		31
	73			22			29	
75		71	70		26			
						36	37	
	57		55	48				39
							41	
61		59		51		45		43

Solution on Page (173)

Easy (67)

9				23			44	45
					41			46
7		19	20	25		33	38	
				26		34		48
5		17						
	3			56			51	50
		61	58		54			
64		62				74		80
	66		68		72		76	81

Easy (68)

15	14						54	
				4		8		56
19		1	38				7	57
	21				41		51	
		35		43				59
	31						47	
25		69	68	67		65		61
							63	
27		71	72	75		79		81

Easy (69)

31	32		34		36			65
		28						66
21	22					43		
20		26			45		59	68
19		25		51			58	
18								70
3		15	12					
	1			10				74
5		7		9	80	81		

Easy (70)

51		59		77		79		
	53		61		75	74		72
49	54		62	65				71
		56					25	
47			32					
				30	19			
43	36						2	3
		38	15				8	4
			14	13			9	5

Easy (71)

17	18	25					80	81
16			27					
	20	23				73	72	
		22			33			
			36	35		63		67
		2		48	49		61	
9						51		
	5			46			52	57
7		41	42				54	55

Easy (72)

35	36		42		78	79		81
34				76			73	
33				47				71
32					49	56		70
	30	27		23				
4			25					68
	2	19				53		67
6			17		15			
		9		11				65

Solution on Page (173)

Easy (73)

23			28		64		66	67
22		26		30		62		68
21	18			57	58		80	
	19						79	70
13		15		55		77		71
						76		
1					48		74	
					49	46		
3			38	39			42	

Easy (74)

59		61			68			81
						72	71	
49		55		65				79
		54	29		17			78
47	52					15		
46		38	31		19		3	4
45		37		25		13		5
44		36			21		11	
		34						

Easy (75)

		67		65		63		61
	53		55				59	
				11				23
72				10			19	
	50		44		14	15		
74		42		8				26
		41				1	2	
				34				28
79	78		38		32	31	30	29

Easy (76)

		35		45		47		49
		37		43		51		
		29		39		41		53
14							55	
		24		58	59			61
12	19				81			
		78	77					63
10		6			75		69	
9	8		2	3		73		71

Easy (77)

79	80	73		65		63	58	
78					67	62		
	76						60	55
20						32		54
	18						34	
16		24		40		36		
			42	41		37		
14					45			48
13		7			4		2	1

Easy (78)

43	44			55		57	58	59
		52		50				60
			48					61
			37		69		73	
5	6							75
4		32			81	80		76
			14				78	
2				18				
1	10		16		20		22	23

Solution on Page (173)

(15)

Easy (79)

			72			15		19
80				12			17	
	76				10	1		
78		68		6				
	66				50		48	
64					51			24
			42	43			26	
62		40			33	32		28
		39	38	35	34		30	29

Easy (80)

67		65		63			48	47
	69		61		51			
		59		53				41
	71		55		37		39	
	72			35				25
78		74					23	
77		75				21		3
	15		17		19			4
				9			6	5

Easy (81)

19	20		24		33			
		22		26		37		
17	14				31		39	
16								40
	62				8	1		
64			55	56		6		42
	70			51	50			
72	69		53		49		45	
73		75				79		81

Easy (82)

27	28			31		35		37
26				33			39	38
		21					62	
			47		43			64
15			48	49		55		65
						56		
	8			51	52		58	67
4					73	72		
5			78	79			70	

Easy (83)

63	64	65		69		73		81
62				71		75		
	36	59						79
34			39		45		77	
33				43				
	3		41		47	48		50
5			28				24	
		10		14			19	
			12		16	17		

Easy (84)

43						71		73
42		56	55			67		
	46			61		63		75
40			51			65		
39		49			22	21		
38			27		15			
37		29				17		79
	33		11		5			
35				7		3		1

Solution on Pages (173-174)

Easy (85)

		49	42		40		28	27
	53			44		30		26
55			46				24	
	57	58				32		22
79			60					19
	75						11	
77		73			6	1		17
	71		63				13	
69		67				3		15

Easy (86)

3	4	5		9			48	
2		6			11		47	
21	20		18	17				51
					27	44		52
		31		29			54	
				41				56
79				61		59		57
			73		63			
81				72		70	69	

Easy (87)

51		49		29		25		23
52		46			27			
53			42			33		19
		58		38	37		17	
55	56							15
	63	60		8		12		14
65								77
		2		4			75	
67	68			72				

Easy (88)

33		31				17		15
				27			13	
37	36							11
		2			5		9	
		43		45		7		69
			47					70
	50			61	64		72	
			59			74		76
53	54	57		81	80		78	77

Easy (89)

13	14		18		46		48	49
	15			20				50
			22	23			52	
		8	27			42		
	4							55
76		2		30		36		
77			72					59
	79		71		33		63	
81		69		67		65		

Easy (90)

57		51				47	26	25
58			43					24
	54	53		33		31		
					1			22
65			40		2	19		21
		68		36			17	
	70		38		4			15
		72					11	
79					6	7		13

Solution on Page (174)

(17)

Easy (91)

39		37		29		27	26	25
40					21			24
	42			33		19	18	
44		46			79			
49				67		13	2	
50		54		68			3	
	52		64	69		11		
							9	
59	60			71		73		

Easy (92)

	32		28	1				7
		30			3		13	
	36		26		16			
42			23		17		11	10
	40	39			20			
44								70
57		55	54		52			
	59			62		64		72
81		79					74	73

Easy (93)

9	8		6		4		2	1
		14		18				24
		12		16		29		
36		34		32			27	
37			46					
38				48			71	
	40			49		73		
54			59		63		75	
55				61		77		79

Easy (94)

65			68	13	12			9
		62				16		8
57				21				
	59	60			23	24		6
55			72	27			4	3
				29				
49			74					1
				80		78	33	
43	42		40		38			35

Easy (95)

29	30		32		42		50	51
28			33					
	22			39			48	
20							55	
19		15		37	66			
		14	13				61	
1	10				70		60	59
2						72		80
3		5		75			78	79

Easy (96)

			28		30			33
22			81	80			35	
	20	19				39		41
2				54	53		49	
	16		76			51		43
4				56				
5		13	74		60		46	45
	7		71			62		
9			69	68				

Solution on Page (174)

Easy (97)

47		63		65		67	68	
	49		61		59	76		70
45		55		57				
	51				79			72
			33					
	39				31		27	24
		37	36			3		23
	9				1			
11		13	14	15		17		

Easy (98)

		5		7		9	10	11
	1		17					12
23		19		53		55		
			58				67	
	26					61		71
28		48			45			
29	34		36			63	64	
	33							
31		39		41		79	80	81

Easy (99)

45	44			27	26			23
46		30		32			21	
47					34			17
48		40		36			15	
			52			79		1
60			57		77		13	
				55	76			3
66			71			10	5	
67	68							7

Easy (100)

53		51		49	10			
54			47			12		16
		79					18	
58			77		5	6		20
59		75			4		22	
			42	1				24
					31			25
64	69		39		33		29	
65			38		36		28	27

Easy (101)

	80				54		46	45
74		76						44
73			58		52			43
		70				62	41	
		69						39
10			67		21	30	31	
11		3		19				37
			17				33	
13		15		25		27		35

Easy (102)

	44	47						81
			1		51		77	
41		39		3		53		75
	33						55	
31		35		5		59		73
					9	60		
		27		15	10		68	
	21		17					
23		19		13	12	63		65

Solution on Pages (174-175)

(19)

Easy (103)

17		19				27	28	
16		14			25			
	12		4				32	33
				42		38		34
9	8					39	36	
		46	53					62
		51				59	60	
72		70						64
73	74		76		78	79		

Easy (104)

67		69		71			74	81
			61		59	58		80
65					56			
48	49	50			23			78
		44			21			
40	41			26		16		18
	34		28		14		2	
38		32		10			1	
37					8			

Easy (105)

77			72			67		21
	81				69		23	20
79		59		63		65		
	49						25	
		57		55		27		
46			53				15	16
			36	35		33		13
		40					9	
43			2	3		7		11

Easy (106)

	62							
		64		36				16
59	66		70		30	23		
							25	14
57		81		39		27		13
56			73		41		43	
	78		48					11
54		76		6	7			
53	52		50		4			1

Easy (107)

45	46				64			67
	47	56				70		68
43			54		62			73
					27		25	
		51		31				75
	37		35		29			
39		7		3		19		77
	9		5		1			78
				15			80	81

Easy (108)

29		27	26		24		20	
				34		22	21	
	40				15			
42		44			14			
	60		56					11
62				50		8		6
63		65	54				4	
		53		75	76			78
		71		73		81	80	79

Solution on Page (175)

Easy (109)

33	32	13		11		55		59
			15		53		57	
	30			9				
36		18	19		51		65	
				7		69		67
38		26			49		71	
39								
				4		76		
41		43	44		46	81		79

Easy (110)

			78	79	80			
		76				70		
	4		2	1		71		
10				43				62
23	22			17		45	46	
		19		41				60
25		31		39				
	29		33		53			
27		35		37	54		56	57

Easy (111)

57		51	50		44		36	35
	55			46	43		39	
59					41			
60		6			3			
	62					19		
								30
		13		15			17	24
68					77			28
	70	73	74	81	80		26	27

Easy (112)

47	46		42		32		28	27
			34					
49		51					24	25
	55			36		22		20
							18	19
58	59		61					
77		75			64		8	
	79		67					14
81	80			71	70			13

Easy (113)

67			60			49		47
68		62		56				46
69	64		58			51		
		74		80				42
71		75		77			38	
	11		9					36
13				17			2	
			19		29			34
23			26	27				33

Easy (114)

75		77			41			39
	79		45					
73		55		49		35		
			53		33	34		26
		57		51				
	59				21	22		24
69		61	18		12		10	
	63	64						
67	66				4	5	6	

Solution on Page (175)

(21)

Easy (115)

39					5			
40	37		33		29			
			44			3		11
	53	50		46			1	
					26	25		
	57	58		60			15	
			62	61		23		17
		64			79			18
69		71	72	75			20	19

Easy (116)

	8	15	16		18	25		27
6				20			29	28
			12			23		
4		2			37			32
	42		40					53
44					48	49	50	54
							60	
72				80				56
73				78	79	64		58

Easy (117)

17				77	78	79		
	15		21	76				72
13		23						
12	11			26				70
		9				65		
	5		3	32			59	
		35			56			61
	41		45	46		54		52
39					48		50	51

Easy (118)

61	62		66			79		77
	63	64		68			81	76
59			52			73	74	
58		48		50	1			
			44				14	
							13	
31			38			19		
		36	39		21			
29	28	27		25		23		

Easy (119)

		25		31				35
		24		30		38		
17							42	43
		14		8				
		13	10		6	3		45
	79					50	49	
			68		54		48	47
	81				63	56		58
73		71		65		61	60	59

Easy (120)

67		71	72		74			79
66	69			56	75		81	
			58			53		51
64		36		38			49	
63			34			47		45
28		30			41			
27	26		18					1
			11					
23	22		14	13		5		

Solution on Page (175)

Easy (121)

77	78		26		24	23		21
76				2			19	
75			30					
74		32		4	5		9	
			38			7		11
72		36			41		43	
71				59				
	67		61		57		49	
69		63						51

Easy (122)

23				70				67
	21		29		71			
19		31			38	73		63
	17		33	36			75	
	12		34		40			61
		47		41		81		
	7		45		79			
4		6		44			55	
	2			52	53			

Easy (123)

		45		47	48			
42	41		33				29	
	40			25		27		53
38		36		22			19	
			14		16			55
10				4		2		
			64					57
68		66		62	75		81	
69			72	73		77		

Easy (124)

31	32			43		71		
30		34	41					74
								75
26		24						
		23	22			63		77
16	19		21		51			
	14	7			52	53		
12			3	4		54		80
11		9	2		56			

Easy (125)

65	66			5		7		9
64		72			3		11	
	68					1		
62	69		81				15	14
61		57				17		19
60					35		27	
51						29		
	47		41		33			22
49				43		31		

Easy (126)

13							28	29
12		16		20		26		30
	10			5				
72				4		2		34
	70				38	37		
74				43		45		
	76		59		53			
78	79		61		57			
81		65	64			55		49

Solution on Page (176)

(23)

Easy (127)

67		57	56				40	
	65					36		38
		61						27
	63				45			
			50				30	25
	3	4		48		32		24
73		77		11		17		
			7					22
81	80		8	9	14		20	21

Easy (128)

19		37			40	45	46	
			33					48
	22	35					50	
16		26		30		2		52
15	24		28			1		
	13		9		5			56
				7		67	64	
							63	58
79		75		71		61		59

Easy (129)

57	58		62	63		67		69
	55	60			65		75	
53						77		71
			41		3			
49	50			39			8	
48		44			1	6		
47		29		35				
26					33		15	
25	24							17

Easy (130)

23	22							9
				17			7	
	30		34	35				11
	29	32			37	38	13	
			68					41
		70	71			50	49	
77	74			63			48	43
	81					52		44
		57		55	54		46	

Easy (131)

69	70			73	74			81
			53			46		80
	66	55				45		
64	57						41	
63		29		33				39
62			31		11		37	
61		27				9		1
			19		13			
23		21				5		3

Easy (132)

31		29	28	27		25	24	23
	33							22
59				39		45		19
			53		41		47	
			52	51		49		17
62		70						
	64				12			1
80			67		9			
79		77		75		7		5

Solution on Page (176)

Easy (133)

17		15	14			9		7
18				12			1	
			22			27		5
72		66			61			
	68		64	63		29		33
74					59			34
				49			40	
76		54	51			44		36
			52	47				37

Easy (134)

11	12	13		15		35		
10		18	17		33		39	
					37			
8				24	31			
		5						
	3		57		29		51	50
79				55		53	66	
	81		61					68
77					72	71	70	69

Easy (135)

79	80	1	4				12	
				6				
					42		16	
76		70		46			19	
	74		68		40	23		21
64						24		26
63			50		38		28	27
	59	60		52		30		
57	56					35		33

Easy (136)

		7		11		15		17
4	3		9		13		23	
			32					
80	79	34				26	21	
	78		38		42			
		36				48		46
			66				52	53
72		68				50		
71	70		64	63	58		56	55

Easy (137)

77	78					61		43
		80						
73	74		66			51		41
72		70					47	40
			68		54	49	48	
12		16		20				38
11		3				25		
10			5					
9		7		29		31		35

Easy (138)

23		13			62			71
							69	
25	20			59		67		73
26		16	9					
	18	17		7				75
28				6		48		76
		35			44		52	77
		39					51	
31		38	41			81		79

Solution on Page (176)

Easy (139)

	18		14	13				3
20		16			9		5	
21	24		28	31		7		1
		26	27		71			
						73		
		36	79		75			
41	42							63
		44			53			62
	48			51	54		60	61

Easy (140)

63			60			57		25
64				54	55		27	
	66		36					23
80								
	68		38			19		1
78		48				16		
77		47	46		14			
			45		9	10		4
	74	73		43			7	5

Easy (141)

37	38		42	43				79
36							81	
		31				69	76	
	33		29		63			74
		27		49		71		73
			25				59	
17		23		51		53		
			9		5			56
15	14	11			6	3		

Easy (142)

49		47		45		25		23
		52	43				29	
	54		42	41				
56		58		40				20
61					36		18	
	63			72				10
		69	74		14		12	
66				76			7	
81			78		4	3		

Easy (143)

	36					47		49
34			41				51	
	32			43				55
22		30						
	24						62	57
20		18	15		77			58
			16			67		59
2		8		12		68		70
	6		10		74		72	71

Easy (144)

13		31		33		35	36	37
				28	41			
11		17			42			
	19			24				52
		21	22		46	47		53
	7			60				
1		65	62		58			
	5			68		70		
3			80		78		76	

Solution on Pages (176-177)

Easy (145)

11			14	15	16		72	71
					17		69	
	22			77		75		
	1		79		81		53	
		25		39				65
	3		37				55	
5		27			48	57		63
				42				
31			34		44	45		61

Easy (146)

	74		60			57		55
76		72		36				
	70		62		34			51
78			63		33			50
79		67				41		47
			65		29		43	
3						17		
	23					16		14
5	6		8		10	11		

Easy (147)

73			36		34		14	
72		38		32				12
	76		40				18	11
70		78			29		19	
	68	79						9
			53	52				
		81	54		46			7
62								6
61				49	48	3		5

Easy (148)

	24					19		17
80		2						
	26		6				14	15
78	27			32		34		
77					35			
76			61					44
75			62		58	57		45
		68				56		48
		71	70	53	52		50	49

Easy (149)

55		49	48		28			23
				30			25	
57						17		21
	59			44	33			
65		63	62		34			13
66			69					12
79	78			41	36		4	
	77							2
81				39	38		6	1

Easy (150)

		27	26		16		14	1
							20	13
35		29				21		3
	41	42		44	45		11	
			50			47		5
38		52		54				6
				59		57	8	
	81		63		65			
77				73		71	70	69

Solution on Page (177)

Easy (151)

59			48		46	45		43
	61				39			
63		55						
64		54		36	27		19	
					28			15
68				34		22		14
	72		32	31				
70		76			1			8
81		79	78	3			6	

Easy (152)

81			8		10	11		13
	79				21			
77		5		3		23		15
		70	69				24	16
73					30			
62		66	67				32	
61				41	40			
		43	44			46		
59	58					52	51	

Easy (153)

		51	52		58			65
			53		59		67	
45				55		61		69
44	43						71	
	14					35		73
12		10	17				81	
	8		18	27		29		75
6	1				25			76
			20			23	78	77

Easy (154)

13	14	17		73				77
12			19		71			
	10	1		41				79
		2		40	43			
			22		44			65
6			23					60
	28			37	46		54	
30			35					58
31		33		49			56	57

Easy (155)

25	26		30	37				43
24		28		36	35		41	
23		21				49		
18		20				50		46
			54					
		12		58		76		78
	10		56				72	
8		6		64	63		73	
1		3				67		

Easy (156)

15		7	6					79
16				74				
17	12		4	73				81
					59		65	
19		1		57	60			63
22						53		
	24			35	42			51
26	25		37					48
		29		39			46	47

Solution on Page (177)

Easy (157)

11		9		7		5		3
			15	16			19	
		75			22	21		
70	73			24			27	
				49				
64	65				47			
63		61		51	46		36	35
			81			44		
57				53	42		40	39

Easy (158)

81	64	63		57	44			
80		62				46		
	66		60			47	38	
78		68		52	53			
			51				34	
76	73		9				25	
75				15	18			31
		6	11			22		
1	4		12			21		

Easy (159)

67	68	69				81	80	79
					75			78
			62			5		
56					3		9	
	54	53		49		11		15
34	35		51		47			
			38	45		43		17
					41			20
31		27	26	25		23		21

Easy (160)

		15		13			4	3
				12	11			2
25		23			34		6	
				35				38
65		29		53		41		
		60			51		43	44
67		61		55		47		45
	71				49		81	
				75			78	79

Easy (161)

25				5		7		
	23		17		1		79	
27		21			2			77
		40		14			11	
29			42		62	63		75
	37		45	44			65	
31		47			60			73
	35		51			58		
		49			56		70	

Easy (162)

	26		24		22	21		19
28				34			1	
				39				
52		48			41			16
	54	55		45			4	
76			57	58		60		
		79					6	
			67		63		7	12
73		69		65		9		11

Solution on Pages (177-178)

Easy (163)

1		3	6			9		11
	29	4		16			13	
31	28			17	50			53
32		22	19			56		54
							60	
		24				58		62
35	38		40		46		64	63
		78						
81			76					69

Easy (164)

9	8			78		74		
10		6	3		76			
11			16			70		
12	13					67		
		20						65
26	23			50		46		64
27		35	36		48			
		34		40		44		62
				39		43	60	61

Easy (165)

59			56	55	54		48	47
60		62					49	
	70		68	67		51		45
72		74			79		81	
	30			77		39		43
28			35		37			
27			16					
				6				
25	24		18		4			

Easy (166)

49		51		53		55		
	47				63			58
		45		67		71		
	43		1		69		73	
		3						
36	37		5		11		77	
		27		7		13		17
32					9			
	30		24	23		21	20	19

Easy (167)

27		29		53		63		65
	25						61	
23			34			57		
	21			50			59	68
19			38				70	
	17	16	15		41		71	72
3				13		45		73
					43			
5		9				79		77

Easy (168)

		3	24		26			29
	5			34				
7			22	35		61		
	17						79	78
9			38					
	13	14			57		75	
11		45	44					73
48						66	71	
49	50	51			54	67		69

Solution on Page (178)

Easy (169)

1		3	4		6	7		9
	17			14			11	
19		21			24	25		
36				32			29	
	42					47		
38		58		56			53	
	40				64			51
		76	75		63		67	
81				73		71		69

Easy (170)

39	38		34	31		71		73
40		36			29		69	
	24		26	27				
42					19			
							64	
44		6	5				81	
	12			3			80	
46			9					56
47		49	50		52	53	54	55

Easy (171)

27		23		21	20		18	17
			1			8		16
		33		35				
			39		5			14
43						51		
44		46		48				
	74		72		64		56	
	81			66	67		57	58
77			70	69		61		

Easy (172)

				7			4	
	15		19			26		
		17		21	24		28	1
40					23	30		
41		37				31		79
		43		45			77	
		49		47		67		75
		51		59			73	
55		57		61	62	69		71

Easy (173)

9				51	54	55	72	73
8		12		52				74
	14				46	57	70	
6				44			69	76
				41				77
4					39	60		
							66	79
	25		29			62		
1		27		35			64	81

Easy (174)

	2		4		6		40	
14					9			42
	16		18			37		43
80		26			21		45	
79			24					
	29		31	32			49	
77				65		51		
	73						57	
75		69		61	60		56	55

Solution on Page (178)

(31)

Easy (175)

53			44			41	40	39
		46						38
	50		48		32	31	30	
56			1		5			28
	60			3		25		
80			63		7			
	66		64				18	
78		68			71			
77	76		74				14	

Easy (176)

					74		30	31
	65			70		72		32
				69			28	
60			7		9	12		34
	58		6			13		
							25	36
55		3		19		39	38	
52		2			21	40		42
	50				46			43

Easy (177)

73		41			36			33
	75						29	
71			44				30	31
	77	48						
69		49				21	22	23
68		80		52				18
								17
64		56	57		7		13	
63	62		60			9		15

Easy (178)

81					72	71		53
80		66					55	
					60	59		
		2		62		58		50
				35	36		38	49
12			9			40		
13			16		32			47
	19	18			30	29		46
21						27	44	45

Easy (179)

73	74	75					48	47
72			79					
71				55	52			
	69		59			40		38
67	62						36	
		8		32	31		29	28
			10	17				27
4		6	11		15		25	
		1				21		

Easy (180)

5		7		35			38	39
	11		9			32		40
			14		24		42	
	17	16		22				44
1		19		21		27	28	
					57			46
75				59		55		
	77		67		61			
81		79						49

Solution on Page (178)

Easy (181)

81		77		71	70		68	67
80			73			62		
	48			59			64	65
					55			
45		51		27		17		5
44		36	29		19			
	38		30			15	10	
				21				
41		33					12	1

Easy (182)

	72		62		24		22	21
74		64		26		28		
			60					
76		66				34	15	
77			58		36	35		13
		54			37		11	
	52							
		46		42	41		5	
81	50		48				6	7

Easy (183)

29			34		78		80	81
	1			36		76		74
27		3	4		52		54	
						56		72
25					50	57		
		10		40			59	
	22			41	48	61		69
20		16					63	
19					46			

Easy (184)

	28		4		6		8	9
	31	26		2		14		10
33			24					
	35		23		45			50
37		21		19		47		
38		40		42				52
			70		68			
								54
81		75			64	63		55

Easy (185)

61		65		69	70	81		77
60							79	
	44				72			75
58		46	41				5	
				27		25		
56				28	23			10
						21	12	
54		34		30	19			14
	52		32		18		16	

Easy (186)

	28		32		58	59		61
26		30		56			81	
25		23			54		64	
			37	36				66
	16		38			77		
18					51			68
9				41	48			
	7					46		70
1			4		44			71

Solution on Page (179)

(33)

47	46		38		32			
			41		33			22
49		43		35			26	
		52			55			20
					56		18	19
			61			16		
	70	71		59	14		8	5
74			81		13			4
75	76						2	3

17					50		64	
	15			46				
13		21			54		62	
	25				43			68
11			34		42	57	60	
10	27	32					59	70
				38				
8		30		2				
7	6		4	3	76	77		81

69				77			80	81
	67		73		9			
		65		75		1	14	
	59			56				16
61					6		18	17
	49					4	19	
47				37	36			21
	45		33				25	
43		41		31		29		27

39			36		24			5
	41						2	1
					22			7
	45		31		19		9	
49		47		29				
50			59			66	15	12
	54	53		61				13
		57		63				
	78	77		75		73		71

75	74	37		35		27		
			33		29		21	18
77	72	39		31	30		22	
			41			24		16
79		59			44			15
							11	
81			56		48	7		9
	67							
			52				1	2

		35	36		40		42	
26	29					2	1	
			15				4	
24	21		17		13			
23			18		12		48	47
		62		10		8	49	
	70		60		56			51
		72					79	
67	68	73						81

Solution on Page (179)

Easy (193)

57	56		54		52			
		38			41			48
	2		36			43		
60			7			32		
					18		20	29
62			9	16		14		
81		65					22	27
	67		69			72		26
79					74		24	25

Easy (194)

	10	11		13				
8			1	34			19	
	6				36			21
44				38		30	23	
				55		29		25
46		50	53					26
47		51				61		63
	77			72			67	
79		81	74		70			

Easy (195)

23		21	20	19		3	2	
	25			28				
					11			
	33	32		80				8
37					14	13	74	
	39		51		77			
41		47					70	
	45		57		55	68		66
43	44		60	61				

Easy (196)

		23		21		3	2	1
	25		81					6
							12	
36	35			17			11	8
37			77		15			9
	41		75		72			
			59				68	69
	47		57		62			66
45			53	54				65

Easy (197)

	46		42	35		21	20	19
				36	33			18
49								
54	53		39		31			14
		57		59		25	12	
68	67				29			
69					28		8	
			81	80				6
71		75	76					1

Easy (198)

55			50	49		47		43
56							45	42
		65		71		81	80	
60								40
	62	63				37	38	
30					36			
29		27		25	24			3
	19		21					
17	16		14	13	12			6

Solution on Page (179)

Easy (199)

71		73		81				49
					77		51	
69				59		55		47
68	65		1		57			46
							42	
8			5		37			
	10	11						33
16	15				25		29	
17		19	20		26	27		31

Easy (200)

65					6		2	
64			9			4		22
					16			23
62	69					18	25	
		78	77		31			27
	71						29	
59		51		81		35		37
56			49		45			38
55	54	53		47		43		

Easy (201)

	72				44	43		41
	71	48				38		40
75		51		35			26	25
			53		31		27	
	68	55		33				23
	67		57		13			
		65					16	
	63					8		
81		61	60		2		4	5

Easy (202)

81	80		78		76	37		
		72		74			39	
			66			43		33
60		62				42		32
			52			47		31
58				50				28
	14					21	22	
			7		3			
11	10	9		5	4		24	

Easy (203)

75		79		81		51		49
74						46		48
73			56		44			
			59			40	3	
69		61		37	38			5
			35			20		8
		63		23	22		10	
	31			24		18		12
29		27	26		16			13

Easy (204)

	74			66				63
		72		68			59	62
	78		24		26	57		
80	79	22	29					
19				31		51	52	
	17				33			
5		7		13		45		
								42
3		9		37	38	39	40	41

Solution on Pages (179-180)

Easy (205)

		55		57		59		77
	47		53			60	79	
					64			75
42	41					66	81	
		29			70			
38	31					12		10
37		23					8	9
36				18				
35	34		20		16	5		1

Easy (206)

15		19		21		23		25
	17		1		31		29	
13		9		33				27
	11		3		37			44
69			35		41	42		
	67			57				46
		63			49			
			61		55			
73		75		77		79	80	

Easy (207)

1	48			55				79
2		50		58			77	
	46	51				75		
4			41		61			72
	44	43						71
6					35	34		70
	12		30		32			69
				28		26		24
	10		18			21	22	

Easy (208)

17		15	8		48		58	59
	13			6		50		
				46			56	
20		22		4		52		
25			2					63
				42	77		65	
			40			79		67
32		36		74				
33			38		72	71	70	

Easy (209)

27			16		14	7		
28		18					9	
29	24		22					
	31		33			36	37	2
47		43		41	40			
			53		57		59	60
		51		55		67		
	73		71				65	
		77			80			63

Easy (210)

55	56	57	58		72			
54					68			
	48	51		63			80	
46			61					78
	44			35		33		31
		38	21		23		27	
41				19				29
					1			
13			10		8	7	6	5

Solution on Page (180)

Easy (211)

75	74		72		38			1
76		70		40				2
	80		42				8	
78					35			10
	66			33			12	
		54						
63		53		47		21	20	
			51		29			24
61		59		49	28		26	25

Easy (212)

81		79		77				73
46					53			72
	38		50	51		69	64	
44					55			62
	40					67		61
42				20			59	
	28		22			15		13
26	25				17		9	
1				5				11

Easy (213)

				61	64		68	
54		58	59			66	67	
51				75				71
50			77				13	
49	40					9		15
			1				11	
47	42					25		17
	43							20
45			32	31		23	22	21

Easy (214)

7				11		21	22	
6		4				20		24
61		3	2	15				27
	59			16		30		
63			56		54			33
	67	66		52				34
69			50					35
	73				44			
75			78	79	46		38	37

Easy (215)

	68				76			81
		70						1
65	62		60		58			
64			51		53		55	
35		49		47		45		
	37		39					
		27		21		19		7
	29		23		17		9	
31		25		15		13		11

Easy (216)

	24	37			40		68	69
22			35		43	42		70
		29		33				
20	27		31			64		72
19								75
			49		55		61	
		13				59		77
10				57				
9	8		4				80	81

Solution on Page (180)

(38)

Easy (217)

81	78			75				7
80		72			1			
			36	35				9
	67			32				10
65			40		28		22	
			41					12
		45		47			18	13
	59				49		17	
61		57	56	53		51		15

Easy (218)

			79		65			59
	5			80	67			
		75	70		68	63		57
8				32			55	
9				34				47
		28		30			49	
	14		26		36			45
		20			37		41	
	18		22	23		39		43

Easy (219)

81		79	76		50	49		47
	69			74			53	
67		71	72		58			45
66				60		56		
65	64		36			39		43
		34		32			41	
	18				30	27		
						5		
		11	10					1

Easy (220)

45		47		49			54	55
	43				51			56
19				35				61
	21		37		33		63	
			24	25		31		
	15				29			66
11			2			69		
10		6				80		72
9	8		4	77				

Easy (221)

		7					78	79
2				10		74		
	4		14				68	67
22		18		16		70		66
			40			55		
24		26		44	43		57	
29	28						58	63
					47			
31		35	36		50		60	61

Easy (222)

7	6		4		2	71		
8		10		12				
17			14					79
18	27		31	32		66		78
				33	34		76	
						64		60
		38		40		62		
	44		42			55		
	48			51	52			57

Solution on Pages (180-181)

Easy (223)

5	6		22		24			29
	9	8		18				30
3			20		16		36	
	1	12		14		38		32
					64		34	
70	71		61			40		
	76				52			43
			59			50		
79					57	56		

Easy (224)

79		77			28		6	
	75		33		29			8
81		73						
70	71			38				
			40		42			11
64		66		50			22	1
	58		52					13
	59			48		20		
61			54		46	19		17

Easy (225)

51				63		77		75
50		54		60				
	56	57		59	66	79		73
48	33							
47		31		23		17		
	35		27			16		
		29		21	20			11
	37							
43			40		4		2	1

Easy (226)

		29		67		79		81
	25		65					
23		31		69		71	72	
22			63		61			58
		33		39				
			35			54		52
13	14			37	42			51
12				4		44		
	10		6	3	2			47

Easy (227)

61	60		50	49	48	47		45
62							43	
	64		52				36	
				30		32		34
69	68							11
		78						
71	80		26			7	8	
		76					17	
73	74		24		20	19		15

Easy (228)

71		69			34			
			51		35	28		30
						27		23
	65		55				25	
75				45				21
		58	43			18		
				41	40		14	15
78		60		4				10
79			2	3	6	7	8	9

Solution on Page (181)

Easy (229)

43								9
	45		39			2		10
49				35			12	
		52	37		33			14
55			78			17		19
56	81		79				27	
	58	59				29		21
62			73				25	
	64	65		67				23

Easy (230)

73		71		69		61		59
74			67		63		57	
		79				55		53
12			47	48			51	52
			46		42	41		
		16		44				36
	8		18		28		30	
							31	34
5	4		22					33

Easy (231)

81		77		75		71	70	69
80			5		73			
		7		3			66	
10	23		1			52		64
12				46		56		60
	18		28		44			
14		30		34		42		40
15			32		36	37		

Easy (232)

71		69			54		52	51
72	65		67			48		
	64	59				45	10	
			41	42				
75		61			38			13
	77		35			6		14
	78							
80		30			1			18
81		27	26	25				

Easy (233)

81	80		78	5		3	2	
74		76			7	8		14
			46	39	38		12	
70			45					16
	68	49		41	36			
66			43			28		18
							24	
	63		57				23	
61				55		31		

Easy (234)

9	8							1
	13		15					20
11		79				39		
					43		37	
75		73		45		35		23
	71		47		49		33	
		61		51				25
	67				53	54	29	
65		63		57	56			27

Solution on Page (181)

Easy (235)

45			42			39		19
	47		49		35			
53				33				17
	55				31		23	
67				81				15
	65		61			28		
69		63					7	13
	73				5		9	
71		75	76	1		3		11

Easy (236)

47			50		78	79		81
	45			76	75		71	
				53		73		69
40	39					58		66
33				56	59			
	31		29	28			61	
		5			24	25		63
				20			17	
1		9				13		15

Easy (237)

29			33		63			65
	27		35		61		67	
25			58			69		71
		38		56	55		53	
21		39		41		47		73
	17						51	
19		13						
			5		1			76
		7	6				79	80

Easy (238)

43		41	40	39		33		
		46			35		15	
	70							11
72				52			17	
	68					27		9
		64		54	25			8
75		65				23	20	
	77				1			6
81		79		57		3	4	5

Easy (239)

59		57			46			43
60		54		48	37		39	
			50			35		
		4		6			31	
65	64				8		32	
66						20		28
67			72		14		22	
	81	70						
79			76		16		24	25

Easy (240)

67				72				75
		62		58		56		
			60		52	55		77
32			49		53		79	
31				47				43
	29		37		39	40		
		25					20	
	11		13		15	16		18
9		7				3	2	

Solution on Page (181)

Easy (241)

35	36				52	59	60	61
34		48		46				62
	38		42			57		65
32		40		44	55		67	
							68	
	23	24		26	5			70
			18				72	
		16					79	80
			10	9		77		

Easy (242)

21	22				56		70	71
	23			30		58		
19		25						73
	37			34			67	
17			46		52			75
	41			48		62	65	
15		43			50			77
	11						81	
13		9	8		6			79

Easy (243)

		79		77	76		8	9
	71		73		75			
69		1		3		5		13
	67				21		19	14
			28			31	18	
								16
		59		35		37		41
54					47		39	
53	52	51					44	

Easy (244)

3	2			13		15	16	17
	7	8						18
5							20	
				46	45			22
51		61		67			36	
	59							
53		63		69	70			
	57		73			80		
55		75		77	78		28	27

Easy (245)

73		81	80	1		3		5
				10				
		77				13		
			37				33	16
67	66			41				17
64		50	49					18
	62			47				
60		52		54		24		20
59			56		26	25		21

Easy (246)

5		7			10			13
			21		17		15	14
3		25		19			54	
2	29		27			52		56
							58	
34	33				63	62		60
						67	70	
			81		77			72
37		39					74	73

Solution on Page (182)

Easy (247)

		55		37		17		15
	63		53		35		19	
	62							
68				40		22	23	
69		59	50			31		11
70	71			42				
	76							
		74	47		5			8
	80	81		45		3	2	1

Easy (248)

			62		64		66	67
58				54		52		68
	46			49		51		
		42					73	
31		33				37		
	21		17	16			11	
29		19			14			
28		24		6			79	
27	26		4			1		81

Easy (249)

			52		78			81
	47		55	54		76		74
43		49					68	
		40		62	65			
	36		58			13		71
		38					11	
					16			9
32	29		19	20		6		
		25	24		22		2	3

Easy (250)

69			72			77		81
	67	66			75	76		80
15				63			54	
		59					51	52
17	12		8			49		47
18		10		6				
19	20							45
		28	27					
31	32	33				37		39

Easy (251)

41		13				9		
42			15			8		
	38			19	18		2	
44			35			22		
			30					25
46		50			57	58		60
				55				
70		68			65		79	80
71	72		74	75		77		81

Easy (252)

15		9	8		6			81
	13		1	4		78		76
17						74		
18			34					
	31		35	36				65
20			39			62		64
			42		50	61		59
	44		48			55		
23					52	53		57

Solution on Page (182)

Easy (253)

		73	74		28			19
				30		22		18
					26		16	
		70	77		25			14
57		69		33		37		11
56			79		35		9	
			80		40			
54							5	
53	52	47		43	42	3		

Easy (254)

49	50		63				68	69
		54	57			66		
	52		58	59	60			
46		42			81	80		
	44		40			35		73
16		24		26		34	75	
		23			32			1
				28		30		
	12				8		6	

Easy (255)

		63		65		69		
60	59		57		67		73	76
						71		
52	51							78
	24					41		
22			27		37		81	
				31			2	1
14	17		29		33	34		4
13		11					6	5

Easy (256)

53				57	72	73		75
		59				70		
51			64		66			77
	49			34		32	81	78
45			36		30			
	41					24		20
43				27				19
	9		11		13			
7		5		3		1		17

Easy (257)

23			14		12		2	3
	25	20				10		4
27								
	29					36		38
69		67	66		34		40	
	75						43	
71						55		45
72		78		60			53	
81	80		62		50	49		

Easy (258)

65					30		28	
	63		41				25	
67		45		39		23		
			47		35			20
		49		37			16	
		51		53				14
	58	57				11	10	
72			77		3			8
73	74	81			79	2	6	7

Solution on Page (182)

Easy (259)

51		55		65		73		
50							77	76
	48	59			68		78	
46		60		62			79	80
	42		40			37		35
44								
11			18				26	33
	13	14		16		28		
9			6		4		30	31

Easy (260)

9	10				66	67		69
8			60				71	
	12				74	75		77
		56	53		81			
	14			51		49		
							43	46
3		17	38		36		44	
2				26				
1	20		24			29	30	

Easy (261)

73	72		62		54	53	46	
74				56				44
	70	65					48	
76		66						42
	68						36	
78			25		29			34
	22		18	17				11
80		20					13	
1	2				6	7		9

Easy (262)

81		3	4				8	9
80	1			14				
					22	23		25
76				20			29	
	74	55						
72			57	50			37	38
		59				35		
68			61	62			43	40
	66	65		63	46			

Easy (263)

81				59	58			1
80		68	69			54		2
			62	61	56		50	
78					47			4
	76		64	45				5
36		38	41				13	
				23				7
			27		21		11	
31		29						9

Easy (264)

41		11	10		8	7		3
42					15		5	2
	38	37					20	
44			49					22
45		51			32		28	
	53				31		27	24
		57		61				25
	65		63					
67		69			72	77		79

Solution on Pages (182-183)

Easy (265)

59		53		47		45	42	
	57		51		1			40
						3		
62	63		9					
65				13		23		37
	67		69				25	
73	72			15		27		35
74			77		19			
81		79				29		31

Easy (266)

37	36					25		23
	35		31	18			21	
		33			16		14	
40				4		10		12
45	44						72	
		48		6				74
51			60		68		76	
	55			62				
53		57				65	80	79

Easy (267)

	36		38		40		42	43
34			3		79			44
	12						46	
	10							
				75		59		49
30		8		74		66		
29			18		72		56	
	25		19					52
27		23		21	70		54	53

Easy (268)

	56		66					
		64		72	71		3	
53		61			20			7
	59			74	21		1	
51		81				17		
				24	25			12
49			28					13
	31			34	35		37	
47			45	44	43			39

Easy (269)

57			46		24			
	55	48						
59			42		34		28	19
60		50		40		32		18
	52		38			31	30	
62				2	3			
	68		72				6	
64			77		9			14
65				79				13

Easy (270)

		51		55	60	61		67
	47		53				65	
45		39						
			36					
				28			72	73
	5		31			24		74
3		11			18		80	
		10		16	19		79	
1	8		14	15		21		77

Solution on Page (183)

(47)

33				27	26		24	23
	39		29					22
				17			4	
36		44			15		7	
				47		1		9
54		50				12		
	56		66	67	72		74	
	59					76		80
61		63	64	69				

			20		62	63		
14				22			67	66
		24		46		68		
		26		44		58		70
9				43	48		56	
8			35		49	54		72
7			36				52	
			37		79			74
1		3			80			75

81	80		60					49
78		62						
	68	67						
76				38		44		46
75		35		37	42			7
	71							6
73		23			28		10	
	21			26		12		
19			16	15		1	2	3

5		7		21			76	81
4				24		74		
3			18					79
12						72		70
	14		16				68	
	35		33					64
37		43			54		56	
	41					58		62
39		45	46		52			61

25		31		33		79		
	27		35		77	76		
23					38		74	
	1			40			47	70
21		3			44	45		69
				52			49	
17		5			56			67
			7		57			
13		11				59		65

49		43	42		2			7
		44		38		4		
	46	45			36			9
52			78		24	21		
		76		34				11
54		72					19	
55				32				13
	57	66				28		14
	61	62						15

Solution on Page (183)

Easy (277)

33		39	40		44		68	
32				42			65	
	36					63		
30		28			55		61	
			50					
22		26			57	58		74
	20						76	77
8	9		11			14		
7		5			2		80	81

Easy (278)

	32	31		23	8	7		5
34		30		22		10	11	
		26		20				3
36				48	19		15	
		44					77	
41				53				79
		61		59		75		
67	68		70	71		73		81

Easy (279)

	36		54		56			59
34		38		52			61	
	32		40			49		63
30				42			65	
	28			43				
8		22			19			
			17	18			70	69
6		12	15			74		
		3		1			78	81

Easy (280)

		55		49		47		3
	57							
79	58			43		15		
		60	61		41			
77		63						
	65		37	38		20		8
75		67		31		21		
		70			29		23	24
73	72				28		26	25

Easy (281)

19		33		35	44	45		
		32		36				
	22		30			51		
16				38	41		55	
	26	27		39			74	
	13				59			76
7		9		61		69	72	
6								78
1				65			80	79

Easy (282)

29			25		23			21
			1		9		19	20
	4						16	
32			37		11			14
	34		40			71		73
		42				78	77	
45				80			75	
	47		63				59	
49			52		54		56	57

Solution on Pages (183-184)

Easy (283)

1	24			27				31
2			81		35		33	32
		79		37		39		
4					65	54		42
	18		76		64		52	
			75	68				44
	14				62			45
				70		58	49	
	10		72			59		

Easy (284)

3		31	32		36			
4			33			40		44
	29							
8		22	23			50		48
	10			25	52			
12		20	61				57	
13		19		63				81
	17					67		
15		73		75	76			79

Easy (285)

	22		20		18		2	1
	25			28				
43			36		16		8	7
	41	38		30				10
		39			32		12	
	47		51		53			56
79		49		65			62	
78			73					
77				71				59

Easy (286)

	52		54	55				81
50		48	47		57			
	42			45				75
40		38			59			
23		29						
			31			62		68
21	26		32			3	66	67
		16				4		
19	18		14		10		8	7

Easy (287)

21		33			48	49		55
	23			36		50		56
19					46		52	
	25			44		60		58
17		29	40		62			
	27							
15		5				71		69
12		6			73		79	
				75		77		81

Easy (288)

37	38				60		66	67
36		40				62		68
35			44		56			
	29	32		46				
27		31			50			71
	19				1	2		
		17		9	4			75
	21						77	
	22		14	7			80	81

Solution on Page (184)

(50)

Easy (289)

		43	44	61			64	65
	39					68		66
37		47		57	58			
								72
	32				79			
		26		52			77	76
29		25			12	7		5
	21			14				
19		17		15	10	9		1

Easy (290)

29	30		34		74	75		81
		32				68	77	
		1						79
	25		37			66	63	
23		3			40			61
22		6			45			
	20							59
		8	9		47	50		58
17	16			13				57

Easy (291)

73	74		78		80	81		45
				52			47	
71		57						43
			55		3		39	
69				5		27		37
	61		7		1		29	
67				13				35
	63		17				31	
65		19		21		23		

Easy (292)

29				15		79		
			21		13	80		76
				17				
32		34			11	10		72
	46		36	5			8	
	45						69	70
	44		40	57		1		67
		42			59		63	
51			54	55		61		

Easy (293)

75	74		68	67	58		56	55
76		72			60			
79	78		70		62		52	
		22				46		50
			24		44			
						42		40
			6		28		34	
16				10				
15	14				30		36	37

Easy (294)

	10	9						29
						4		30
				21	2	3		
			17					
	62	61		37		35		33
68		60			41		43	
	58		56		54			45
70			77			52		48
71	72	75		81	80	51		49

Solution on Page (184)

Easy (295)

57		55			42			33
	59			48		40		
			52				36	
62	65		67					
	64	69		79	80	81		29
72			77					
	74		76		14			25
8		10			1		19	
7					2	21		23

Easy (296)

71	70				62		58	57
				64		60		
					52		54	
	77					44		42
79		1			38		40	
	81						31	30
5		3			18			29
6		10		14			25	
7		11			20	21		23

Easy (297)

79	78		76		74	73		71
80		64		66			69	
81		61			42			39
	53			58		36		38
			46		44			
			47	24		28		32
1		9			26			
					21			18
3			12			15		

Easy (298)

81	78				60			53
80							55	
	74	75		63				
2					43			
	72		40				48	
4			39		37	36		34
	10			21	22		32	
6		16	15					28
7		17		19	24		26	27

Easy (299)

63		17		15	14	13		11
64			19				9	
	60				38	23		7
		52					25	
	58				36			5
68						28		4
69		55			34		30	
	73					32		2
71		75					80	81

Easy (300)

49		51		53		73		
48	45	44					7	
			56			75		
36		42				5		
	38		60	67		77		13
34		40			65			
33		27		63		79		
	29				81			
31		25		21			19	18

Solution on Page (184)

Easy (301)

41				55		73		
40			57				77	
			58	59		75		81
38		50					67	
							64	65
36				22	19			16
35		25	24			11		15
	29					10		
33		31		5	4		2	1

Easy (302)

73	74						52	51
		76				54	53	
		77			62			49
70	79			38		46	45	
				37	40		42	43
32		34	35			14		
						9		
		22		18			3	2
29					6	5		1

Easy (303)

43		41				29		25
	45		35				27	
	46				20	21		
48				18			15	
		3				9		13
52	1		5					
53		57	60			65		67
	55				75			
81		79	78	77		73		69

Easy (304)

37		39		81		75		
36	41						73	70
		43		45		61		
34	33		47		59		63	68
30		20					65	
29	22			17	10			3
		15					5	
	26	25		13	12	7		1

Easy (305)

19	18		16				6	5
						8		4
21			30		12		10	
34		32				42		
	36				40			45
72		70	65	64			47	
73					50			55
	75		67	62		52		
		79		81		59		

Easy (306)

47		49		51				
	55		53				15	12
45		57		61				
	43				63		17	10
41				73		71		9
40	39			78				
					24	21		7
36		32	29			4	5	
35			30					1

Solution on Page (185)

Easy (307)

7	6		4		24		33
		12		2		26	34
9	10						35
68		16		18			
	66		60			39	37
70			59		55		
		63		57	53	44	43
				51			
	74	75		77		49	

Easy (308)

			40	29		27	25
48	45			30		23	
		43			20		5
50	51			32		7	
				33		8	
	55		69		15		2
61				71		13	1
	59	58		72			
		65	66		74	75	

Easy (309)

1		5		9	11	12	13
2		6		71			
				66			
	79	76			24		
57		61	62		26	22	17
	59						
55			44		40	20	19
			45		39	31	
53	52	47		37			33

Easy (310)

5		79	78				73
			58		62	63	
7		1	56				71
	21		55			65	70
9			49				
10			47		44		68
		25		31		42	
12	17		27				
13		15		29		38	39

Easy (311)

69		71	72				77
68	63			60			78
	64		54			57	81
66		52			25	21	
	42			49		23	
		44				13	
	38			28		14	17
36				9			16
35	34		6	5		3	1

Easy (312)

	3		5		7		9
	17		15		13	11	
19			55		65		67
	21		25				68
39			53	58		70	
	37		29			62	72
41			51				
		34				76	80
43			46		48	78	79

Solution on Page (185)

Easy (313)

71		69		65	64		56	55
						58		
33					62			53
			39				81	
31				41				51
	23		21					50
	24	17		19		45		
28		16		12		8	1	4
27	26		14		10			5

Easy (314)

7			10	11	12			15
	5	22				18		16
		24		56			64	65
	35	34		26	55		63	
		28			59			67
38		32		30			61	
	44						70	69
40		46	49					
41	42			81				

Easy (315)

53	52					35		
		56			39	34		28
61		57			40		32	
62	59		47	42				
		67					16	15
64			69			22	17	
					20	19		
76		78			7		9	
	80			3		1		11

Easy (316)

	6		4		2	1		79
			23			32		78
13				30		34		
14			21		29			76
	16	19					38	75
46	45				41	40		
47								
48		58		56		64		
49			60		62		70	

Easy (317)

53					32			19
54		36		38			21	18
	50				28			
56		42		44		24		16
			46		26			
58				74		10		12
59	64		72		8			
							3	4
61			69	70		80	79	1

Easy (318)

		73		75	76		78	81
	69		41			38		
67				45	36		2	1
66		54						
	56			29		33		5
64				28		32		
			50				14	
62				24			13	
61		21	20		18			11

Solution on Page (185)

Easy (319)

	16	15		13		11		9
		20	1		5		7	
	28			3		63		
		26		58		62	67	
31		25		57	60			69
	33		53			72	71	
		51				75		81
38			49					
		41						79

Easy (320)

	52	53		55				
50		48	47			58	67	
33					60			71
	35	38	41					
			43	62		74		
	23	22		18				76
29					14			79
	25		11				4	81
27		9				3		1

Easy (321)

63		61		57	54		52	
	65					48		
67		43			46		12	
				34		20		10
71			36			19		
	73	40		32		18	15	
75					24			
	81			30		2	1	
77				27		3		5

Easy (322)

67	66		62			55		51
					57		53	50
71		77		59			48	
	75		79					
73				39		41		43
	23		35		33			
21				27				3
20			13					
19		15		11	10	9		1

Easy (323)

73		47		35			24	
	71		45					22
		49			30		26	
76				38		28		
				40			18	
78		52		4		2		16
	66		54		6			15
80		56			59		13	
			62	61		9		11

Easy (324)

21	22	27	28		30		46	
20				34			45	
				37		41		49
18		2						50
	16			65		63	52	
	15							
13				69			60	
	11		77		71	72		56
9		7		75		73		

Solution on Pages (185-186)

Easy (325)

65		55	54	53		51		23
		56						22
67			60		48		26	
	69		43		47	28		20
71							30	
	73		39					18
81		75			34			
			1			10		
79		3		5	8		12	13

Easy (326)

65	66		68		70			81
		62						
15	14		60			47		79
	13	58		52				78
17		11			42	43		
18				54			37	36
	20				4		38	
22								
	24		28	29	30		32	33

Easy (327)

			16					1
	23			26			11	2
				75				10
	69					30		4
	66			79	78		8	
60			63			32		6
	58	57		45	44			
52						34		38
51	50	49		47	42			39

Easy (328)

9			5	4	3			1
10	21							32
		23		27				33
12	19						35	
	18		42		52			77
14		46					79	
	16		48		56	55		
62		60		58				
		65		67		71		73

Easy (329)

47	46		44	39		35		33
48		50			37			
79			42	41		29		
78		52	53			22		2
	58			55			20	
76			61		25			4
				63			18	
74	67				15			
73						11	8	7

Easy (330)

37		39	50		78			75
	35			52				
33		41	48		54	69		73
			56			71		
		45	46		58			
			26		60	61		
7					21			
	5	4						18
1		3	12		14	15		17

Solution on Page (186)

Easy (331)

5	6	13		15	16		25
						22	26
	8					21	29
2		52	51			44	30
	78			49		42	
76				56			32
	80	61					
74			63			66	34
		71		69	68		35

Easy (332)

67						52	51
		58		46			50
	64		60		44		
70		62		36		38	
						20	
74		32		29	26		18
	76		2		4	22	
		8		6		24	16
79	78		10		12	13	15

Easy (333)

79	78		44		42		4	1
				40				
	76		48			7		
74		50			37		15	
				35				11
72		66					13	
				33		21		25
62		64		56		22		26
61	60				30		28	27

Medium (334)

55	56				60	61		63
		52						
	28		50					
		31					72	
		23		41		39		74
						7	76	
		34	35					
17							78	

Medium (335)

	80			77		73		69
42				75				
	40			56				
			54		60	63		
		27		58				
	29							10
35			23		1			
		20	22					8
	32							

Medium (336)

81	80				76	75		57
	69		72					
67							60	
								54
					36		42	
						44		
5		19					46	
	9			26				
7								49

Solution on Page (186)

Medium (337)

81			78	59	58		8	9
					57			
			61				2	
	69							12
67		65		53	52			
							49	14
			45					
		43						
	32						24	

Medium (338)

			14	13			6	
				22				
		27	26				4	
			25		56			
	40		48					
32		44			53		61	66
	38							67
34	37		73					
35		75						

Medium (339)

57			75	74				71
		81					69	70
55					21			
	4		7			30		
								28
	50		10	9				
	49							
47		45				41		39

Medium (340)

	28		66		64			
			70		62			
	30		32		72			
		34						
21					78			51
			38					
			14				48	
		10		12	41			
					2	1		

Medium (341)

			58		56			
		50		52		54		
63			40					21
	45	46		38		28		
65								19
		70						
67				11				
	81						3	
79					7			

Medium (342)

71							36	
	69			52	41			34
		59					32	
74		60						28
			62					
76	65						21	
		79						
	7						15	
						13		17

Solution on Pages (186-187)

(59)

Medium (343)

11						63		69
					61			
						65		71
16			53					
				1		79		
					49		77	74
	26			45				75
28							39	
	30		32		34			37

Medium (344)

81		79			2		40	
						38		
		11					44	
74						48		46
					34			
	17			30		60		52
71		19	24		28			
		67			64			

Medium (345)

				5				1
					25		29	
		13		23				
					35			
	50						40	
		48			43			80
53				65				
	55		61			72		
57		59				71		

Medium (346)

	70				78	79		81
68				76			1	
58			61		23			
				35				
52							13	
				33		27		7
50								
	48	43			30		10	9

Medium (347)

	68						48	47
	67	64		56				
71								
72		76					35	
			26					
4			25				37	
						21		
6					13			18
7		9				15		17

Medium (348)

53				28				
							23	
		49	48			21		11
				42		20		
						14		
		64		34	35			
				37		17		
		70				2		
	74					80	81	4

Solution on Page (187)

Medium (349)

	22		14		12			3
				16				2
27			18		10			
						64		70
31					62			
	33		41					72
51					60		74	
		48			59			80
	54							81

Medium (350)

						39		37
	79							
77		69						
			48		28		30	
	72				4		26	
	64		6		22		24	
	62							
60		56			9			
59			54				16	

Medium (351)

75								13
		2		8				
							20	21
78				44				
79								23
80			51				29	
		55				39		
66				58	59			
			62		60	37		

Medium (352)

41				49				79
	23						81	
39					54			77
	25					56		74
			16				72	
					13			
	28	3		5			68	
34								
	32		8		10			65

Medium (353)

39			48	49				
							63	66
							59	68
	18		28					69
	19		25				71	
15				23		73		79
			7		3			78
			8					77

Medium (354)

67						5		
					2	1		10
					75		77	
				49		79		14
61				48		20		
60								
		45						
58				41	34			
		43					28	27

Solution on Page (187)

	78			67				
76					59		61	
	2				58			55
4	1	72				42		
	10		32				44	
				30				
	15			26	25			
17						23		49

								5
14					24			
	16			28				3
	59			30				
					37			
66	65		55	52				40
67		69		53				
					46			
	74			79	80		44	

								1
	72							
			81		11			3
					12			
63			40	41	42			
	61		39				25	
59				31	28		24	
			32					
	54		36		34		20	19

31			6					
			5					
			25		23			
	37		41		22			
67				43		19		
	69		73				47	
	71							
					81			
63		59	58	57				53

77					25			
			81		35		27	22
		57	56					
			40					
73		63	41	32		2		
				5				
			43					
	67				9	8		
	68		46		10		12	

					29	32		
		15						
	18							
					5	41		
					39			43
	63		61		1	46		44
		71			58		50	
	73		79				49	
75								53

Solution on Page (187)

Medium (361)

		17		15		11		
68	65		19		13			
								5
		62	27		25			
71	60			29				
							35	
73			56					
		78				42		
75	76						40	

Medium (362)

11			34				46	47
7		15						
			29			42		
3	4			23				
			21			54		
	78							57
			73		67		61	
		75		71		65		63

Medium (363)

			6	3		1		37
				31				
13				17				39
				28		44		
								80
53					58			
		66		64		62		
69	70		72					77

Medium (364)

						3		1
							37	
			26		30	35		
		20		28			41	
							42	
			53			48		
				61	74			
		64			73			
67				71		81		79

Medium (365)

			38	39		49		
	20		2		46			79
32				42		54		
31		15				55		
							73	72
			8					
		11	10		62	63	68	

Medium (366)

3	4	5			12			17
						15		
28								
	34		32			49		
36				51				62
			79					
		76	77		81			
73		71		69	68			

Solution on Page (188)

Medium (367)

	50		54	79				
					64			
			56				66	73
			57		61		67	
		41				37		
				34			69	
25			32				4	
20								6
				13		11	8	

Medium (368)

39		41		77		79		81
			75				71	
		45		49				69
	35				65		63	
				51				
	29							60
				21				
13	12	11						

Medium (369)

31						43	74	
			35			44		
		27		39				
	23							
		21						
18								80
		15		55			68	
					65			62
	10	7			58			61

Medium (370)

	50		16			13		
52		48			1			10
	46		44					
54		42						8
	40		38		36			
		64		34		26		
		68	71					
						81	80	

Medium (371)

45		43		41	2		6	7
					1			
79						15	14	
				35				
77	76			33		17		
			53					20
71						29		
	69							
67					62		26	

Medium (372)

	62				54		10	
64					52			
			47					
	68							
								5
72			42		24			
	79		33	32				
74		39						
75	76		35		19			

Solution on Page (188)

Medium (373)

17	18				42			
		20	39			60		
15				37			66	
					45			
11			32			57		
10		26				56		
				50				
7	6	3				79		77

Medium (374)

1		11						
			15		27			32
3						35		
					41			
5								
			21				53	
77		71			46			59
76			69			56	57	
			68			63		

Medium (375)

3	4		6					67
		10						
	12					63		53
							55	
19			28		76			51
						60	57	
	22							
36				42			81	
							46	47

Medium (376)

		28						
		38		26				4
	36		54					
		40					11	
		41				19		
46			51	60			17	
47								15
			63				77	
		69			72		80	

Medium (377)

27		31					64	65
26				60		58		66
			34					
18							71	
				39			72	
	15	14				50		
			42	45				75
					47			
	8	5						77

Medium (378)

	36						26	
		34				22		
39						19		
					49			6
41								
			63		53		1	
	72			61				9
80						56		
81	78						12	

Solution on Page (188)

Medium (379)

61	60						8	
	64				5			
81				3				17
	67			2			15	
79					38	23		
77				41				
						32		28
		73				33	30	29

Medium (380)

		22			31			
12		16			29		33	
1						43		37
					27			38
3				47				
			49		75			
						81	80	
			55		71			
59								

Medium (381)

	29							13
			26					12
		36					10	
40								
49		45	44		22			1
			61		63			2
							66	
					79	72		
55			76	75		73	70	69

Medium (382)

	18							67
20								
		15			62			73
		7			61		59	74
25								
28							55	76
	30							77
		39						
		40	41			51		79

Medium (383)

65							74	
		47						
63		1	46			77		79
62			14					
			24					
60	53					26		36
	55				21	28		
			19				30	

Medium (384)

		49			76		74	73
39		47		53		57	80	
38								70
37		27						
		26						68
35	30			17				
		24	21					
33				12		64		

Solution on Pages (188-189)

Medium (385)

33			30					25
34		36			39		43	
			81					22
	70		50			20		
		68						
		59						
				14		10		
63	62	57	56		12			5

Medium (386)

	11			6				1
	15		9			48		
		17						51
	19			42				
		33		43			54	
	31					58		
		35					64	67
	29							
	28		76					81

Medium (387)

81								
	77				45		7	
75								11
74		62						12
	64							13
				50		20		
	66					29		
		36		38				
	68		34			31		

Medium (388)

23			28	29		37		43
		26		30				
	20		32		34			45
						50		
13			2				48	
				56				
		81		75	64			
							67	
9						71		

Medium (389)

					36	33		
50		40		42				30
					2		28	
					10		26	
							12	
		80						
63			76			7		
64				74				
	66	71		73				

Medium (390)

23	22							
24							7	4
	26			15			80	
	29							
				59	58		78	
32	35				57			76
	39				66			75
	44				64		70	

Solution on Page (189)

Medium (391)

				21		3		5
		28						
	34	33						7
			41		45			
		39					14	
62			55				13	
63						49		11
			71		75			
		69		73				81

Medium (392)

13		15						
12	11		23					34
		17				37		
8	7				43			
								47
							49	
				67				
	81		69				59	
75					71	62	61	

Medium (393)

						65		67
			51	50	81			
57			52					69
					46			
31								
				38	41			72
25	20						6	5
				16	9			
							1	2

Medium (394)

35		33						15
					23			
	38		30	25				
	42				5	6		
48						70	81	
49			60		68		78	
	51	58				72		76
			56		66			

Medium (395)

75			69		59		57	
76		72						
			66		62	53		
			64				48	
				44			47	
6		12	40				34	
			16			32		
			22					
1		19						

Medium (396)

65		63				55		
	67		59					
69		61						
70			73		49			
5			74		45			
	7			80				28
2		10					25	
			14		18			

Solution on Page (189)

Medium (397)

33		15			10		6	1
	31							
		17		19				3
		28			25		79	
37			40					81
								76
	52			47				
57	58				66			71

Medium (398)

				75		35		
			67		37			
55						81		
	57					80	41	
53			60		44			29
	51						27	
						25		
					15			
1		7		13	16			21

Medium (399)

	21				11			
25				51				71
26			15		55		69	
						57		
	30		46	61		63		75
38		36			81			
39		41					78	

Medium (400)

	10		6	5		79		77
		8			3			
13	14							
16				44	51			
								71
	22		34		48			69
24		32						68
			28			65		

Medium (401)

81			12					
							19	
79		5	2			25		
78								
			52			45		
					47	44		36
					48			
71		65	64	63			40	39

Medium (402)

	68						4	3
		10						
		54						
	65			16		20		
				18				27
	62				44	33		
76		60	49					38
77		79			42			

Solution on Pages (189-190)

(69)

Medium (403)

7		9			18		28	29
	11							
		13				25		31
						36		
		73	74		42			
70			75					46
69				55				
68			81				51	
	66			61				

Medium (404)

			28			25		
44	41				23			
			33		19			13
	39						11	
		49				81		9
	57			54				
		65		71				7
60								
				75			4	

Medium (405)

19		17		79		77		73
			81					72
			64			69		
	12	1		61				
		4		44			51	54
	10				46			53
						40		
								37

Medium (406)

79			74			19		
					23			
					26		14	
68			45					
	66				42			
64		48			32			
			52		40			
			53	38		34		
	56	55					6	5

Medium (407)

			40	39		1		
44		46						
81					36	15		
80								10
	68		62		34			
							19	
	70							
76					31			
75		73				29		23

Medium (408)

35				27	26			
								10
		31	22		2			
	39						15	12
		43	42		18		14	
	77					48		58
73							56	
								60
71								

Solution on Page (190)

59		57	56		30		24	
			32					
61								
		66	53					20
75								
76								8
77						15		7
		48		44				
79			46			3		

	67							80
			10		4			
							55	
	18		8		2			
22			32			57		
				44				
	27					42	47	
25	26		38			40	41	

		65		37		31		
71					34	29		
	61						25	
73			46					
	57	58		48				
				49		3		
					5			12
	80			51		7		

39		45		79				73
			47	78				
						53		71
36		6	7				69	
			8	9			66	
31			16			57		
								62
29			26		24			

23								75
22			38					
		3						73
		6			70			
		30						
18							59	
		32						
16	13			46				64
15		49			52		62	63

	6	5						51
				45				
	2	1				57		53
		32					55	
				35		59		
14			29					62
	20						70	71
		24				74		
			26	77				81

Solution on Page (190)

Medium (415)

	20	19		7		79	80	
				5			72	
24						68		
		13			62		64	
	34			47		49		
		40			45		51	56
31	32		42		44			

Medium (416)

				19		21		23
14					5			
		11		1	4			31
				2				
			58					33
66			57					38
				55	50		40	
	79							
77			74		48			45

Medium (417)

3		1		55		59	60	81
								80
		13	14				62	
					64			
			18		46			
22		20			45			
	24		32					
26					37			
			34					73

Medium (418)

37			42		76			63
								66
			47					59
				81				
26	27				51		53	
25			18					
	21	14			9			
	22		12	11		1		3

Medium (419)

75	74		71					61
						66		60
79								
								56
			18					
		20				52		
7					36		38	47
		4		28				
1	2						43	45

Medium (420)

77	78				11			
	79					13		
75					8	19		
		60				20		22
73			48					
72			43				27	
71								29
					1			
69							35	33

Solution on Page (190)

Medium (421)

					6	5		
		16			21			2
			18					
64						34		
	62		56					
							39	
		69				45		41
			51	50		46	43	
		75			78			

Medium (422)

25		23	22		20	19		
			30					12
51			33					
		47		43			8	
								6
				61			4	
								2
69		71		73	74	79	80	1

Medium (423)

81	78		76					
				4	1		13	
				6		11		19
68					9		51	
	66							
		60						
		61				45		23
		36					43	
			30		28	27		

Medium (424)

			26		20			15
36								
			28		22			
						10		
39		3			7	50		55
40			47			58		
	42						66	
81	78	77		73				

Medium (425)

		57				69		71
						65		
							45	
9			16				44	75
	19					38		76
7				27				
			1				41	
	4		2		30	81		

Medium (426)

						41		39
72		76		78			1	
		69	46		44			37
	67		47					36
65							26	
		51					28	
		57		19			30	31

Solution on Page (191)

Medium (427)

73						47	42	
69			52					
	61			54	3		1	
67				55				37
	63	58			5			
							26	
				18				
13			16			21		29

Medium (428)

81		75			66			45
								44
22		72		58		50		
		25		57			52	
	13		27					40
				9			38	
					1			
17		5				33		

Medium (429)

		9		23		33		35
	11					38		
		13						
	15			26				
3							46	
						50		48
	80					59		61
78	81		73					
77				71	68	67		63

Medium (430)

		25					80	
			29		33			
3					35			
			37			56		
			39				70	
6					51			68
	14						60	
8				44				
9					48			65

Medium (431)

		81	80	79		77		
		60			71		73	
51					68			
			63					
		37		31				
			33		17			8
					28		6	
						20		4
45		43		23				3

Medium (432)

								59
	73			68				
77			66					
					37		51	52
			14					
	9		15	34			43	46
		17			40			45
4								28
	6							27

Solution on Page (191)

Medium (433)

		45		53		55	58
	21		47		51		
17		43				62	
		29	30				69
				35			
							75
					78		76
11			6		4		81

Medium (434)

41		39			36		30	29
			51	2		32	
66		54			4		
	64					6	
68							24
			59		15		23
	73						
		81		79	12		21

Medium (435)

	72		68				
79		63	64	65			
						39	32
				59	48	30	
	7		55		28		
		5		53			
11		13	14	15		17	23

Medium (436)

		81			73		
	1	14		78	72		
5			16		76		
6				56		64	
				58			
	9					52	50
25		23				48	
			33	36			46
					43		

Medium (437)

53		51		45		14	
	55	50			40		12
			48			16	11
		70					
59			72				9
		80		25	22		
		79					7
						5	
63							

Medium (438)

		59		5	6		15
67		61			8		17
	69						
		52				32	
	73				30		
		49	48				21
	75						
		77		43	42		26

Solution on Page (191)

Medium (439)

47		49				55		
			81				57	
			76			67		61
				74				
39				73		71		
			9					
35			4	27		21		
		2					19	
33								

Medium (440)

				71				
	67							52
				61			48	
78			63					46
79		17		19				45
	1							
3	12							35
		10		22				28
5			8		24		26	

Medium (441)

		65		63		59		57
	71				61		55	
		69						
		46						
								7
	81				25	14		6
	80				24		16	
		38						4
	34							3

Medium (442)

63								43
		60			47			42
				51		49	80	
	69		73					40
				75		33	34	
					31			
18			21		5			
		15	14					

Medium (443)

		13	14		22			
6				20			27	
			16				32	
4				52		30		
	56		54		50			
		58						
	74						38	
			69					40
77				67			42	

Medium (444)

		31				63	66	
			33					
11		29	35					
								72
9				37		53		73
					51			
								77
			1					78
		3		43			80	79

Solution on Pages (191-192)

Medium (445)

								63
	51				81	80		
		49		47				
30					77		73	
	34	41						
			19					70
				17			8	
26								
25	24		22	1		3		

Medium (446)

61		63				79		
	65						11	
								7
			72	15				
	56				32			1
54								
53		45				19		21
	51			29				
		38		28				23

Medium (447)

53			6					
					2	1		
			48					13
	59		61		19			
		63						
	81		65		43			
77				41				33
74		68					31	
	72							35

Medium (448)

67				58				53
								52
69	70		80				12	
				2				
73	76				6			49
74				18		16	15	
				19			40	47
26								
	28							

Medium (449)

45						71		
	47							74
	48		56					
42					59			76
			26			63		79
	31							
				23			2	3
		20			13			
			18	15		7	6	

Medium (450)

	76			79				17
					1			
			8					
					11	12		22
65			36					
		56			33			24
						31		25
	59		41					
61							48	47

Solution on Page (192)

55		53		51	16	17		
	57			50				24
		59			14			
			47	12				
	71		43	44				
75							4	31
	69						1	
		79		81	36		34	

7				19				
	13			31				
		16						
4	3	38						26
	2		40			43		
80								
81	78				52	51		47
			61	62			65	
								67

	80	26				22		
	79	28			32			
		40						19
		41				17		
		52			15			
			56					2
		49	50					
						9	4	
69			64				5	

45		43					22	21
					26			
		41		28				
50			33					
			32		30		12	
56		58			81			
	60		70	73			8	7
								1

35		39						65
34			41			68	69	
				72				63
30		44						
	28				52	57		
22		26		50			59	
21		25						5
				12				
							9	

79		81		47	46			
		60	49					
							40	
76			51		31			16
		57						15
				26			21	
		68		4	3			
		6		8				

Solution on Page (192)

Medium (457)

				19		23	26	
14								
13								
78					3			
		61			48			35
76			63			44	36	
				57	50			
	73							
71				55	54			

Medium (458)

31		33	34					
	27							42
				23		3		43
76							45	
		73			16			
78								
			64		10			
80		66					52	53
81				61		57		

Medium (459)

		57			46			37
60			55				41	
						43		35
		80	79					
				77				5
66					29			
	68	69		75		1		
							13	
	20				16	15		

Medium (460)

	4		2					19
						22	21	
			10		14			25
	67							
					74		32	
		55		41		37	36	
		53						
	58			51		49	48	

Medium (461)

								65
	15				61	60		
				5		59		
	19		3				55	
27		21				53		
								72
				41		47		
		32	39				81	
35			38	43	44		78	

Medium (462)

75			72					55
	81							54
77				69				
					63	60		
9	18			15				47
			21				45	
7	2							41
		28		32				
			30					

Solution on Pages (192-193)

Medium (463)

			2		74	75		81
8		4		14				
			12			71		
				69				
21	22							65
	23							60
			42	47			54	
		30	43				55	
								57

Medium (464)

39			42		54	55	58	
38								
	36				50	63		
							81	
						65		
			6	7				76
		19	14			67		75
	27			12		68		
			16					71

Medium (465)

	58				52			
60				54		50		
	80		64					
						68		42
77			72		22		40	
	13	14						
			16	19				
					32			
5								29

Medium (466)

75			52					21
				46		48		
77	72							
		58						18
79				61			26	
	67				37		27	16
		64						15
2				32				
3			8		10			

Medium (467)

31				26			22	21
32			35		37	24		
				39				
			46			3	4	
				51				12
	80						6	
70		66			57	58		10
		67						

Medium (468)

55		49			4		6	
56								
			44		42			
	81					36	39	
59			76					
60								
				28		16		
64			71			22		
			25					19

Solution on Page (193)

Medium (469)

43				39		21		19
	45				37	22		
			48	35				
62								16
			54					
			7	8			29	
								13
				4				80
		71		73				79

Medium (470)

	54						62	
52						68		64
		81			72			
		80						12
				16				
	47		35			18		10
		43			22		20	
	31			24				
							3	7

Medium (471)

5		11				15		17
	7							
	8					27		29
							33	
		55						31
			49		45			
		67			43			
	63							74
				79	78			75

Medium (472)

	66		40				30	29
68		42			35	32		
			37					
70				23		19		
72			50		12			
73		79						15
			3					
	81					5		7

Medium (473)

	80					75	72	71
		56		62		74		70
			58					
	53							
		35	34		32		26	
					3			
		39						
44					1			
43	42			13		15	18	19

Medium (474)

				45				25
			41		43		23	
53						29		21
		56						
59						33		17
		80	79	78				
								3
					9			
71		73		75				1

Solution on Page (193)

Medium (475)

								1
	15		17					2
30					55			60
	32	33		53		65		
							63	
39		47			50			
				70		68		
	44		72					81

Medium (476)

	78	79			7	10		
76						9		
		3		21		19		17
							25	
71				43		39		27
		60						
	64				48		34	
			54					
67				52				

Medium (477)

	66			71				81
64				53				
	60	59				51		79
62							77	
								43
32		28						
24		26			9		5	
23			20	19				

Medium (478)

		7	6				70	
11		77	76			63		
								60
13		15				49		47
	17							
19		27		53				
				32		36		40
23					34			39

Medium (479)

81	80							
							53	
77			2					
				42				38
75					12			
		66	7			32		36
73		67				31		
	69							
		19		21		23	26	

Medium (480)

37								
	39	80		32				
41		81	78		30		4	
			77					
43				65				
		60		66			9	
					72			11
	53			68		18		
		50						

Solution on Page (193)

Medium (481)

		2		64			
8		4	1		66		
	10						71
		12		56		77	
15							79
	23		21				
25						50	
					44		
35			38		40	45	47

Medium (482)

						3	5
			45		37		
79				39			
	53						
77						14	9
76				60			10
	74		66		28	12	
		69		63			23

Medium (483)

			52	21			13
		41			17		
				27			10
	46			29	5	8	
60				30			78
			36		1		
			33				80
		67					81

Medium (484)

	40				27		25
42		32		20	22		24
43	38		2				
			3				
		35					9
		48					
	76						
80		74		61			
79			72				65

Medium (485)

15		17		39	40		
	13						
11			36		44		
10							70
	8				61		
6							
	4		32			76	
					51		78
1						55	79

Medium (486)

69		67		65		3	7
			81		1		5
							9
	77						14
51				59	30		28
	53		57				
					32		
	42						
45				35		20	

Solution on Page (194)

65		63		61		59		15
66	67						17	
			33		19			
70			51					
73								
		48				23		
77		47		39				
	81		41					
						3	2	1

			64					57
		80						
	72			77		51		55
70							45	
							46	43
		12		24	27	40		
		10						
3	4					31	34	35

		57			54	53		
60	1							50
					46	47		
		64		42			39	36
81								
	78			11				27
76		72						
	74					17		25

73			8		10			29
				12				30
						32		
	69			18				
		3	20				36	
				44			39	38
				47		41		
		62					51	
				59				55

21		15				67		
								52
23				73				51
	25						57	
29			10			63		
				8	77		59	
		3	6			61		
			5		79			46
								45

57		59	60	61				79
					63		77	
51				43				73
	8							
	11				37	32		30
				15		33		
		17						
1			20		22		24	

Solution on Page (194)

Medium (493)

75				57				
	77							
		61					30	
72			53					
		63		51		47		
	81							24
				3	2	21		23
9		11			14	15		17

Medium (494)

37			25		19			
38					20			
	42			27	22			
44								
		47	30					65
50						63		
		53		3				67
80								68
	76		74		72		70	

Medium (495)

					34			31
			43			2		
49		47			4	1		27
	51		53	54				
61		57				21		25
	59							
			68					
81	78		76	75		11		

Medium (496)

3	4			10				
		6	81			16		
		62						26
				58				
			55	44				32
				42				33
		52			40	35		
69							38	37

Medium (497)

			48	47		29		23
		54						
58					33	18		
	64			35				
		62	39		11			
			38					
68					79		3	
69				81		1		

Medium (498)

				75				47
	66				60			
		64						
						53	42	
8		6		22				40
					28	31		
14		12			27		37	
	16		18			33		

Solution on Page (194)

5		1	26				32	
			80	81	30			
7								35
					46	43		
			74		50			
					48			
12		68	69					
13	14			65	62			

	62		64		66		70	
60			57			68		72
		51					42	
					46		40	
16			31	36				
		27						81
			33	34			79	
13								

	58		68					81
			64			77		
			72					75
	50							31
48						1		
47		19				23		3
						5		
		17	16		12		8	7

77								
				56				46
	70				58	50		
			63		59			
73								39
	29		31		35			
		19			16			13
				6			9	
	22		4					11

17	18							
					24			
15			5		1			
14								
	76	77			39			
74			81		45			
	72					48		
64					57			50
	62			59				51

53						27		25
54			41			22		
		43			30			
	49			34				
57						15		9
			73		75			
				69				7
			67			3		
63	64		80	79				

Solution on Pages (194-195)

Medium (505)

77	76				62	61		55
78		74		66				
				64				
								52
	44							
42		36				20		28
				15				
					9			26
1						7		25

Medium (506)

67	66							33
	64				44			
70		62					27	
73			50		20	19		
74				52	17		3	
			14					
81					12		8	7

Medium (507)

		13			22			
						36		
	16							
				28				42
	74		4		30			
76			1		61	54		
	72						52	
	79		65					
81				67		57	50	

Medium (508)

67		63	62		50			
								44
69			60				40	
						38		
	78			81				
	76			15	18	27		29
			13					24
		9			20		22	

Medium (509)

81		79	78		76		72	71
					74			
		51			62			
	47			60		64		
	37		39					
							11	
		30		26	25		17	
	2		4					

Medium (510)

35		37			50			61
	43					59		
					48			
					23			64
31						55	56	
							79	66
	8						80	
		4	11					68
			12		74		70	

Solution on Page (195)

Medium (511)

				73		71		
	77		75		1		61	
					58		62	
	11							
		13		53				65
16			51		43		37	
	22							
		20			45		39	
		27				31		33

Medium (512)

			78	77				73
	1	66				70		72
	4						56	
								54
7			44					
		10		42		48		
			16				36	
					27			
21							30	31

Medium (513)

		39					80	
			43					
33		31		45		67		
				18	47			
		23						
	25		21	16			59	
		11			50	63		57
	9					62		
					52			

Medium (514)

71					14			17
	73		81					
								25
68		8					23	
67				3				
	57		53			42	37	
								29
64								
				48	47			31

Medium (515)

			4	5				11
		72					19	
	78			23				13
80	81	70						
67					28			
	59	58				30		
	61			52			37	
		55	54					35

Medium (516)

		17			14		12	
		39					24	
		33					1	
47		35			28			7
	49		57		59		5	
		55				61		
		77					65	
						72	71	

Solution on Page (195)

Medium (517)

29				35				71
	31					62		
		25				63		
				40				
21		19	42				66	
								76
15					50		78	
			47	48				
9			6					81

Medium (518)

						69		
	81			66		68		
		60			58		54	
	79					56		48
		40						
	9	12				36		34
		20				28		
						26		
5								31

Medium (519)

		57		60				65
54	53			50				
		45						
42				37				
	26			35		72		
				32				
21				8				77
			13	12				
	18					5		3

Medium (520)

	73							3
						78	79	
69		65						
54				58				6
	52			49	12			
42								16
							18	
40			33			24		20
39		35					22	

Medium (521)

77		75		60				51
78					58			
79				69		54		
				63				
3	4			19				
6				29				44
		15		27		33		43
10			23					
						37		

Medium (522)

55						3		5
				78				
53				79		67		
52		50						10
45				71				
					25			14
43			32				16	
	39							18
	40			29				19

Solution on Pages (195-196)

Medium (523)

	34		32			5		1
				30		8	3	
			78		28		10	
						22		
		56			73			14
42			61	64				
43				65	66			

Medium (524)

		29				63		
26			33		61			
	24							69
					57			70
				53		51		73
18				42				
	16					49		81
		10	11		47		77	

Medium (525)

7	6				2	1		69
8								
		17						67
	11				78	79		
			32					
		30		43				
					41			63
	27		51	55		61		
				54				59

Medium (526)

79				3		5		
80					1			
	72		22			11		13
		70						
	66		52	25				
					43			
63				45		41		
	61		49					
				47	38			35

Medium (527)

1		9		49			80	81
			47					
		11		45	55			
		12	43		57			
15					40		72	73
					60			
				37				
	25							
				33				67

Medium (528)

		27						75
				32		72		76
		25	34		68		70	
	17			36		66		78
						53		
					51			
9						55		
6						56		60
		3		45				

Solution on Page (196)

(90)

Medium (529)

								59
	41			52				
		47						
2				74			65	66
	38	79			70			
				76		30		
		35					22	
		7				20		26
			14	15			24	25

Medium (530)

	46			50		62		
		41			59			
			31	57		69		
37			32	74				
	25	26		28				
23			12	11		81	80	
		16					6	5

Medium (531)

77						11		1
	79				19			
75				23				3
				32				
	64	63		33				
					37			40
	66			53				41
70					51			
				57		49		47

Medium (532)

	43		34					
	47					32		
		51		36				25
54			59		22			
		61						
64					20			
		67			11			5
70			75		81		3	
							2	1

Medium (533)

65	64				46			17
		62						16
		68						
		60		42		30		
71	58							
			39					
							26	
74								
81		79		5	4			1

Medium (534)

	10			7		5		3
	13			29				
17		15	26	34				1
	21							38
								39
58								
	64			71			48	
		66			77			
					74			

Solution on Page (196)

Medium (535)

	14						38	39
12							43	
			25					
	19	18	23					48
9					64		50	
8		6				62		52
								53
	77					60		56
79					72			

Medium (536)

1			24		26			
	3							
5		13		19		81		
8								
	10		16					43
68		70			77			44
	66							
59		57				53	52	

Medium (537)

	72			48		36
		60		47		
						40
			55		42	32
	68				30	29
			2			
			1	18		27
	7		12	16		
				14		25

Medium (538)

9	10			13	14			
		2			20			
			23					
		58	57					
63		59						
			54					
	68		72		48		36	31
		78				44		32
								33

Medium (539)

			21			41	
		18	24			42	
	12				44		
			30				
						49	
78		4		33			
79	76					54	55
		70					
	74			63		61	

Medium (540)

75		73		65		59		
						58		52
79			68		62			
			70		38			
			36					
	1	2						
							46	
	29		21	10				14
		25		19				

Solution on Page (196)

Medium (541)

	38				8	7		5
		12						
41						17		3
	35					24		2
		45		27				
48							77	
54				60			71	
55			58		66			73

Medium (542)

				63		55		49
	73					54		
				61			52	
					59			
	78			27				
							33	
		13		3		31		39
					5	35		
19		17	10					37

Medium (543)

81				77	76			
							59	
42				46				
				35				53
40								
		31				21		23
	5		9			20		
1	6			11	14			17

Medium (544)

39	38							
						28		30
		81						
		80						
		79	52		50			15
	65					18		
71		63						13
		62			5			
69	68			3				

Medium (545)

	1		3		78			
8				76			73	
		21	26					
			25		29			
						59		
		16		34		58	65	
	14							
44		42						
			48			51		

Medium (546)

57								
58						24		12
						28		11
							17	
69	66		44					9
	65			43	33			
					34			
				81	37			
77		79		39				3

Solution on Page (197)

Medium (547)

1	2				8		10	11
36			5					
	34	31			18			
								22
					26		56	57
45					61			
	79							68
		77	74					69

Medium (548)

53					66			
			61					70
	58					79		
		26						
				23		5		73
47			34			7		9
				18				10
45			36			15	12	

Medium (549)

		57		61	62			
		58						
	80					18		
		50			74			
47			28					
	45				12		14	
		43			11		7	
39		35	34		3			

Medium (550)

27								15
28					12		14	
		23	22		10			
	33			6			79	
			42			1		
						81		
		49			62		66	
54								
55			58		60	69		

Medium (551)

21		27			50			
					52			
						58		
			31	38		44		60
7					40	43		63
	9						65	
						79		
4			75					
		1				70		

Medium (552)

69					13			
				8		14	19	
			2					23
			3					
				61		39		25
76			59					28
	78				37			
50		52					31	
	48			45		35		33

Solution on Page (197)

Medium (553)

11								3
12	13		15				25	
	52					23		
54								
	60		46		42		30	
57							38	
		68		66				36
		73						81

Medium (554)

			80		70			
	75	74					7	
		61						11
	57				1		5	
53		55		33			14	13
	51				28			
								17
	47							
		41		39			20	

Medium (555)

								61
30				54				
23						65		
		26						74
21			38			67		
12					45			76
11				43			70	
			41		1			
9					5		3	79

Medium (556)

79		77			74	73		71
							65	
	52					63		69
46				58				
								11
	37		31	28				
						17		9
42				26				
41	40						6	

Medium (557)

		67		69				
22						72		78
			38					
20		36						80
			40					
18			41		49		55	
	30			43				53
		32				6		
							4	3

Medium (558)

15		17			68		72	73
	13					70		74
	12	23					64	
10								76
	30			57	58			
8							53	
						45		79
			39		47			
	2	1						

Solution on Page (197)

17	18						26	27
16				22				28
	54	7		3		1		
						44		42
		51		47		76		
	63		49			74	79	
65			69					

			28		26		20	1
		56		30		22		
			32					3
78				34				4
	62		50					
			46					
75								
	71	70					13	
								9

51	50	43		41		39		
			75		73			
53		45						35
				81		33		
55					67			31
	57						23	
	2			16				
		4						
7		9						27

								81
			63	62		72	75	
		59			68			
	57		1					78
	46							
				8	9			14
						17		19
			32			23		
	40			33				21

	74	73						
			69				11	
79	76							7
		64						
						3		5
				26		2	35	
	52				30			37
								38
49				43			40	39

				18				23
80		6		16				
			4			27		
	9		1					34
77		67	56				32	
	69			52				
						45		37
	72						40	39

Solution on Pages (197-198)

Medium (565)

11					4		80	79
	9		31		3	2	81	
13		27						
			29					
		37		35				
	23						71	
				47				69
	21		43			64		68
							66	

Medium (566)

57								
56		62	65			74		80
	60				72			
	53		49					44
		51		39			42	
4	1				35	34		30
		16						
	11					24		28
								27

Medium (567)

13		11		7	6		4	1
			9					
15						51		57
			41		47		55	
17					53			
	25		39				61	
			36					
							67	
			74					

Medium (568)

43		45						59
42		40					61	
			53					
34						64	81	
			30	29			68	
			28		70			
	22							
		17			6			4
	12	11						3

Medium (569)

61	60							29
	58		46					25
	57							24
65					50			
				52		20		
	68							15
70		76		6		4	13	
71					8			11

Medium (570)

77			74					69
				64			67	68
		48		50				
		45				55		58
		39						
		36			23			1
						12	3	
33					8			5

Solution on Page (198)

(97)

Medium (571)

		17			2	3		
	21					10		
			24		12		8	
				48				68
	32		46		50		66	
	41							
		43						
				58		62		
37	38	79						73

Medium (572)

	16		27					
					32			
		19			40			
10			23	42		46	59	
				44				61
	5							
		52		54				
78			72				67	64
79						69		65

Medium (573)

		9			12			15
2						18	17	
					26			71
	5	30						
41			32		64			73
		38		34				
								78
47					58	59		79

Medium (574)

69	70		34			23	22	
	73							20
			36			25		
		76						
65					40			
	79							12
63		53			44			
								8
		59				3		1

Medium (575)

	76							9
80		74			3		7	
			16					
							27	
61		71	70				24	
	65							32
			52		44			33
				46			35	
	56				40			37

Medium (576)

53		49		45				37
					43			
55						41		33
56					3			32
			66					
				80			29	
71			76					
	13		11			8		
				19				23

Solution on Page (198)

Medium (577)

								1
38		20		22				
							10	
40						6		
		31		29	66			69
42				58				
					64	73		
		52		60			77	
	46		54			75		

Medium (578)

		65	64	61				
				62	59		51	
71		73	74			57		
4				76	77			
	6		8					
14			9	26	29			
							38	
	19							
		21			34			

Medium (579)

	36				21			
38				27				
	40	33		31		13		15
				29				10
							8	
52		50						
				1		81		
	57	56			67			
	60		62			79		

Medium (580)

		59		61		63		
56			53					
			50					73
				42		80	81	
37	38					69		
36		28		24				4
	30							
34								8
			14				10	9

Medium (581)

71				66		64		
				59			62	
		77		79		54		
							52	
		3				38		
8			27			39	50	
	16	19			35		49	
10								
				44				

Medium (582)

61				68			15	
		81						
							17	
56		77		7				
			75				19	
54				5				
		46			1		21	
34	38							
	32			29	28	27		23

Solution on Pages (198-199)

Medium (583)

	16						10	
18		2		4				
		21			50	51		
	29			24				60
31			42				56	
		36						62
							64	
80				74		66		
79			76				70	

Medium (584)

			72	71				57
76								
79					62			
		44					49	
	42					16	15	
								8
			30		18			
26					20	19		
25				1				5

Medium (585)

15	14							81
		18		40				
		20						77
						4	5	
23			34			3		75
				46				74
			56					
		58			53			72
61			64					

Medium (586)

						75	14	15
		66			73			16
					10			
60		56		70		20		
	58							
48	49			6		26		
		51		3			28	
								30
	42					35	32	

Medium (587)

73				77				11
		69		79	4			
64			1			20		16
					22			17
60				40				26
		48						32
55	54		52		36		34	

Medium (588)

5		14		16		18		
					22		20	
3		11				46		
	1			29				48
		33						
	81				42			
		75						51
				64		60		
71		69					54	

Solution on Page (199)

Medium (589)

53				61		67		69
				3				81
							73	
	34							
44		36		14	11		75	
42		28		16				20
	40		26		24		22	21

Medium (590)

53				57				67
52			49			64		68
		45						
			39			71		
	30							73
		24					75	
								79
14		16			5			
13			10			3		81

Medium (591)

				39		27		21
				35	30			
	49		53			16		
63								
64		56						
	60				4	81		79
		58		72			1	
67					74			77

Medium (592)

			6					13
	1			8		16		
			44		38			
	77							
75					23			
		50			35			
73								27
		56		58	59			
	68		66			63		29

Medium (593)

		35						
	25			48			45	
								43
				80		52	53	
1		11			68			
		12					57	
	8							
						72	63	
5	6		16					61

Medium (594)

			5					11
	37			7				
			29					15
	41					17		
				23				
54		52		50			21	
	57		77	62		66		
			74			72	71	

Solution on Page (199)

Medium (595)

			14		12			1
	19						9	
					6		4	
28						40		
		33			38			45
								46
					60		62	
72		70					65	64
							79	81

Medium (596)

		33						27
	61		35		41			
65						23		
								20
				45				15
68	55		51					14
		75						
		76			1	4		8
			78	79	2		6	

Medium (597)

57	58			61		63		
55	54			1		5		
		48						
			14		16	17		
38								72
	40				79			
36					80			
35				27	26			

Medium (598)

	40		36					17
			34					
			47		27			15
52							21	
		56						
62			58				9	
	64				6	1		11
66	70							
67	68							81

Medium (599)

79			76					
	81	34			60			
31		33			59		69	
						63		
3			24					
	1	22		20	43			
			18		55			
8						49		
9								

Medium (600)

81					56	55		
		68					51	
79			66		48			
		75	65			44		
					46			
		15	16		18		20	
13			10					
					25			
		3					30	

Solution on Page (199)

Medium (601)

15	14						56	57
								58
	12		6	5			60	
					62			
		25	46					
20	21						69	
	28			39				
31						79		81

Medium (602)

			68		70			
64	81							
		61				53		
4			59		55		39	
		47						
			45	44			41	
7			28					33
			22					
	10				14			

Medium (603)

			21	20			10	9
	31				18			
35			26					7
36		28			3			6
		79		73				
	39		81					
					67			61
				53				
45		47						

Medium (604)

63				15				
			11					22
	60		6	7				
						2		26
	51				36			
69				42		38		
	49		44				39	80
71				76				79

Medium (605)

77		75	74			63		57
			72					
79								
		49		51				54
13			45					35
		47			38			
17								33
19		21				27		

Medium (606)

15			23		25			
				1				
13		6						81
12		7						
35	34							
	40							
37								69
	45		51		55			
47				54		66		

Solution on Page (200)

Medium (607)

		40	41		63			
36		34			60			
				50		58	67	
		28			52			
23			47					
		26		5				
			3		77			
							72	
	18		12	9			81	

Medium (608)

						5	4	
80		74				10		
		75		67	66			1
51								
50		54				20		
	48			37	34			
44			39					
43							26	25

Medium (609)

67					61			
68			76					
	12				81			
10		14					53	52
			18					
				33				
7				29				45
		22	27			36		42
				38		40		

Medium (610)

		31		29	28			21
			33			26		
		37						19
	69		39					
		44	45			48		16
79				51			10	
	63	64			54	55		
81							12	

Medium (611)

81					3			
		74		40				6
	72			41	38			
	69							
								9
			47					
		57		49		21		
	61		51					12
				53	24		14	13

Medium (612)

81		51				47		45
			39		41		43	
79								5
	77				29			
75							24	
	73		35	32				8
						20	15	
69	68				18			

Solution on Page (200)

Medium (613)

		53		51	44			19
	55		49			42		
			48					
64								
	66		36	35				
						26		
			31	30				13
	71					10		
73				3			6	7

Medium (614)

		7				3		
				10				
	74		70			17		
					21	22		24
	64			29			26	
	55				33			
	57				45	42		38
	58		50		44			39

Medium (615)

				26				
36		38	31					
	48				18		12	
			42					10
					15	8		
						1		6
		57						5
								78
69				73	74		80	79

Medium (616)

81	56		54		50			
		58		52				44
79	78				8	29		43
76								
	74				10			
						26		
			14					
68								
		65	20		22			37

Medium (617)

							80	
						60	59	
21	26		72					57
							63	
14		16	31				39	
	8			1				
		6				48	49	
11					46	47		51

Medium (618)

15								
	17				61		67	
					8			
		24			58			
			22		54			71
32				4			51	
37	36							
	41				77	76		74
39								

Solution on Page (200)

Medium (619)

33		39			55		
		43					
		44					67
	29	45		49		61	68
					59		
21			15			76	
		17					72
1	4				10	11	

Medium (620)

	12						71
10		78		80		68	
9			24			67	49
							48
					61	52	
		27			56		46
5							45
4		34					
3			37				

Medium (621)

		5				12	
79		59					
76			20				
			47		37		
72		62					28
	64		54	49		34	
70		66		50			
		67			42		31

Medium (622)

63	62						1
64				36			3
	67		55	54			
		57					
	71		51			28	12
				49		14	
	75				25	26	
		77		21			

Medium (623)

51				68			71
50							72
		55				64	
46	43			39			74
			33		35		75
				26			
7							
	1		16		22		78
		3	15				79

Medium (624)

59						2	3
		63		66			
			50	81			
55					16		
42		44		48		20	15
		38		26			9
33	32			29	24		

Solution on Pages (200-201)

Medium (625)

				21				
		28						
39		37						15
	41					8		
		43	34		6			13
					77			72
	54	53				75	74	
56					79			
57						65		

Medium (626)

41	42			49		51		53
40		44						
			77					
							67	
					71			
4		16					65	
				28				59
		10	22					60
			20	21			62	61

Medium (627)

		17		29				
8		16	19					
	12					33		39
		14	21			42		40
5		3						
	55						75	
		53		47				77
58			51				79	
	60							

Medium (628)

				55				61
		48			58			
19		25					64	65
					43			
		23		29			68	81
16							69	
1								79
	9							
						34	73	

Medium (629)

		14			3		5	
19						37		
				30				40
23		25	32					
78		66	65				49	
				63		51		47
80			69					
		73						55

Medium (630)

5			8	9		11		
4	3	36			33		31	
			78					
42					75			16
								17
44		46						
49						69		
50		54			65			
	52							21

Solution on Page (201)

Medium (631)

							4	5
74			59		1			
		62					15	16
	68				30			17
			53	52				
					32			21
46							25	
		41	40		36			

Medium (632)

		47						37
51		57				41		35
		58	59		13			
63	62			5				
			67					32
				20				29
	77							
			74		22			27

Medium (633)

37					52	53		
36								56
			44					
		32			67		65	
21	24		46	47				
19				77		3	6	
		80		78				
						11	10	9

Medium (634)

79			70		68			65
			71		55			
77								
40					51			62
	38					15		5
				46	17		7	4
							8	
	28							
			26	21		11	10	

Medium (635)

13		11			8		6	5
			17					
				21				35
					32	33		
	48	47						
50						58	39	
	68							81
		66			63		61	
			74					

Medium (636)

71						63		61
	75			66	81			
		77						55
				46	47		51	
39			44					
34								18
	32	25				15		17
							1	
29		27		9				

Solution on Page (201)

Medium (637)

	60	59					18	
			42			49		
		68						
	34		40					13
72					27			
73		31		29		25		
	75						7	
81					2	1		

Medium (638)

1	4			7		9	10	11
					21			12
27				20		14		
	41							
		43						
30			51	50				
		53				57		79
32								
	34							

Medium (639)

51		67		69	70			79
	53							
49					62			77
	55			60		38		
47		43						35
				29				
		10						24
5	4							23

Medium (640)

				47				
		38						
		32		40			56	
		3			6		62	58
			14				60	
28		18				64		
	20			11				67
	22							
25			80	81			74	73

Medium (641)

		79						69
	81							
3		35	38					67
	5			40			53	
7								65
			27		45			
		25				47		63
		24		22		58		
					20			

Medium (642)

45	46		48			51	60	61
		42						
35					55			
34	31			80	81			64
		27				77		
24								
	22				4	75		
		15			8		72	

Solution on Pages (201-202)

Medium (643)

	60				80		78	77
		56				72		
			64		68	71		
			45					
49						39		
								30
9		11			2			
								28
15				21			26	

Medium (644)

	8		12		80	79		
			1			78		
	4							73
24		22				18		
	26							
		28		46		56		66
							64	
		34	41			58		
				50				

Medium (645)

			6			13	18	
	37			8				
				9				
44	33		3		1			22
							68	
		80		28				
	78	81				59		
48								64
49					57			

Medium (646)

73						79		
		64						
69					60			33
			56			31		
	52							29
50			45			27		
	48					23		21
		6						20
			12	13				

Medium (647)

27					36		40	41
				48				42
25								
			19			58		
		21			56		74	
	15							
3	14							
		8				68		
5	6				66			81

Medium (648)

37						45		47
		34						
7	6			31	80	79		
			3					52
13							54	
		24		28		60		
				74				
	21							
17					68	67		65

Solution on Page (202)

Medium (649)

			18		20	25		
						24		
					22			
50		6	5					
51				43				
						58		
		67		63	62	59		
	73						37	
71					78	79		

Medium (650)

	54	49						35
			47					34
								33
				64			77	
		67				81		31
			69			80		
							24	29
		10					25	
13		9	8			1		27

Medium (651)

		73						19
								20
		79			6			
	81		1	4		14		22
		47			44	25		
	65	48		50				
	58							29
62					41			
					38			35

Medium (652)

1		5				53		
				10				
			12		50	61		59
		18						
21					48	63		69
		30				64	65	
					40			
	27		33				81	
		35						79

Medium (653)

		5			14		20	
				12				
		9			16			
78	1			56				26
					54		32	
	67			58				
		69						35
	71			50		38		
			46		44			

Medium (654)

49					42	41		39
			81				35	
	54	53						
	57		79				29	
			76					
		62				22		
			74		12			19
				6		10	15	
	68				8			

Solution on Page (202)

(111)

Medium (655)

3	4			9	10		18	
		6						
	78							23
	77		73		27		25	
		71		29				
							35	
						41		45
	61					42		
			54	53			48	47

Medium (656)

7		9	10					19
		35						
	1		37		29			24
79				51		26		
			41					58
81		43						59
		45						
73		71		69		62		

Medium (657)

	24			21	12			
26		30					1	
	28				9			
				63				
	37	48			66			
39				59				81
	41	46						
	44		56		70		72	

Medium (658)

				57		55		
							51	
		61				49		
	69				37			46
		71		31			44	
	75					40		
	8			27				
					25			
	4	5					18	19

Medium (659)

41				33	32	31		
42			27				3	
	38	37						5
					17			
45								
		80					9	
			68					11
74							59	
			66					61

Medium (660)

81	80			77		75	74	
			67		69	70		72
	59							
57				33	34			
							37	
	6							25
	1			3	16			
11			14		18			23

Solution on Page (202)

Medium (661)

	78			67		65		
	75				59			
	33		71	38				
31								49
30			27				43	
	8	9				45		
	7		11		21			
3			12					

Medium (662)

1		19			32			45
			27					
	16					35		
4			25				41	
					51			49
		57						66
	59		61					
	74	73						
	10						80	

Medium (663)

53				29				11
		32			25		13	
					23			
								8
					17			7
	47		39		19		5	
					81			
			72					
		65	70		76	77		

Medium (664)

		29				80		
32								
							10	
		26	25			8		74
				15	14			
40			3			6	71	
	42			59	60			69
						67		
51	52		54					

Medium (665)

			1		69		77	
			71					75
56	57		13					
		5		11				19
52					23			26
51		45	8			29	28	
	47							
			42					

Medium (666)

		3		53				81
						62		
	6		50				66	
		26						
13	24	27		47		59		
14					45			76
		31						
	33		35		41			

Solution on Page (203)

Medium (667)

	66		72		6		8	
		70						10
	68				76			11
		60		38		78	81	
						31		
					33			
51		53						15
					23			
49						19		17

Hard (668)

57							30	
		63		47				
						36		
77								
				12				
			10				22	
		8		4				
73				3		17		

Hard (669)

					24	25		
14				22				
7								
					35			
				57		59		
					62			71
		41						
49				53		67		

Hard (670)

								75
	63							
59						13		81
			53			12		
				27				1
48						18		
	40			25				
	36		34					

Hard (671)

								53
			39		3			
	31							
					6	59		
	25	26			7		63	
		15		9				
	18				78	79		

Hard (672)

	1		9					18
5								
					29			
		71				35		33
				68				
							42	
	61					44		46
								47

Solution on Page (203)

Hard (673)

		77			72			17
	79						19	
		61		65				
				23				
51								
		54		36		26		
				28		8		
	47				6			
			31		1			

Hard (674)

33						13		
	31							
			22			1		9
	29							76
38						66		78
		50		60				
			52					

Hard (675)

	42							13
		46				32		
		52			27			
		64				24		8
						23		
		74		69				
	78	79				3		5

Hard (676)

				73				
	79		75					
35								
34	33				51			
		25				49		
22								
				43				61
1					7			

Hard (677)

61			54		36			
		56					41	
			52					31
								30
		67		49			28	
					21			26
75		73				1		
76		78		12				
								5

Hard (678)

						71		37
		64				70	39	
	78							35
2				58				
3								
	7						43	
				13		49		
21					27			

Solution on Page (203)

Hard (679)

	8				28		42	43
								44
		17				33		
				24				
2					51			
	58							69
80	81			62	63			

Hard (680)

	25						61	
					52	53		63
	27				41			
17			30	31				65
		14						
				35			78	
10								68
								69

Hard (681)

81		79		49	4			
						2		
					46			
			55		45		17	
						19		
	67				43			
69		61				21		
								27

Hard (682)

39						51		
			43					
33								
32					19			
						17		
28				2			63	
						5		
								66
81					72	71		

Hard (683)

77	78	59						
				30				50
							48	
		64						46
							36	
			13					
71		9		15				
							39	
								41

Hard (684)

55	54						12	
		50						
					6			
								22
	64			41				
66								
67					36		30	
							29	
	76			81		33		

Solution on Page (203-204)

Hard (685)

					8			1
20			11				3	
							32	
24								
						39		
46							61	
47								
							77	
					74	81		79

Hard (686)

		67		65				
	81					30		26
				36		32		
	72							
						16	15	
			50		12			
						10	6	

Hard (687)

				37			40	
	33		65					42
						47		
	79							
						55		
24								
			74					11
1			4	5				

Hard (688)

			10				6	
	19	20				2		4
							34	
		22		28		80		
						79		
64								
63								
		50						
	60					45		41

Hard (689)

	10		8					25
	1							
		15		19				
	49							
					40			
		46						34
	60							
							73	
			80			75		71

Hard (690)

				15		17		
		26						
					40			47
	7							
			32		38			
	61							
		81						
				78	77		75	
1	64			67				

Solution on Page (204)

Hard (691)

81								
			67			14	9	
		61						
		53						
		38						
	42		34					
	44		40				2	3

Hard (692)

			19	18			12	
						14		
			25		3			
		48		40				
				39		65		78
					59			79
			55		61			81

Hard (693)

			48			39		37
60								36
					44			
								31
68		70		22				
	72							
						10		8
79				1	4			

Hard (694)

						15	2	1
62								
	65			22				
	68						8	
								32
						29		
73		79			41	40	39	

Hard (695)

	64							
				47			52	
		61				3		
							5	6
							9	
		37		27				
	71		35					
73				31		19		

Hard (696)

				47				35
		57		49				
		58				42		33
							29	
			63		5		23	
70					7			
	73							
					12			17

Solution on Page (204)

Hard (697)

		31				5	4	
					23			
	34						8	
			63					
41							18	13
			61					
43			60					
		56				81		
		57		73				

Hard (698)

51	50	49		47				
					6			
		3	8		42			
						22		
	56							
		66		80				
				79				
				76				
				72				

Hard (699)

	28			20				
		32				13		
						15		
57		53		45				7
					4			
59		61		48				
					2			80

Hard (700)

15			12			1		
		18						
		22						
	27				36			
		29						39
				47		77		
	65							
								80
	63							

Hard (701)

57			52		49			
			81					40
			77					
	70	75						
62					8			
		17						35
				24				
		27			30			33

Hard (702)

	34					71		73
32						65		
			47					
29					55			81
					50			80
					7	8		2
	22				15			

Solution on Pages (204-205)

Hard (703)

31					63			
			51					
				49				
			48	57		79		
	39		15					
	20			9				71
					7			
						74		

Hard (704)

				76		78		
			62					
		70		56				
		64					43	
								35
16		8		28				
15						3		

Hard (705)

17			78					
				76				
			22		72			
						70		60
					48			
12				28				
11					40			
			33					56
9								

Hard (706)

79			60					
					49			44
77								
75		7		35				41
							29	
								27
							21	
71		3		15				25

Hard (707)

		81	64			1		5
						25		
					27			
75			40	39				9
	73							
								11
		46		36			15	

Hard (708)

	48				10			
		4						
	46						34	
		63			38		32	
		68			78		30	
	59				74			
				73			24	23

Solution on Page (205)

Hard (709)

		79		74				69
			57			71		
		55						
			9					
		7			15			
46			5					20
				34	31			
		39				28		

Hard (710)

						10		
					13			
						17		7
	49							
		59		29				
	65				23			
					32		2	
								80
		71					78	79

Hard (711)

	5	12				20	45	
		11						
								50
		27			38			
					39			
	64			61		57		
	68							81

Hard (712)

		45						81
	39							
				35				75
24		26						
	22		32					
					55			72
19		17						
9						1		

Hard (713)

13							42	
		27					41	
		19			34	39		45
						51		47
		79						
								57
3	4						68	

Hard (714)

68	81		79					15
		75					11	
	60			45				
			47					26
	52					42		27
	38							
					34			

Solution on Page (205)

Hard (715)

			2					
6		8			11			
			58					
					17	18		
69		61						
			49		51			
		79				35		29
	74		76			43		

Hard (716)

3				39				47
1				37				51
						61		
				68		60		
11					74			
		22		70			77	
			24			81		79

Hard (717)

								25
	1				29			
		3				21		
								18
43		45						
80	81							
		69						53
76						58		
				65	64		62	

Hard (718)

	12							
14								
21				29			2	3
						36		38
		77						
			61		45			
81								
72						54		
71							52	

Hard (719)

		63				67		69
	59							
53								
		27				77		
			37		81	80		2
		16						8
19								

Hard (720)

2		18			73	72		
				21				81
		24		22			65	
						54		
36								
37						47		49

Solution on Page (205)

Hard (721)

								73
			55					
	58				68			77
12		26						
	14					49		79
		24					45	
	17		19					
			4					

Hard (722)

								21
			33					
						43		
		52		46				
								17
60								
		81						15
								14
	64	5	6		8	9		

Hard (723)

75		77						
	81							
	70						34	
						44		
65			54			47		27
								21
		10						
5								19

Hard (724)

81							42	
		76						40
	66							
			49					
				51				31
	57					26		
								29
	5				23			
1	6		14					

Hard (725)

		61		57		55		53
				43				
			1					
79								
				20				
		9						35
					15			
75					14			31

Hard (726)

							54	
		44					58	56
		41	42					
	21					64		
								67
12								
11		27		33			78	
					3			
					2	75		

Solution on Page (206)

Hard (727)

81								67
								21
	49				57			
45		51					24	
	41			28				
	39							
					12			
		32						7

Hard (728)

75	76					53		
								44
					58			42
65		15						
	63			20		38		
			18			29		35
	5							
				9				

Hard (729)

				48				
	63		51	45				28
			53				25	
69								
	71		75		18			
								15
			77					
1		3					12	

Hard (730)

				11				
		29				35		39
	23				33			
		47						41
							79	
				51				77
							73	
61		63		65				

Hard (731)

65					8		4	
67	52		56					
				35				
69					33			
70		44					17	
	46							
72								
	80						24	

Hard (732)

							44	43
74				48				
								31
					34			
		66		52	23			
	80							
		4			1			
			10		12		14	

Solution on Page (206)

Hard (733)

45	44							
46			27		29			
		49						75
								76
				21				
						4		
	15				1			
		61		65				

Hard (734)

75				3				
	72					15	12	
						19	20	
		67					24	
64								
				31				
	57		51					
55								43

Hard (735)

							5	
			23	24				
		37			26			1
	41			20				
			44					
				46				14
	72							
80								56
					62			57

Hard (736)

3								
4				34				44
		6			26			
							47	
			79					51
			77			66	61	
	17							
							56	55

Hard (737)

81								27
			76					
			9			18		32
		1					34	
68		4						36
		60				40	41	
63								

Hard (738)

			73		77		79	
		63						
43			61	60		2		
					6			
	47			55				
		31					16	
			29			24		
35			27					

Solution on Page (206)

Hard (739)

	56							21
			49		15	14		
								23
						3		25
	67		43		1			26
				41				
					31		33	
77	78							

Hard (740)

						55		57
				48		59		
5								
	11			46				74
3	12		36					
				38				
		28			25		81	

Hard (741)

					8			11
56								
			46				20	
						19		
				43		35		
			63					24
								26
	78				70	29		

Hard (742)

35					51			
		38				55		
						58		
30								60
25								
					66		76	
9		11		16				
								74
								73

Hard (743)

45						58		
		53		81		60		
			51		79			
		37						
					3			
	23					73		
				7				
28						69		
				16				

Hard (744)

			44			38		
					40			
	52							
54		4			20			
55		3			30			
			7					
	60							
80								
79			75	74				

Solution on Pages (206-207)

(126)

Hard (745)

9		3				76		
11			28				80	81
				38		61		
15								
				44			66	
	18				50	64		

Hard (746)

	45							
			36		70			77
			37					
	48			21		27		
56								
							2	81
			13					
							6	5

Hard (747)

			34					
39					16		14	13
49	48			29		7		
								4
			55					77
		57		81				
65			68					

Hard (748)

1		29			36			
								44
				56		52		48
		19	20					49
	12							63
8		78						
								69

Hard (749)

45					54			57
		48			61			
	42							
		36						
	10							
		5		1				
	19							
		22					81	

Hard (750)

53								19
			72		76			
50								
			66					15
46						13		
		42						
		41						
	35			8				

Solution on Page (207)

Hard (751)

				13				7
	19							
43					25			
44				31				
		39						
48								
71				55				
	69						63	62
								81

Hard (752)

27							20	
			6			14	15	
	2							
	32							
34								
			80			77		
38		48						
				44				63

Hard (753)

	70							
			52					
		67						
	74		41	40			37	
		20	26		32			
	18			28			35	
	14		7				1	

Hard (754)

		57		61				
							21	
		71						
					27			16
						13		
46				76				10
						31		
41		39			2			

Hard (755)

23								41
	10			31				
					35	48		
7	12		14				50	
6								
			80					
	63							
1								73

Hard (756)

81								
								56
						61		55
			69		51		53	54
	6	5						
							43	
	18		24			41		
								37

Solution on Page (207)

Hard (757)

19				9		7		
		16	13				5	
								3
					68			
	30							65
			35			63		
					59		61	
44		48					57	
45								

Hard (758)

	63			56	55			50
					44			
		70						
							38	
78					31			
81				21				13
3								

Hard (759)

	29							
25	30		40					
		34		38				68
					56			69
					58			
		4	5					
				1		77		79

Hard (760)

11			8	7			32	
			16				30	35
				27				
		70					39	
				52				
				64		48		
								45

Hard (761)

5	4						60	
						56		
	12				18			
	10				52			
								80
29		35						
		44						
	32						74	

Hard (762)

81	78					71		69
						73		
1				37				63
				28		60		
		25	26					
			21					
		17						
					45			
7							50	

Solution on Pages (207-208)

Hard (763)

				50				
				57				
37	42		67					
						18		
32		73		20				
		79				14		
						11		
1								

Hard (764)

61				18				
62		56				13		
		50						
						9		
							7	
	71					33		
69		43		41				

Hard (765)

17			7		5			
		11						
19			1					
				62				
							71	
	33				78			
		35	81					
38								
			43		45			

Hard (766)

		69	73					
		63						
			42			1		
	50					21	20	
58								8
			31					
						15		
		35	29					

Hard (767)

		79	77					
					55			
					53			
68								
			43					
38	1		3		6			
						11		
	32		30		27		25	

Hard (768)

67								
		13			26	25		
65		8					31	
		78						
		81	80			37		
	55				47			
59			49		45			

Solution on Page (208)

	14			11			4	
								2
				46				
18								
			36					
	27				61			54
			65					
	25							
			74				78	81

			20			17		
							35	
	52				32			13
				40				
			48					
				46				10
61					72			
		68					5	
						78	79	

79			26					
78				12			7	
			24		18			
				38				
			34		46			51
							49	
	66							53

65								
						34		36
			54		42			31
				48				
73								25
			6		10		18	17
78	79							
				1				

	34			43		49		
				47			53	
		37					56	
	29							
							80	
2		12				70		
4								
			20		66			75

	5							17
	6		8					
			33					
53		51						
				42	41			78
	56							
62				46				
								81

Solution on Page (208)

Hard (775)

		33	42					49
	29			40	39			
			22			59		
6		10						
				18				63
	79		77		73			
1								65

Hard (776)

29								
		38			57			
			43				67	
25						49		
	21							
23		9						75
							77	
		3						81

Hard (777)

		55				63	66	
								68
		53					72	
		52						
		49						
							25	
35			32		28			
	5			10				
								15

Hard (778)

1					8			
	3							
								15
		41		71				
30			43					
					58			
			45					
		35			50			53

Hard (779)

	18				28			33
		20						
15	14				43			
			3					36
							40	
				69		81		
62		60					75	
			66					

Hard (780)

				21		48		
					41			
				31	45			
14			33					
								57
	1							
			64					
4								
5						72		77

Solution on Page (208)

Hard (781)

		3		5		45		
	27						51	80
16			36					
18								76
			62			67		75

Hard (782)

			66					
					2	4		
53			58					
		37				11		77
		40					75	76
						24		20
45			31					

Hard (783)

					80			1
			77	78				4
69								
					51			
			48					
						20		
			43					
35						25		15

Hard (784)

73		75		9				19
							17	
71		79						
70					1			
		59	58					27
	61							
					44			
		52						34
						41		

Hard (785)

75			78	13		7		
								3
64								
			28					
61	60		52			45		
			51		41			
		55		49		39		

Hard (786)

							2	1
	11			20				
13								39
				31				
53								41
								80
		59					78	79
						72		
63								

Solution on Page (209)

69								
		55						
		75						35
	7				39			34
		77						
					41			28
			45				22	
2			81			24		

1								71
								72
		57					68	
			55					
	14							78
			29					79
				32				
	23							39
								41

67								3
								2
69		59					12	
70		52		54		16		
	80							21
76					29			
						35		33

				5			80	81
					1			
				42				
			44		40		74	
				48				
			46			63		65
				52				
17		19			56			

					66			
			19					62
		17					72	
						74		
	32			13				
40			35			6		58
							78	
							81	
	44							55

29			41		47			
		39						
					49		55	
26			79	65				
		75						
			77					58
			69					
					10			
			16		12			7

Solution on Page (209)

Hard (793)

81				71				65
							61	
79								
						45		47
4			29		37		43	
	11							
			24		22			
	13							

Hard (794)

		10	9					81
		12						
		2	1					
	69							
						58		
22		42						
						54		
					37	53		
			32		49			

Hard (795)

				58				
			61		52			
77		63			54			
							43	
	81				35			
		29						
					12			
	22		20					3

Hard (796)

					8	7	4	
	43							
		57						
		58						16
			63			30		
							22	
			71					
	76				68			

Hard (797)

		75						
	59		37				1	
		39				9		
		44		33				
			28					
				22				
		49			24			17

Hard (798)

		61						55
			41			53		
		39						
			37					50
					24			
		17				11		7
		79						
75		78						5

Solution on Page (209)

Hard (799)

		31						
				71		75		
					73		81	
14						63		
			38				56	
	24		2		42	53	55	
			44					
9					47			

Hard (800)

81					70			65
			73			67		
		45			61			
42								
					55			
		33		29				
					23		25	
								16
1		7						

Hard (801)

17					10	79		77
		21		7				75
26							73	
			4					
					59			
			34	33				
40								

Hard (802)

		25		17				
28			23					
		30	22		2			9
					60			
39								
		44						
			48	56				
			54					
81					74			69

Hard (803)

		15						
	13			25	24			
9					35		37	
			29		40			
5								
75			70			46		
79					58	54		

Hard (804)

25								
					65			70
							72	
		36			45			
21							54	
	33							76
	14				48			
		12	9					
17		11				1		81

Solution on Pages (209-210)

Hard (805)

		17						1
								6
	32		20					
				25				
39				26		80		
								74
						68		
	53			58				
				59				

Hard (806)

	44							
	43							
				35			28	
	1				5			20
80	79	58			55			
			60		64			15
75								

Hard (807)

								57
		78			52			
		80						
			73					
			33			63		
5		1	31					
			12		15			17

Hard (808)

71		68						
72								62
	6		4		80			
						56		
	18				48			
			26	37				
	14		30	31				

Hard (809)

	73		76		81			
			50					
			48					
29		33			1			
			45					
27			15					
	23							
	20		13					

Hard (810)

29		32				40		
			34					
								45
10								
		2			19			
						51		
				70				
61		66				78		

Solution on Page (210)

Hard (811)

					68			43
				70				42
57		81						
56								
								38
		5						
						32		28
		1		23		25	26	

Hard (812)

			8				32	
						4		
					2			
14				24				
	64				26			
		62						
		69						41
76						46		
								49

Hard (813)

7	8							
6		4			18			
						20		
	33			28			22	
		39				48		
					63		50	
		71					51	
80								
					60		53	

Hard (814)

35								
			2					
					75		71	52
31			10					
		8						54
29			22	14				
28			16					
	26			60				

Hard (815)

				65				
52								
						73		75
34			81	80		78		
	36							
							9	
			24					
	27						3	
		21			14			

Hard (816)

			48				28	
	57							
59					40	31		25
60								
			36			33		
		64		2				
	70							15
	79				7			

Solution on Page (210)

Hard (817)

				9				
			11					
19					6		72	
			3	4				
		33						81
	27				65			
		31		49				
			39				53	
		45		47				

Hard (818)

81								49
		74		58		54		
					56			
						38		
					36			
			13	14		34		
		10		20		24		
3	2							

Hard (819)

11				3	2	77		79
		15			18			
		24						
						59		
			45					
	36							
		50						68
							66	

Hard (820)

	8		16					
2						60		
				21				
			13					
								75
30							65	
			40					
			45					
		43						71

Hard (821)

	26							
						66		
			36		38			71
14		20			39		61	
		18					55	
		9		47				
							81	
1								

Hard (822)

			6					81
		12			3			
						75		
26							73	
		33						
	42		38	51		59		65
	46		48					

Solution on Pages (210-211)

Hard (823)

71						79		
	73							
	68				62			
			43					56
	34			45				
								2
31			20				6	
				14				
29		23						9

Hard (824)

			32		38			
24								46
		16		18				
2		14		58			63	
		10						
4						70	69	

Hard (825)

					4			
68			7	8				
		75			23			
	77		27	21				
	78	79						
				33				
					45			
			51	47				
59					43			

Hard (826)

					1			
24								
25						7	9	
		36	37	38		11		
							71	
				67			72	
	55				75			
			52			81		
	61							

Hard (827)

29	28							
		26					14	
	34			37				
		74	73					
				44		8		
80								
						48		
		60	59			1		
					51			

Hard (828)

		64		58				
	70					49		
			80	43		45	46	
31			79		41			
	34						6	
	21							
		17	18					
	25					10		

Solution on Page (211)

Hard (829)

								13
					30			
61		63						
				36		18		
								9
	73			38			7	
		75			24			1
81								

Hard (830)

			40	45				67
							63	68
		37					62	
	19			34				
11		27						
10					51			
					1			
								75

Hard (831)

49					36			25
50								
		53				29		21
	57							
			79					
								15
	65			76		8	3	
		73						

Hard (832)

					71			
	18				81			
			1	2		78		
							76	
		23						
		25				51		
					47			
33		35	39					

Hard (833)

		1						
		13	14					
6	9		31		69			
	8		34			73		
			37					
41		47						81
						64		
			52					

Hard (834)

			9					
	3		29					
1								
		37						21
		38		56				
								69
	49			58				
47							76	

Solution on Page (211)

Hard (835)

			38		50			
								54
			42					
	31			46				
					78	73		61
			25					
	12		14					
		10		22				
7								

Hard (836)

					40			
50								34
					20			33
			12			23		
78								
	56		58	5		7		
76								
75								

Hard (837)

		19	20					25
		14			11		29	
						31		27
				3				
						38		
77		63		57				
			55					
						51		43

Hard (838)

65					54			
		60		56				48
			72		76			
68							79	
	10							
			7			34		
15								
					23	36		
						37		

Hard (839)

		61			38			
	63						27	
68					35			20
	54						32	
		80						
		79			46			17
			7			10		
73								

Hard (840)

43	42	35					12	
						19		9
			25			17		
					22			
		77			58		4	
	75		79					
73								65

Solution on Page (211)

		33				43		47
		20		36				
						51		
					15			
						3		
77				7				
78			71		67		61	
								63

	34				38			45
							47	
	19							
21						3		
			9					52
					58			
	65			60				
								79

							4	
72				78				
								1
	63		59		51			
				46			17	
								11
	37				27			
39						23		

1								
							27	
3						29		19
							25	
				47				
						70		
53				63				
								80
	56				66			79

	40				36			
								16
						23		
	48		78					13
53			76	71		69		
					63			
57							66	

15	16		26					37
								59
			48		46			
	7		49				63	
9								65
	79		75					66

Solution on Page (212)

Hard (847)

		61						1
				54				
		81						
	79							10
69						24		
			45		31		23	12
			43					
			37					16

Hard (848)

			16				42	43
12					20			
		29						
			31			47		
								69
			55					
			80	79				
	1							
3		59						

Hard (849)

						74		
56		58						
				67				
50		52			63			
		45		23				
			25			20		
41							10	
		35	34					3

Hard (850)

13				17		20		
	29							
		40						
					51			63
			48					65
6								
	4	1		79				75

Hard (851)

41			44					53
	81				47			
39								
	75							
37		73						61
36							7	
	31		27		15			
						21		

Hard (852)

41					54			59
			37	46				
		35						
						64		
10		26						74
						72		
	15				20	78		
7								

Solution on Page (212)

Hard (853)

		8	21		19			16
	2							
						48		
			36					
30						54		
							60	
			71				59	
	78	73			66			

Hard (854)

58			51			10		
	60				16		8	
				22				
		74		24			27	28
				39				
		71				37	32	

Hard (855)

		10				77		
				66				79
	7							
				62		54		
			36					
	24		34			50		
						49		
21				40				

Hard (856)

31				21				
							13	
			26			11		
	40					3		
							63	
	44		59					
	45							72
47							80	81

Hard (857)

								57
70		72		64				
	12		74					53
					4	79		
		18						
								49
24						36		
								44

Hard (858)

			72					79
								80
	64				60			
		43						54
			35					51
		17		15				
		18						
			20	7				

Solution on Page (212)

Hard (859)

	26	25						
						8		
35					18			
						52		4
37		41						3
						54		56
		43						
					77			58
71						79		81

Hard (860)

			1		78			
							57	
			7		54			
12				48				
		22						
16				44		42		
				40				
29				33	34			

Hard (861)

75					69		67	
	77				63			
	81							
						9		
49								7
48				17				
								3
			33					
39		35	34		26			

Hard (862)

		28			25		3	
								1
				42				
	38			12				
	73							
			70		60		58	53
	81	80		62				
			68				56	

Hard (863)

		21						
24								
			78		72			
				68				
		39						5
	37						9	
	36			61				
	35					58		56
								55

Hard (864)

		24				62		
	16				56		70	
8				54				
7								
	11							76
		3			48			
						44		

Solution on Pages (212-213)

Hard (865)

						73		
8								76
					66			
		14		64				80
							60	
3		29		43	44			
		33				39	54	55

Hard (866)

		26	35					
19				39	40		78	
18						70		68
	30			43				67
			3					
		5						
		7						
				47				59

Hard (867)

15								3
				10		6		4
		20		80		70		
					54			
		28						
					56			
						42		64
35			38		40			

Hard (868)

				55		9		17
65				53				19
						23		21
68		48			1			
		44					31	
				41				33

Hard (869)

	56			21				
					17			
	54			23				9
63					38			
				41				
70			73			34		
81				77		1		

Hard (870)

	46							
				78	79			
38				32				
		35				1		
18					29			
		12		8				
								65

Solution on Page (213)

		1						75
	5							
11		7		63		79		77
13						41		57
		27						
							51	
17		31			48			

				79				
					15			
				13			74	
26		6						68
				9		55		
	3							
33								
					44			61

1		9		14				37
	7			18				
			23					
75						31		
	81	80						42
				65				
60								
					51			

11					6	5		3
	14							
	42							
								22
45			48			32		
69					78			25
			62					
		73						

				73				81
		65						
	37		53				1	4
						9		
							11	12
				16		14		
	41							
29			26		24			

						70		
58		53						
	56				75			
46					77			
	44							
36			40					
		33						9
	27				14			
				21	20		18	

Solution on Page (213)

Hard (877)

1			4					9
	32							
		30		28		24		22
							60	
40	81							
		77						
					67			
45					52			

Hard (878)

79			68					9
		72		66			7	
	74							
58								
					31			
	47							
		39						
	49				36	23		

Hard (879)

17			12					
	15	14				27		
19					29			
								4
				39	38			3
69		59	52					
				47				
	72							81

Hard (880)

								77
					80			
			56		50			
66								
	32			37	38		42	
					40			
		22		8				
						4		1

Hard (881)

17	16							
18		14			30			6
								5
	77	64						
75				61				43
73				57				
								46
								47

Hard (882)

								67
76	77		57					
			61					
								18
		1					14	
			45					
49								
		40				26		
							30	29

Solution on Pages (213-214)

Hard (883)

47		51		79		77		75
				55				
2								68
		36		28				
	34							
						22		
			10					15

Hard (884)

	17						65	74
		21						
						62		
	26							
			33					
						55		
			35					
3		1	36			51		81

Hard (885)

					72			
52								
				61		75		
46			63			76		
	42							
40					67			
				81				3
	29							
31								

Hard (886)

51		53					72	
				58		64		74
	45							
34	33						21	
					28			
	5							
		7		13				

Hard (887)

75		77					6	
					3	12		
		81		17			10	
65			20					
				48		38		
					40			
	55							
			52					

Hard (888)

79						73		
			69				13	
		65						
	53							18
	49			30		6		
					4			
	43	40						
					26			

Solution on Page (214)

Hard (889)

				41				
	21				47			
1				37		51		
				36				78
					56			
6								
		32						
		11		63				73

Hard (890)

	4							
		16		20				
	6						28	
					37			
75	72							47
			11					
77								
81				65		63		61

Hard (891)

47					54			
		41				59		79
			9					
		11		7				75
		25					70	
		26						
29			22			65		67

Hard (892)

14						26		24
		75	6					
				4		32		30
		79					36	
				2				
			64					
				62				
						43		

Hard (893)

								1
						14		
		63						
			71		75			
								21
54		68	79			28		
53		51				27		
							35	
		45	44					

Hard (894)

79			72			5		
	77				3			
	64						14	
			58				18	
			57				21	
				51		25		
	40		36			31		

Solution on Page (214)

Hard (895)

			31	32				49
								50
		25		35				
	17				41			52
13		15	38			57		
			79					
				71			62	
	9							
		5						

Hard (896)

	58		48			45		
		50				44		
		53					36	
								30
		2	3					
						13		
						18		
79	80						20	

Hard (897)

	72							
74								
			10					21
		68			13			
		55				27	26	
				50	29			
			59			36		
		61		43	42			

Hard (898)

31								
						60		
29			48		46			
				45				
27			42	17				
25					77			
								68
			4		2	79		

Hard (899)

37		35	34				30	29
	1	4		12				28
39								
40			7		15			
		79						25
			52			63		
		50						
			54			61		

Hard (900)

79		51						
								2
77				55	40			
				56				4
	59							
69						17		
65			28			20	19	9

Solution on Page (214)

Hard (901)

		71			16			25
77								
			81					
	58					31		
				62				
	2							
52					45			
51		49						39

Hard (902)

				61		59		
		68	69				55	
						53		
	78							
		80		46				
						44		
17								
	27							
			12	1			4	

Hard (903)

				29				
				21			24	
				16				
36								
			44	1			8	
48			51					
	78		52					63
80					59			
					68			

Hard (904)

	46							75
					69			
						79		77
			53		65		3	
31						63	4	
	35		55	58				
29							12	
	26				18			

Hard (905)

	22							55
				26				
			28			49		
		35	42				62	
	14	5					78	
11		9			74			

Hard (906)

5					38			
						40		
	2							
8						58		
						56		60
10				66				
13			24		76	75		

Solution on Page (215)

(153)

Hard (907)

								17
34						14		
		29			22			
	52			5				1
	50		46			71		
56						80		76
			60			79		

Hard (908)

							9	
	32	25		19			10	5
			37					
								3
				58				64
49								65
51							78	81

Hard (909)

						17		
		71					10	23
78						12		24
79			54					
42		52				6		
40					1			
				35				

Hard (910)

		65					72	81
		58						
46					51			
				41				
34			37				7	
		31						
			23					
		17				13		11

Hard (911)

		11				17		
								21
44	41		33					
						29		
			37					72
49		55						
					81			66
			60		62		64	

Hard (912)

	30					23		21
				42			19	
								11
						14		
	74						4	
		69			50	1		
	67		79			52		
					58			

Solution on Page (215)

(154)

Hard (913)

					79			
				67		65		
	44							
		46				57		
	40				53			
						29		
	20		23					
18								
17								1

Hard (914)

								78
							68	
			37	64				
17						59		
	27		39					56
		13		41				
		43						52
	7						2	1

Hard (915)

53			47					
55								
81				39				11
						23		
	72							
			67					6
		69		35			4	

Hard (916)

		7		9		13		21
				47				
52								24
				43		37		25
	59							
67					74			29

Hard (917)

						21		1
	63				27			
79		59					16	
				52				
76						34		
		69						
						36		8
				43	38			

Hard (918)

								76
					58		78	81
			55					
	32	47						
								12
		35	20					
							7	
	26		22		2			

Solution on Page (215)

Hard (919)

	72			59				47
					55			
	74				56			
				64				44
	76					39	38	
					35			
	16			31				
14								
		11				7		5

Hard (920)

								17
	27					2		
	42		38			7		
		40		32				
							10	
51								
	55					70		
53						75		81

Hard (921)

	30							
		37		43				
			41			54		62
					46		64	
20		18						66
				75				67
	12					81		

Hard (922)

37				42				
			14					46
				7				
	24							
				1				
27			73	72		56		
66								
65	64							

Hard (923)

81				74				
		62			67		1	
		54		19			4	
46		48						
		39				14		
	41			32			8	
				30				

Hard (924)

15		17		49	51			
						63		
13								
	27	26				56		
								69
				41				
				73				
	1							
	3			76				79

Solution on Pages (215-216)

Hard (925)

					36			17
66			55					16
							20	
			53					14
				45			22	
		75		47				
81			4					9

Hard (926)

	12				32			
		14						
	8		18					45
1	4				26		38	
80								
		71	68		54			
	73			56				
								61

Hard (927)

37							4	
					23			
	40							1
					21	10		12
	46						18	
62		58			51			
							16	
						76		
						77		79

Hard (928)

	8							1
			26					19
	34			37				
58		56				52		
		68					49	
		73						

Hard (929)

					62	3		
							5	
			56					
		34						8
			32					9
46		30			77		71	
						21		11
					18			

Hard (930)

				1				
48								
		57		5				17
			41					
		59					20	
62		60						
							28	
					79	80		24
65			72					

Solution on Page (216)

Hard (931)

19			15					3
20		22					9	
								1
					80	79		
		45						
		46						
	50		52			67		
								74
57								

Hard (932)

			19					65
			13					
				9				
	23							
				1				
	41							60
		45				77		59
				50	53		79	
						55		57

Hard (933)

		8		39				
	5							42
		12						
			22			29		
71		76						
	67	61				53		
65		62						49

Hard (934)

61								77
						72		
55								79
					24			16
						19		
44								
		49	30			9		11
			34					
41								5

Hard (935)

81		75	60					
						53		
79				46				
		63			44		6	
		37		15				
		38				12		
29								

Hard (936)

			66	61		54		
	3				59			
7					57			
					46			
				80				
		74			40			
	21							36
			18				34	

Solution on Page (216)

Hard (937)

			35		55			
	16		32	37				59
				39				
	23		29				65	
5								
	3			71				
						77		75

Hard (938)

			54					
		60				46		
65						39		
				32				
	70							
						26	9	
77			22					5
78				20	15			
	80							

Hard (939)

	78		36					
					28			
81			38	32		8		
				24				
			45			11		
	68							
			49					
				60	59			

Hard (940)

	58							
60								
	52							1
62						16		20
		65		43		31		
					41			
	68							
						34		
	76		78				26	25

Hard (941)

					64		56	
	16						55	
18		14		76				
19			2		80		68	
								52
25		27		37				
								50
				41				49

Hard (942)

			72	73				81
					75		79	
		42		46				
					52			
		24					55	
			32				8	
		15		13				

Solution on Pages (216-217)

Hard (943)

							12	
	77							
		79		19				
		80		20				
			50					
66						30		32
62					37			
		59						

Hard (944)

					20			17
								16
	74		66					
76								12
	56							
						34		8
51					36			
	47		43					
							39	5

Hard (945)

				1				31
10			3					
								69
			60		64	67		
	18		58		62			
	50							72
				78				81

Hard (946)

						81		
			21					79
12					70			
		40					64	63
28				67				
		38						
32				53				60
			49					

Hard (947)

		37		47				55
					49		57	
29		35						
						61		
21								
					66			
			14					
2						80	73	
3							76	75

Hard (948)

	76			39	38		26	
		78			37			
			42		34		30	
				45				
		54						
					6		18	
								12
63								

Solution on Page (217)

Hard (949)

						21		1
			80					
		50			77			
						17		
			70					
39			65					
				63		11		
			59			10		

Hard (950)

								5
		11						
								79
		15			76	77		
	30	32						
						65		
			48	57				62
41					59			

Hard (951)

79						72		
80		64		66				
			62		58			
22						52		
21							50	
	14							43
1	4			9	36			41

Hard (952)

			18	17				
					13		1	
							8	
		27	50					
29			43			59		
							77	
			46			65		
	39							
							72	73

Hard (953)

		29						
				81				
		39					19	
50			41					
		45					11	
							10	
53		57			5			
66								
					72		1	

Hard (954)

		44		49				
8				55				
12		18	40					
		38						
		20	36				74	
				62				
		33						
27				64		68		

Solution on Page (217)

Hard (955)

47		51			56		60
			54				
		42		2	1		
36						67	
35							
				9			
	29				7		
23							
25				76		78	

Hard (956)

	73						
				61		51	
78			67		41		45
79		37			42		
							30
1							
	9						
							19

Hard (957)

					79	80	
	73						50
		58		40			
			38				
63			37				
		35					
29					3		
	27		21		17		10
		23					

Hard (958)

77	76				67		65
		74		70			
79							
		26				57	
3						55	53
	5						
						43	
11				37			49

Hard (959)

		76	77				59
			70		62		
13							
					66		
			22		42	54	55
9							
		6					
	2		32				

Hard (960)

33							
34					25		
		36			18		
						77	
47						75	9
		49		63			
							2
		52					
						69	5

Hard (961)

39	38			29				
		32						24
				3		17		
					5			
43			54					
				56				
79						9		
				62				
81		75		73				

Hard (962)

	77		41				59	
					51			25
	1		81		37		27	
		14	35		29			
	8				18			21

Hard (963)

	4		12		16			
	1				18			
7								
		68						
				81				
	61	62		78				30
			50		44			
					34			
	56			47				39

Hard (964)

		23						36
			17			38		
			4	1				
11		6		2		46		
	55				50			
57					79			
67					74			

Hard (965)

					71			
		34		76				
				78				
30					54		66	
23								
			1		52		64	
		19	4					
16							62	
						60		

Hard (966)

1				20		22		
	5			12			24	
				13	27			
					32			
	68	67						
					40			
					54			
		63			56		48	47

Solution on Page (218)

Hard (967)

					55			
	67					51		
		77						
	75			45				
		79						
	33		39		41		14	
					2			
	29							
		24				18		

Hard (968)

		15				20		
8					24			
								33
								34
3					46			
2						52		
			66					
81			74		62			57

Hard (969)

	14					4		
16		18	19					
	29							
		35						53
			43		77			
68				72		81		
		65						59

Hard (970)

	68			71		5		3
			81					2
		46						
				33		35		
				25		23		
								16
		55						

Hard (971)

		77						
							1	
	70	71		40				
			45					
	58						7	
66			47					
	60			29			11	
64								
				27		15		

Hard (972)

71			65	64				
								58
		77		79		56		
	41							54
		37						
						18	3	
								5
		24						8
29	28							

Solution on Page (218)

						75	76	81
			61					80
26								
		31						51
				47				
16		18	1					
15			12			9		

		3						
					13			
		81					76	
	21							74
				69				
24					55		49	
			60			47		
								44

								79
					62			80
			70				54	
	27							
		29						
					43			
	35		1		3			
15						9		7

		55						
						60		78
				4	3			
48								
					7			
	39		41		9			70
						15		
28								
								19

1								25
6							23	
		10			30			
					36			
75								49
						45		
79								
						56		
81			62			57		

81		79						
			67				55	
					58			
72								50
								49
	19							
		9						
4	7					40		44
				37				

Solution on Page (218)

Hard (979)

				5				13
	63		1					
67								
								34
		57						
						30		
71				52				39
	79							
81						46		

Hard (980)

						19		17
	27							
		3		5			71	
40		36						
			78		58			
						56		
43			48				52	

Hard (981)

					78	79		
35		41		46				
34								
29						62		
			10					
				4				
	21							
19					53			

Hard (982)

		75		77		79		81
							64	
			57					
49							30	
					18			
42			23					
					21	16		10

Hard (983)

	79		69	14	13			7
	77						9	
	49						3	
				20				
		52		60				
		42					31	
39								

Hard (984)

				47		43		
					45		39	
77		73						
							1	
			52				30	
		66						6
							20	
60								
			13					9

Solution on Pages (218-219)

	2			50		54		
						59		
		43			65			
	13			73			68	
	16			72				
		36					28	
	20			24		26		

			16				10	9
				20		12		
		30			1			
								77
	33							
		47			56		72	
62	61							
63								

		19	18	17				
		30			77			
	28				70			
				68				
	26	33						
		34		64			9	
						61		
	43							52
					48			

						61		63
	43		53					64
		49				59		
					3			
29			32		4			
						81		
26			15				77	
			13		11			

							52	
2				46				
					36		58	55
		8						
			30					
12		22						
		23						67
14					77			
		25					80	

	26							3
28			23					2
				14				
								10
	36		76			71		
						60		
43		79				59		67
			49			57		65

Solution on Page (219)

Hard (991)

21	20				16			
						29		
72			77				3	
			58			35		
							6	
				54		42		44
65								45

Hard (992)

75		79				31		
				34				28
							22	
			37					20
	66						14	
			63			10		
					42			7
	55			58				
				45				1

Hard (993)

19								
	17			4			1	
15		11	8					
	13							
42								
79				49				59
				70				
77							62	

Hard (994)

35						77		
			43		79			
	32					49		
				52	51			70
		3						
				8				68
						59		
26			15					64
							62	

Hard (995)

3								
	1				43			
		33		41		51		
					45			
		29					54	
8								68
					60			
12		20		18				66

Hard (996)

	14		16		18			21
				28				
			30					
	5					34		
69					40		46	
	72	65						
74			79					
		77				57		

Solution on Page (219)

(168)

Hard (997)

	12		10					
14		16				3		
	68		20		27			
				23			30	
					43			
		59	58				33	
	81			56		38		
75								

Hard (998)

					55			
						51		12
		66				46		
68					42			
			71			3		
79			36				24	
	75							18
77						30	21	

Hard (999)

								81
		60						
			68				12	
56		54				14	11	
				31				
50	49					18		
	46							
		39						

Hard (1000)

1								
					8			
51				43		26		
					28		14	
			60					
	55							
81				34				
77								

Solution on Page (219)

::::: Puzzle (1) :::::

81	80	79	46	45	44	37	36	35
76	77	78	47	42	43	38	33	34
75	74	73	48	41	40	39	32	31
68	69	72	49	22	23	26	27	30
67	70	71	50	21	24	25	28	29
66	59	58	51	20	17	16	13	12
65	60	57	52	19	18	15	14	11
64	61	56	53	4	3	2	1	10
63	62	55	54	5	6	7	8	9

::::: Puzzle (2) :::::

45	46	65	66	69	70	3	2	1
44	47	64	67	68	71	4	5	6
43	48	63	62	61	72	73	74	7
42	49	52	53	60	81	76	75	8
41	50	51	54	59	80	77	10	9
40	39	38	55	58	79	78	11	12
35	36	37	56	57	22	21	20	13
34	31	30	27	26	23	18	19	14
33	32	29	28	25	24	17	16	15

::::: Puzzle (3) :::::

39	38	37	36	35	32	31	30	29
40	41	42	43	34	33	48	49	28
81	80	79	44	45	46	47	50	27
76	77	78	59	58	57	52	51	26
75	62	61	60	1	56	53	24	25
74	63	64	3	2	55	54	23	22
73	72	65	4	9	10	11	20	21
70	71	66	5	8	13	12	19	18
69	68	67	6	7	14	15	16	17

::::: Puzzle (4) :::::

55	56	57	58	59	60	61	64	65
54	53	52	79	80	81	62	63	66
49	50	51	78	71	70	69	68	67
48	47	76	77	72	15	16	17	18
45	46	75	74	73	14	21	20	19
44	3	4	9	10	13	22	23	24
43	2	5	8	11	12	27	26	25
42	1	6	7	36	35	28	29	30
41	40	39	38	37	34	33	32	31

::::: Puzzle (5) :::::

75	76	77	78	79	80	81	28	27
74	73	72	71	70	69	30	29	26
63	64	65	66	67	68	31	24	25
62	59	58	39	38	33	32	23	22
61	60	57	40	37	34	17	18	21
54	55	56	41	36	35	16	19	20
53	52	51	42	13	14	15	2	1
48	49	50	43	12	9	8	3	4
47	46	45	44	11	10	7	6	5

::::: Puzzle (6) :::::

33	32	29	28	25	24	13	12	1
34	31	30	27	26	23	14	11	2
35	44	45	46	47	22	15	10	3
36	43	52	51	48	21	16	9	4
37	42	53	50	49	20	17	8	5
38	41	54	81	80	19	18	7	6
39	40	55	56	79	76	75	72	71
60	59	58	57	78	77	74	73	70
61	62	63	64	65	66	67	68	69

::::: Puzzle (7) :::::

49	48	47	46	45	44	1	4	5
50	51	52	53	42	43	2	3	6
69	68	55	54	41	40	11	10	7
70	67	56	57	38	39	12	9	8
71	66	65	58	37	36	13	16	17
72	63	64	59	34	35	14	15	18
73	62	61	60	33	28	27	20	19
74	75	76	77	32	29	26	21	22
81	80	79	78	31	30	25	24	23

::::: Puzzle (8) :::::

39	38	29	28	19	18	7	6	5
40	37	30	27	20	17	8	9	4
41	36	31	26	21	16	11	10	3
42	35	32	25	22	15	12	1	2
43	34	33	24	23	14	13	78	77
44	51	52	55	56	67	68	79	76
45	50	53	54	57	66	69	80	75
46	49	60	59	58	65	70	81	74
47	48	61	62	63	64	71	72	73

::::: Puzzle (9) :::::

81	80	79	78	77	76	75	74	73
60	61	62	63	66	67	68	69	72
59	58	57	64	65	36	35	70	71
50	51	56	55	38	37	34	33	32
49	52	53	54	39	28	29	30	31
48	45	44	41	40	27	26	25	24
47	46	43	42	11	12	17	18	23
2	3	6	7	10	13	16	19	22
1	4	5	8	9	14	15	20	21

::::: Puzzle (10) :::::

65	64	63	62	59	58	53	52	51
66	69	70	61	60	57	54	49	50
67	68	71	72	73	56	55	48	47
32	33	34	75	74	79	80	81	46
31	30	35	76	77	78	41	42	45
28	29	36	37	38	39	40	43	44
27	26	25	16	15	14	1	4	5
22	23	24	17	12	13	2	3	6
21	20	19	18	11	10	9	8	7

::::: Puzzle (11) :::::

39	38	7	6	5	4	3	22	23
40	37	8	9	10	11	2	21	24
41	36	35	14	13	12	1	20	25
42	43	34	15	16	17	18	19	26
45	44	33	32	31	30	29	28	27
46	53	54	57	58	61	62	65	66
47	52	55	56	59	60	63	64	67
48	51	76	77	78	79	80	81	68
49	50	75	74	73	72	71	70	69

::::: Puzzle (12) :::::

35	34	33	32	31	22	21	20	19
36	37	38	39	30	23	14	15	18
73	74	41	40	29	24	13	16	17
72	75	42	43	28	25	12	11	10
71	76	77	44	27	26	7	8	9
70	79	78	45	46	47	6	5	4
69	80	63	62	49	48	1	2	3
68	81	64	61	50	51	52	53	54
67	66	65	60	59	58	57	56	55

::::: Puzzle (13) :::::

75	74	73	72	71	70	69	52	51
76	77	64	65	66	67	68	53	50
79	78	63	62	61	58	57	54	49
80	81	8	9	60	59	56	55	48
5	6	7	10	43	44	45	46	47
4	13	12	11	42	39	38	37	36
3	14	15	16	41	40	33	34	35
2	19	18	17	24	25	32	31	30
1	20	21	22	23	26	27	28	29

::::: Puzzle (14) :::::

55	56	61	62	77	78	79	80	81
54	57	60	63	76	75	74	73	72
53	58	59	64	67	68	69	70	71
52	49	48	65	66	25	24	1	2
51	50	47	28	27	26	23	4	3
44	45	46	29	20	21	22	5	6
43	42	41	30	19	18	9	8	7
38	39	40	31	32	17	10	11	12
37	36	35	34	33	16	15	14	13

::::: Puzzle (15) :::::

27	26	21	20	11	10	9	78	77
28	25	22	19	12	7	8	79	76
29	24	23	18	13	6	5	80	75
30	31	32	17	14	3	4	81	74
35	34	33	16	15	2	71	72	73
36	37	38	39	40	1	70	69	68
47	46	43	42	41	58	59	60	67
48	45	44	53	54	57	62	61	66
49	50	51	52	55	56	63	64	65

::::: Puzzle (16) :::::

25	26	29	30	59	60	69	70	71
24	27	28	31	58	61	68	67	72
23	22	21	32	57	62	65	66	73
6	7	20	33	56	63	64	75	74
5	8	19	34	55	52	51	76	77
4	9	18	35	54	53	50	49	78
3	10	17	36	37	42	43	48	79
2	11	16	15	38	41	44	47	80
1	12	13	14	39	40	45	46	81

::::: Puzzle (17) :::::

1	4	5	6	7	10	11	14	15
2	3	58	57	8	9	12	13	16
61	60	59	56	55	54	27	26	17
62	63	50	51	52	53	28	25	18
65	64	49	48	43	42	29	24	19
66	67	68	47	44	41	30	23	20
81	70	69	46	45	40	31	22	21
80	71	72	73	74	39	32	33	34
79	78	77	76	75	38	37	36	35

::::: Puzzle (18) :::::

7	8	9	14	15	18	19	22	23
6	5	10	13	16	17	20	21	24
3	4	11	12	39	38	27	26	25
2	47	46	45	40	37	28	29	30
1	48	49	44	41	36	33	32	31
52	51	50	43	42	35	34	73	72
53	80	79	78	77	76	75	74	71
54	81	58	59	62	63	66	67	70
55	56	57	60	61	64	65	68	69

::::: Puzzle (19) :::::

41	40	39	34	33	32	3	4	5
42	43	38	35	30	31	2	1	6
45	44	37	36	29	28	15	14	7
46	49	50	25	26	27	16	13	8
47	48	51	24	23	22	17	12	9
78	77	52	53	54	21	18	11	10
79	76	57	56	55	20	19	64	65
80	75	58	59	60	61	62	63	66
81	74	73	72	71	70	69	68	67

::::: Puzzle (20) :::::

65	64	59	58	47	46	45	24	23
66	63	60	57	48	43	44	25	22
67	62	61	56	49	42	41	26	21
68	69	54	55	50	39	40	27	20
71	70	53	52	51	38	37	28	19
72	1	2	3	4	35	36	29	18
73	74	75	6	5	34	33	30	17
80	79	76	7	10	11	32	31	16
81	78	77	8	9	12	13	14	15

Puzzle (21)

1	6	7	40	41	48	49	50	51
2	5	8	39	42	47	46	53	52
3	4	9	38	43	44	45	54	55
12	11	10	37	36	59	58	57	56
13	18	19	20	35	60	61	62	63
14	17	22	21	34	73	72	65	64
15	16	23	32	33	74	71	66	67
26	25	24	31	76	75	70	69	68
27	28	29	30	77	78	79	80	81

Puzzle (22)

1	6	7	8	9	18	19	20	21
2	5	12	11	10	17	24	23	22
3	4	13	14	15	16	25	26	27
54	53	34	33	32	31	30	29	28
55	52	35	36	37	38	39	40	41
56	51	50	49	48	47	44	43	42
57	60	61	64	65	46	45	70	71
58	59	62	63	66	67	68	69	72
81	80	79	78	77	76	75	74	73

Puzzle (23)

81	80	79	78	1	2	3	26	27
74	75	76	77	6	5	4	25	28
73	72	71	8	7	14	15	24	29
68	69	70	9	12	13	16	23	30
67	66	65	10	11	18	17	22	31
62	63	64	49	48	19	20	21	32
61	60	59	50	47	36	35	34	33
56	57	58	51	46	37	38	39	40
55	54	53	52	45	44	43	42	41

Puzzle (24)

47	46	45	44	43	36	35	32	31
48	51	52	41	42	37	34	33	30
49	50	53	40	39	38	27	28	29
78	77	54	55	56	57	26	23	22
79	76	61	60	59	58	25	24	21
80	75	62	63	12	13	14	15	20
81	74	65	64	11	10	9	16	19
72	73	66	67	6	7	8	17	18
71	70	69	68	5	4	3	2	1

Puzzle (25)

25	24	19	18	13	12	3	4	5
26	23	20	17	14	11	2	1	6
27	22	21	16	15	10	9	8	7
28	35	36	39	40	81	80	79	78
29	34	37	38	41	42	75	76	77
30	33	46	45	44	43	74	73	72
31	32	47	48	59	60	65	66	71
52	51	50	49	58	61	64	67	70
53	54	55	56	57	62	63	68	69

Puzzle (26)

13	12	11	10	67	66	65	64	63
14	15	8	9	68	69	60	61	62
17	16	7	6	71	70	59	58	57
18	3	4	5	72	53	54	55	56
19	2	79	78	73	52	51	50	49
20	1	80	77	74	45	46	47	48
21	22	81	76	75	44	43	40	39
24	23	28	29	32	33	42	41	38
25	26	27	30	31	34	35	36	37

Puzzle (27)

69	68	67	66	65	64	63	60	59
70	71	72	75	76	77	62	61	58
19	20	73	74	79	78	55	56	57
18	21	24	25	80	81	54	53	52
17	22	23	26	27	48	49	50	51
16	31	30	29	28	47	46	45	44
15	32	33	34	35	36	39	40	43
14	11	10	7	6	37	38	41	42
13	12	9	8	5	4	3	2	1

Puzzle (28)

31	30	29	28	19	18	3	2	1
32	33	26	27	20	17	4	5	6
35	34	25	22	21	16	15	14	7
36	37	24	23	50	51	12	13	8
39	38	45	46	49	52	11	10	9
40	43	44	47	48	53	54	55	56
41	42	73	72	71	60	59	58	57
76	75	74	81	70	61	62	63	64
77	78	79	80	69	68	67	66	65

Puzzle (29)

5	4	3	70	71	72	73	80	79
6	7	2	69	66	65	74	81	78
9	8	1	68	67	64	75	76	77
10	17	18	33	34	63	62	61	60
11	16	19	32	35	52	53	54	59
12	15	20	31	36	51	50	55	58
13	14	21	30	37	48	49	56	57
24	23	22	29	38	47	46	45	44
25	26	27	28	39	40	41	42	43

Puzzle (30)

69	70	75	76	21	20	15	14	13
68	71	74	77	22	19	16	11	12
67	72	73	78	23	18	17	10	9
66	81	80	79	24	25	26	7	8
65	40	39	38	29	28	27	6	1
64	41	42	37	30	31	32	5	2
63	44	43	36	35	34	33	4	3
62	45	46	47	48	49	50	51	52
61	60	59	58	57	56	55	54	53

Puzzle (31)

37	38	41	42	45	46	79	78	77
36	39	40	43	44	47	80	75	76
35	34	33	32	49	48	81	74	73
28	29	30	31	50	51	52	71	72
27	24	23	22	55	54	53	70	69
26	25	20	21	56	57	60	61	68
17	18	19	12	11	58	59	62	67
16	15	14	13	10	9	8	63	66
1	2	3	4	5	6	7	64	65

Puzzle (32)

73	74	81	80	79	50	49	42	41
72	75	76	77	78	51	48	43	40
71	70	57	56	55	52	47	44	39
68	69	58	59	54	53	46	45	38
67	64	63	60	23	24	25	26	37
66	65	62	61	22	21	28	27	36
5	6	7	18	19	20	29	30	35
4	3	8	17	16	15	14	31	34
1	2	9	10	11	12	13	32	33

Puzzle (33)

7	8	9	10	11	12	13	76	75
6	3	2	17	16	15	14	77	74
5	4	1	18	53	54	79	78	73
22	21	20	19	52	55	80	81	72
23	24	25	26	51	56	57	70	71
32	31	28	27	50	49	58	69	68
33	30	29	42	43	48	59	66	67
34	37	38	41	44	47	60	65	64
35	36	39	40	45	46	61	62	63

Puzzle (34)

3	4	5	6	7	8	9	10	11
2	37	36	35	18	17	14	13	12
1	38	39	34	19	16	15	24	25
42	41	40	33	20	21	22	23	26
43	44	45	32	31	30	29	28	27
48	47	46	67	68	69	70	79	78
49	50	51	66	65	64	71	80	77
54	53	52	59	60	63	72	81	76
55	56	57	58	61	62	73	74	75

Puzzle (35)

35	36	37	38	41	42	43	50	51
34	31	30	39	40	45	44	49	52
33	32	29	60	59	46	47	48	53
26	27	28	61	58	57	56	55	54
25	24	1	62	63	64	65	66	67
22	23	2	3	80	81	76	75	68
21	20	5	4	79	78	77	74	69
18	19	6	7	8	9	10	73	70
17	16	15	14	13	12	11	72	71

Puzzle (36)

73	72	71	70	19	18	17	16	15
74	67	68	69	20	21	22	23	14
75	66	37	36	33	32	25	24	13
76	65	38	35	34	31	26	11	12
77	64	39	40	41	30	27	10	9
78	63	62	43	42	29	28	7	8
79	60	61	44	45	46	47	6	1
80	59	56	55	52	51	48	5	2
81	58	57	54	53	50	49	4	3

Puzzle (37)

5	6	7	12	13	16	17	20	21
4	3	8	11	14	15	18	19	22
1	2	9	10	57	58	59	24	23
48	49	50	51	56	61	60	25	26
47	76	75	52	55	62	63	64	27
46	77	74	53	54	67	66	65	28
45	78	73	72	71	68	31	30	29
44	79	80	81	70	69	32	33	34
43	42	41	40	39	38	37	36	35

Puzzle (38)

73	72	71	70	69	30	29	28	27
74	63	64	67	68	31	32	25	26
75	62	65	66	35	34	33	24	23
76	61	42	41	36	37	20	21	22
77	60	43	40	39	38	19	16	15
78	59	44	45	46	47	18	17	14
79	58	51	50	49	48	11	12	13
80	57	52	53	2	1	10	9	8
81	56	55	54	3	4	5	6	7

Puzzle (39)

77	76	75	74	73	72	3	4	5
78	79	68	69	70	71	2	1	6
81	80	67	50	49	48	9	8	7
64	65	66	51	46	47	10	11	12
63	58	57	52	45	44	43	14	13
62	59	56	53	40	41	42	15	16
61	60	55	54	39	26	25	18	17
34	35	36	37	38	27	24	19	20
33	32	31	30	29	28	23	22	21

Puzzle (40)

81	80	1	2	3	4	5	16	17
78	79	60	59	8	7	6	15	18
77	62	61	58	9	10	11	14	19
76	63	64	57	42	41	12	13	20
75	66	65	56	43	40	23	22	21
74	67	54	55	44	39	24	25	26
73	68	53	52	45	38	33	32	27
72	69	50	51	46	37	34	31	28
71	70	49	48	47	36	35	30	29

(171)

Puzzle (41)

61	62	63	64	65	66	67	68	69
60	59	58	57	56	51	50	49	70
13	12	11	10	55	52	47	48	71
14	15	16	9	54	53	46	45	72
19	18	17	8	7	40	41	44	73
20	21	22	23	6	39	42	43	74
27	26	25	24	5	38	37	76	75
28	1	2	3	4	35	36	77	78
29	30	31	32	33	34	81	80	79

Puzzle (42)

61	62	63	64	65	66	67	74	75
60	59	26	25	24	69	68	73	76
57	58	27	28	23	70	71	72	77
56	55	30	29	22	21	20	81	78
53	54	31	32	1	2	19	80	79
52	51	50	33	34	3	18	17	16
47	48	49	36	35	4	5	14	15
46	43	42	37	38	7	6	13	12
45	44	41	40	39	8	9	10	11

Puzzle (43)

5	6	7	14	15	62	63	78	77
4	9	8	13	16	61	64	79	76
3	10	11	12	17	60	65	80	75
2	21	20	19	18	59	66	81	74
1	22	35	36	37	58	67	68	73
24	23	34	39	38	57	56	69	72
25	26	33	40	45	46	55	70	71
28	27	32	41	44	47	54	53	52
29	30	31	42	43	48	49	50	51

Puzzle (44)

31	32	33	36	37	40	41	48	49
30	29	34	35	38	39	42	47	50
27	28	11	10	9	8	43	46	51
26	25	12	13	14	7	44	45	52
23	24	19	18	15	6	1	2	53
22	21	20	17	16	5	4	3	54
73	72	69	68	67	66	65	56	55
74	71	70	79	80	63	64	57	58
75	76	77	78	81	62	61	60	59

Puzzle (45)

27	26	25	24	21	20	1	2	3
28	29	30	23	22	19	6	5	4
33	32	31	16	17	18	7	8	9
34	37	38	15	14	13	12	11	10
35	36	39	60	61	68	69	70	71
42	41	40	59	62	67	66	81	72
43	44	45	58	63	64	65	80	73
48	47	46	57	56	55	78	79	74
49	50	51	52	53	54	77	76	75

Puzzle (46)

81	72	71	70	69	68	67	66	65
80	73	58	59	60	61	62	63	64
79	74	57	56	55	52	51	48	47
78	75	30	31	54	53	50	49	46
77	76	29	32	33	34	39	40	45
20	21	28	27	26	35	38	41	44
19	22	23	24	25	36	37	42	43
18	17	16	15	14	13	12	11	10
1	2	3	4	5	6	7	8	9

Puzzle (47)

17	16	15	14	13	12	7	6	1
18	19	20	21	22	11	8	5	2
81	66	65	64	23	10	9	4	3
80	67	62	63	24	25	26	27	28
79	68	61	56	55	34	33	32	29
78	69	60	57	54	35	36	31	30
77	70	59	58	53	52	37	38	39
76	71	72	49	50	51	44	43	40
75	74	73	48	47	46	45	42	41

Puzzle (48)

51	50	41	40	7	8	9	10	11
52	49	42	39	6	5	2	1	12
53	48	43	38	37	4	3	14	13
54	47	44	81	36	33	32	15	16
55	46	45	80	35	34	31	30	17
56	65	66	79	78	77	28	29	18
57	64	67	68	75	76	27	20	19
58	63	62	69	74	73	26	21	22
59	60	61	70	71	72	25	24	23

Puzzle (49)

67	68	69	70	71	72	73	74	75
66	65	64	63	62	61	60	59	76
49	50	51	52	53	54	57	58	77
48	47	46	45	44	55	56	81	78
11	10	5	4	43	42	41	80	79
12	9	6	3	2	1	40	39	38
13	8	7	22	23	28	29	30	37
14	17	18	21	24	27	32	31	36
15	16	19	20	25	26	33	34	35

Puzzle (50)

63	62	49	48	37	36	35	34	33
64	61	50	47	38	39	30	31	32
65	60	51	46	45	40	29	24	23
66	59	52	53	44	41	28	25	22
67	58	57	54	43	42	27	26	21
68	69	56	55	2	1	12	13	20
81	70	71	72	3	10	11	14	19
80	77	76	73	4	9	8	15	18
79	78	75	74	5	6	7	16	17

Puzzle (51)

73	72	69	68	65	64	63	62	61
74	71	70	67	66	81	58	59	60
75	76	77	78	79	80	57	56	55
42	43	44	45	46	47	52	53	54
41	40	29	28	27	48	51	16	15
38	39	30	25	26	49	50	17	14
37	32	31	24	23	22	21	18	13
36	33	4	3	2	1	20	19	12
35	34	5	6	7	8	9	10	11

Puzzle (52)

67	66	65	64	63	54	53	52	51
68	75	76	81	62	55	46	47	50
69	74	77	80	61	56	45	48	49
70	73	78	79	60	57	44	43	42
71	72	7	6	59	58	39	40	41
10	9	8	5	4	1	38	37	36
11	12	13	14	3	2	33	34	35
18	17	16	15	24	25	32	31	30
19	20	21	22	23	26	27	28	29

Puzzle (53)

47	48	79	80	81	72	71	70	69
46	49	78	77	76	73	66	67	68
45	50	59	60	75	74	65	12	11
44	51	58	61	62	63	64	13	10
43	52	57	56	17	16	15	14	9
42	53	54	55	18	21	22	1	8
41	40	33	32	19	20	23	2	7
38	39	34	31	28	27	24	3	6
37	36	35	30	29	26	25	4	5

Puzzle (54)

49	50	51	52	53	56	57	60	61
48	47	46	45	54	55	58	59	62
21	22	23	44	43	42	39	38	63
20	19	24	27	28	41	40	37	64
17	18	25	26	29	32	33	36	65
16	5	4	1	30	31	34	35	66
15	6	3	2	71	70	69	68	67
14	7	8	9	72	75	76	77	78
13	12	11	10	73	74	81	80	79

Puzzle (55)

19	18	67	68	69	70	71	72	81
20	17	66	65	64	63	62	73	80
21	16	11	10	59	60	61	74	79
22	15	12	9	58	57	56	75	78
23	14	13	8	7	6	55	76	77
24	25	26	1	4	5	54	53	52
31	30	27	2	3	48	49	50	51
32	29	28	37	38	47	46	45	44
33	34	35	36	39	40	41	42	43

Puzzle (56)

73	72	71	66	65	62	61	60	59
74	75	70	67	64	63	56	57	58
77	76	69	68	47	48	55	54	53
78	43	44	45	46	49	50	51	52
79	42	41	40	39	38	37	22	21
80	31	32	33	34	35	36	23	20
81	30	29	28	27	26	25	24	19
2	1	6	7	10	11	14	15	18
3	4	5	8	9	12	13	16	17

Puzzle (57)

43	44	45	50	51	78	79	68	67
42	41	46	49	52	77	80	69	66
39	40	47	48	53	76	81	70	65
38	37	36	35	54	75	74	71	64
31	32	33	34	55	56	73	72	63
30	29	28	23	22	57	58	59	62
3	4	27	24	21	18	17	60	61
2	5	26	25	20	19	16	15	14
1	6	7	8	9	10	11	12	13

Puzzle (58)

77	78	79	80	81	4	5	6	7
76	75	74	1	2	3	16	15	8
71	72	73	42	41	18	17	14	9
70	69	68	43	40	19	20	13	10
65	66	67	44	39	38	21	12	11
64	61	60	45	46	37	22	23	24
63	62	59	58	47	36	27	26	25
54	55	56	57	48	35	28	29	30
53	52	51	50	49	34	33	32	31

Puzzle (59)

77	78	57	56	55	42	41	40	39
76	79	58	59	54	43	36	37	38
75	80	61	60	53	44	35	34	33
74	81	62	51	52	45	28	29	32
73	64	63	50	49	46	27	30	31
72	65	4	5	48	47	26	25	24
71	66	3	6	7	20	21	22	23
70	67	2	9	8	19	18	17	16
69	68	1	10	11	12	13	14	15

Puzzle (60)

21	20	19	18	15	14	11	10	9
22	25	26	17	16	13	12	7	8
23	24	27	28	29	30	31	6	5
62	61	56	55	36	35	32	1	4
63	60	57	54	37	34	33	2	3
64	59	58	53	38	39	40	41	42
65	70	71	52	51	50	47	46	43
66	69	72	75	76	49	48	45	44
67	68	73	74	77	78	79	80	81

Puzzle (61)

23	24	25	26	59	60	67	68	69
22	21	20	27	58	61	66	65	70
11	12	19	28	57	62	63	64	71
10	13	18	29	56	55	54	53	72
9	14	17	30	31	50	51	52	73
8	15	16	33	32	49	48	75	74
7	6	35	34	45	46	47	76	81
4	5	36	37	44	43	42	77	80
3	2	1	38	39	40	41	78	79

Puzzle (62)

41	40	21	20	19	18	17	16	1
42	39	22	23	24	13	14	15	2
43	38	35	34	25	12	11	4	3
44	37	36	33	26	27	10	5	6
45	46	47	32	29	28	9	8	7
50	49	48	31	30	65	66	67	68
51	52	53	56	57	64	63	62	69
80	79	54	55	58	59	60	61	70
81	78	77	76	75	74	73	72	71

Puzzle (63)

15	14	11	10	7	6	5	4	3
16	13	12	9	8	23	24	25	2
17	18	19	20	21	22	27	26	1
56	55	52	51	30	29	28	35	36
57	54	53	50	31	32	33	34	37
58	59	60	49	48	47	40	39	38
63	62	61	72	73	46	41	42	81
64	67	68	71	74	45	44	43	80
65	66	69	70	75	76	77	78	79

Puzzle (64)

15	16	17	30	31	34	35	62	63
14	19	18	29	32	33	36	61	64
13	20	21	28	39	38	37	60	65
12	23	22	27	40	41	42	59	66
11	24	25	26	45	44	43	58	67
10	3	2	1	46	47	48	57	68
9	4	79	78	51	50	49	56	69
8	5	80	77	52	53	54	55	70
7	6	81	76	75	74	73	72	71

Puzzle (65)

13	14	15	16	17	46	47	70	71
12	11	20	19	18	45	48	69	72
9	10	21	38	39	44	49	68	73
8	23	22	37	40	43	50	67	74
7	24	35	36	41	42	51	66	75
6	25	34	33	54	53	52	65	76
5	26	27	32	55	60	61	64	77
4	3	28	31	56	59	62	63	78
1	2	29	30	57	58	81	80	79

Puzzle (66)

1	4	5	6	7	10	11	12	13
2	3	80	81	8	9	16	15	14
77	78	79	20	19	18	17	30	31
76	73	72	21	22	27	28	29	32
75	74	71	70	23	26	35	34	33
66	67	68	69	24	25	36	37	38
65	64	57	56	55	48	47	40	39
62	63	58	53	54	49	46	41	42
61	60	59	52	51	50	45	44	43

Puzzle (67)

9	10	11	22	23	42	43	44	45
8	13	12	21	24	41	40	39	46
7	14	19	20	25	32	33	38	47
6	15	18	27	26	31	34	37	48
5	16	17	28	29	30	35	36	49
4	3	60	59	56	55	52	51	50
1	2	61	58	57	54	53	78	79
64	63	62	69	70	73	74	77	80
65	66	67	68	71	72	75	76	81

Puzzle (68)

15	14	13	12	11	10	9	54	55
16	17	2	3	4	5	8	53	56
19	18	1	38	39	6	7	52	57
20	21	36	37	40	41	50	51	58
23	22	35	34	43	42	49	48	59
24	31	32	33	44	45	46	47	60
25	30	69	68	67	66	65	64	61
26	29	70	73	74	77	78	63	62
27	28	71	72	75	76	79	80	81

Puzzle (69)

31	32	33	34	35	36	63	64	65
30	29	28	39	38	37	62	61	66
21	22	27	40	41	42	43	60	67
20	23	26	47	46	45	44	59	68
19	24	25	48	51	52	57	58	69
18	17	16	49	50	53	56	71	70
3	2	15	12	11	54	55	72	73
4	1	14	13	10	79	78	77	74
5	6	7	8	9	80	81	76	75

Puzzle (70)

51	52	59	60	77	78	79	80	81
50	53	58	61	76	75	74	73	72
49	54	57	62	65	66	69	70	71
48	55	56	63	64	67	68	25	24
47	46	33	32	29	28	27	26	23
44	45	34	31	30	19	20	21	22
43	36	35	16	17	18	1	2	3
42	37	38	15	12	11	8	7	4
41	40	39	14	13	10	9	6	5

Puzzle (71)

17	18	25	26	77	78	79	80	81
16	19	24	27	76	75	74	71	70
15	20	23	28	31	32	73	72	69
14	21	22	29	30	33	64	65	68
13	12	1	36	35	34	63	66	67
10	11	2	37	48	49	62	61	60
9	4	3	38	47	50	51	58	59
8	5	40	39	46	45	52	57	56
7	6	41	42	43	44	53	54	55

Puzzle (72)

35	36	41	42	77	78	79	80	81
34	37	40	43	76	75	74	73	72
33	38	39	44	47	48	57	58	71
32	29	28	45	46	49	56	59	70
31	30	27	24	23	50	55	60	69
4	3	26	25	22	51	54	61	68
5	2	19	20	21	52	53	62	67
6	1	18	17	16	15	14	63	66
7	8	9	10	11	12	13	64	65

Puzzle (73)

23	24	27	28	29	64	65	66	67
22	25	26	31	30	63	62	81	68
21	18	17	32	57	58	61	80	69
20	19	16	33	56	59	60	79	70
13	14	15	34	55	54	77	78	71
12	11	10	35	52	53	76	75	72
1	8	9	36	51	48	47	74	73
2	7	6	37	50	49	46	45	44
3	4	5	38	39	40	41	42	43

Puzzle (74)

59	60	61	62	67	68	69	70	81
58	57	56	63	66	73	72	71	80
49	50	55	64	65	74	75	76	79
48	51	54	29	28	17	16	77	78
47	52	53	30	27	18	15	2	1
46	39	38	31	26	19	14	3	4
45	40	37	32	25	20	13	12	5
44	41	36	33	24	21	10	11	6
43	42	35	34	23	22	9	8	7

Puzzle (75)

69	68	67	66	65	64	63	62	61
70	53	54	55	56	57	58	59	60
71	52	47	46	11	12	21	22	23
72	51	48	45	10	13	20	19	24
73	50	49	44	9	14	15	18	25
74	75	42	43	8	7	16	17	26
81	76	41	36	35	6	1	2	27
80	77	40	37	34	5	4	3	28
79	78	39	38	33	32	31	30	29

Puzzle (76)

33	34	35	36	45	46	47	48	49
32	31	30	37	44	43	42	51	50
15	16	29	38	39	40	41	52	53
14	17	28	27	26	57	56	55	54
13	18	23	24	25	58	59	60	61
12	19	22	79	80	81	66	65	62
11	20	21	78	77	76	67	64	63
10	7	6	5	4	75	68	69	70
9	8	1	2	3	74	73	72	71

Puzzle (77)

79	80	73	72	65	64	63	58	57
78	81	74	71	66	67	62	59	56
77	76	75	70	69	68	61	60	55
20	21	22	27	28	31	32	33	54
19	18	23	26	29	30	35	34	53
16	17	24	25	40	39	36	51	52
15	10	9	42	41	38	37	50	49
14	11	8	43	44	45	46	47	48
13	12	7	6	5	4	3	2	1

Puzzle (78)

43	44	53	54	55	56	57	58	59
42	45	52	51	50	65	64	63	60
41	46	47	48	49	66	67	62	61
40	39	38	37	36	69	68	73	74
5	6	33	34	35	70	71	72	75
4	7	32	31	30	81	80	79	76
3	8	13	14	29	28	27	78	77
2	9	12	15	18	19	26	25	24
1	10	11	16	17	20	21	22	23

Puzzle (79)

81	74	73	72	13	14	15	18	19
80	75	70	71	12	11	16	17	20
79	76	69	8	9	10	1	2	21
78	77	68	7	6	5	4	3	22
65	66	67	54	53	50	49	48	23
64	57	56	55	52	51	46	47	24
63	58	41	42	43	44	45	26	25
62	59	40	37	36	33	32	27	28
61	60	39	38	35	34	31	30	29

Puzzle (80)

67	66	65	64	63	50	49	48	47
68	69	60	61	62	51	44	45	46
81	70	59	54	53	52	43	42	41
80	71	58	55	36	37	38	39	40
79	72	57	56	35	28	27	26	25
78	73	74	33	34	29	22	23	24
77	76	75	32	31	30	21	2	3
14	15	16	17	18	19	20	1	4
13	12	11	10	9	8	7	6	5

(173)

::::: *Puzzle (81)* :::::

19	20	23	24	27	28	33	34	35
18	21	22	25	26	29	32	37	36
17	14	13	12	11	30	31	38	39
16	15	60	59	10	9	2	3	40
63	62	61	58	57	8	1	4	41
64	65	66	55	56	7	6	5	42
71	70	67	54	51	50	47	46	43
72	69	68	53	52	49	48	45	44
73	74	75	76	77	78	79	80	81

::::: *Puzzle (82)* :::::

27	28	29	30	31	34	35	36	37
26	25	24	23	32	33	40	39	38
17	18	21	22	45	44	41	62	63
16	19	20	47	46	43	42	61	64
15	14	13	48	49	54	55	60	65
2	1	12	11	50	53	56	59	66
3	8	9	10	51	52	57	58	67
4	7	76	75	74	73	72	71	68
5	6	77	78	79	80	81	70	69

::::: *Puzzle (83)* :::::

63	64	65	66	69	70	73	74	81
62	61	60	67	68	71	72	75	80
35	36	59	58	57	56	55	76	79
34	37	38	39	44	45	54	77	78
33	32	31	40	43	46	53	52	51
4	3	30	41	42	47	48	49	50
5	2	29	28	27	26	25	24	23
6	1	10	11	14	15	18	19	22
7	8	9	12	13	16	17	20	21

::::: *Puzzle (84)* :::::

43	44	57	58	59	70	71	72	73
42	45	56	55	60	69	68	67	74
41	46	53	54	61	62	63	66	75
40	47	52	51	24	23	64	65	76
39	48	49	50	25	22	21	20	77
38	31	30	27	26	15	16	19	78
37	32	29	28	13	14	17	18	79
36	33	10	11	12	5	4	81	80
35	34	9	8	7	6	3	2	1

::::: *Puzzle (85)* :::::

51	50	49	42	41	40	29	28	27
52	53	48	43	44	39	30	25	26
55	54	47	46	45	38	31	24	23
56	57	58	59	36	37	32	21	22
79	80	81	60	35	34	33	20	19
78	75	74	61	8	9	10	11	18
77	76	73	62	7	6	1	12	17
70	71	72	63	64	5	2	13	16
69	68	67	66	65	4	3	14	15

::::: *Puzzle (86)* :::::

3	4	5	8	9	12	13	48	49
2	1	6	7	10	11	14	47	50
21	20	19	18	17	16	15	46	51
22	23	24	25	26	27	44	45	52
33	32	31	30	29	28	43	54	53
34	35	36	39	40	41	42	55	56
79	78	37	38	61	60	59	58	57
80	77	74	73	62	63	64	65	66
81	76	75	72	71	70	69	68	67

::::: *Puzzle (87)* :::::

51	50	49	48	29	28	25	24	23
52	45	46	47	30	27	26	21	22
53	44	43	42	31	32	33	20	19
54	57	58	41	38	37	34	17	18
55	56	59	40	39	36	35	16	15
64	63	60	7	8	9	12	13	14
65	62	61	6	5	10	11	76	77
66	1	2	3	4	73	74	75	78
67	68	69	70	71	72	81	80	79

::::: *Puzzle (88)* :::::

33	32	31	30	29	28	17	16	15
34	35	24	25	26	27	18	13	14
37	36	23	22	21	20	19	12	11
38	1	2	3	4	5	8	9	10
39	42	43	44	45	6	7	68	69
40	41	48	47	46	65	66	67	70
51	50	49	60	61	64	73	72	71
52	55	56	59	62	63	74	75	76
53	54	57	58	81	80	79	78	77

::::: *Puzzle (89)* :::::

13	14	17	18	19	46	47	48	49
12	15	16	21	20	45	44	51	50
11	10	9	22	23	24	43	52	53
6	7	8	27	26	25	42	41	54
5	4	3	28	29	38	39	40	55
76	75	2	1	30	37	36	57	56
77	74	73	72	31	34	35	58	59
78	79	70	71	32	33	64	63	60
81	80	69	68	67	66	65	62	61

::::: *Puzzle (90)* :::::

57	56	51	50	49	48	47	26	25
58	55	52	43	44	45	46	27	24
59	54	53	42	33	32	31	28	23
60	61	62	41	34	1	30	29	22
65	64	63	40	35	2	19	20	21
66	67	68	39	36	3	18	17	16
81	70	69	38	37	4	9	10	15
80	71	72	73	74	5	8	11	14
79	78	77	76	75	6	7	12	13

::::: *Puzzle (91)* :::::

39	38	37	30	29	28	27	26	25
40	41	36	31	32	21	22	23	24
43	42	35	34	33	20	19	18	17
44	45	46	81	80	79	14	15	16
49	48	47	66	67	78	13	2	1
50	53	54	65	68	77	12	3	4
51	52	55	64	69	76	11	10	5
58	57	56	63	70	75	74	9	6
59	60	61	62	71	72	73	8	7

::::: *Puzzle (92)* :::::

33	32	29	28	1	4	5	6	7
34	31	30	27	2	3	14	13	8
35	36	37	26	25	16	15	12	9
42	41	38	23	24	17	18	11	10
43	40	39	22	21	20	19	68	69
44	45	46	47	48	49	50	67	70
57	56	55	54	53	52	51	66	71
58	59	60	61	62	63	64	65	72
81	80	79	78	77	76	75	74	73

::::: *Puzzle (93)* :::::

9	8	7	6	5	4	3	2	1
10	13	14	17	18	21	22	23	24
11	12	15	16	19	20	29	28	25
36	35	34	33	32	31	30	27	26
37	42	43	46	47	66	67	68	69
38	41	44	45	48	65	72	71	70
39	40	51	50	49	64	73	74	81
54	53	52	59	60	63	76	75	80
55	56	57	58	61	62	77	78	79

::::: *Puzzle (94)* :::::

65	66	67	68	13	12	11	10	9
64	63	62	69	14	15	16	17	8
57	58	61	70	21	20	19	18	7
56	59	60	71	22	23	24	5	6
55	54	53	72	27	26	25	4	3
50	51	52	73	28	29	30	31	2
49	48	47	74	75	76	77	32	1
44	45	46	81	80	79	78	33	34
43	42	41	40	39	38	37	36	35

::::: *Puzzle (95)* :::::

29	30	31	32	41	42	43	50	51
28	27	26	33	40	45	44	49	52
21	22	25	34	39	46	47	48	53
20	23	24	35	38	65	64	55	54
19	16	15	36	37	66	63	56	57
18	17	14	13	68	67	62	61	58
1	10	11	12	69	70	71	60	59
2	9	8	7	74	73	72	81	80
3	4	5	6	75	76	77	78	79

::::: *Puzzle (96)* :::::

23	24	27	28	29	30	31	32	33
22	25	26	81	80	37	36	35	34
21	20	19	78	79	38	39	40	41
2	1	18	77	54	53	50	49	42
3	16	17	76	55	52	51	48	43
4	15	14	75	56	57	58	47	44
5	6	13	74	73	60	59	46	45
8	7	12	71	72	61	62	63	64
9	10	11	70	69	68	67	66	65

::::: *Puzzle (97)* :::::

47	48	63	64	65	66	67	68	69
46	49	62	61	60	59	76	75	70
45	50	55	56	57	58	77	74	71
44	51	54	81	80	79	78	73	72
43	52	53	34	33	30	29	26	25
42	39	38	35	32	31	28	27	24
41	40	37	36	5	4	3	22	23
10	9	8	7	6	1	2	21	20
11	12	13	14	15	16	17	18	19

::::: *Puzzle (98)* :::::

3	4	5	6	7	8	9	10	11
2	1	18	17	16	15	14	13	12
23	22	19	52	53	54	55	68	69
24	21	20	51	58	57	56	67	70
25	26	49	50	59	60	61	66	71
28	27	48	47	46	45	62	65	72
29	34	35	36	43	44	63	64	73
30	33	38	37	42	77	76	75	74
31	32	39	40	41	78	79	80	81

::::: *Puzzle (99)* :::::

45	44	29	28	27	26	25	24	23
46	43	30	31	32	33	20	21	22
47	42	39	38	35	34	19	18	17
48	41	40	37	36	81	80	15	16
49	50	51	52	53	78	79	14	1
60	59	58	57	54	77	12	13	2
61	62	63	56	55	76	11	4	3
66	65	64	71	72	75	10	5	6
67	68	69	70	73	74	9	8	7

::::: *Puzzle (100)* :::::

53	52	51	50	49	10	11	14	15
54	81	80	47	48	9	12	13	16
55	56	79	46	45	8	7	18	17
58	57	78	77	44	5	6	19	20
59	60	75	76	43	4	3	22	21
62	61	74	73	42	1	2	23	24
63	70	71	72	41	32	31	30	25
64	69	68	39	40	33	34	29	26
65	66	67	38	37	36	35	28	27

(174)

::::: Puzzle (101) :::::

81	80	79	78	55	54	47	46	45
74	75	76	77	56	53	48	49	44
73	72	71	58	57	52	51	50	43
8	7	70	59	60	61	62	41	42
9	6	69	66	65	64	63	40	39
10	5	68	67	20	21	30	31	38
11	4	3	18	19	22	29	32	37
12	1	2	17	24	23	28	33	36
13	14	15	16	25	26	27	34	35

::::: Puzzle (102) :::::

43	44	47	48	49	50	79	80	81
42	45	46	1	2	51	78	77	76
41	40	39	38	3	52	53	54	75
32	33	36	37	4	57	56	55	74
31	34	35	6	5	58	59	72	73
30	29	28	7	8	9	60	71	70
25	26	27	16	15	10	61	68	69
24	21	20	17	14	11	62	67	66
23	22	19	18	13	12	63	64	65

::::: Puzzle (103) :::::

17	18	19	20	23	24	27	28	29
16	15	14	21	22	25	26	31	30
11	12	13	4	3	2	1	32	33
10	7	6	5	42	41	38	37	34
9	8	45	44	43	40	39	36	35
48	47	46	53	54	57	58	61	62
49	50	51	52	55	56	59	60	63
72	71	70	69	68	67	66	65	64
73	74	75	76	77	78	79	80	81

::::: Puzzle (104) :::::

67	68	69	70	71	72	73	74	81
66	63	62	61	60	59	58	75	80
65	64	51	52	55	56	57	76	79
48	49	50	53	54	23	22	77	78
47	46	45	44	25	24	21	20	19
40	41	42	43	26	15	16	17	18
39	34	33	28	27	14	13	2	3
38	35	32	29	10	11	12	1	4
37	36	31	30	9	8	7	6	5

::::: Puzzle (105) :::::

77	76	75	72	71	68	67	22	21
78	81	74	73	70	69	66	23	20
79	80	59	60	63	64	65	24	19
48	49	58	61	62	29	28	25	18
47	50	57	56	55	30	27	26	17
46	51	52	53	54	31	32	15	16
45	38	37	36	35	34	33	14	13
44	39	40	1	4	5	8	9	12
43	42	41	2	3	6	7	10	11

::::: Puzzle (106) :::::

61	62	63	34	33	32	19	18	17
60	65	64	35	36	31	20	21	16
59	66	69	70	37	30	23	22	15
58	67	68	71	38	29	24	25	14
57	80	81	72	39	28	27	26	13
56	79	74	73	40	41	42	43	12
55	78	75	48	47	46	45	44	11
54	77	76	49	6	7	8	9	10
53	52	51	50	5	4	3	2	1

::::: Puzzle (107) :::::

45	46	57	58	59	64	65	66	67
44	47	56	55	60	63	70	69	68
43	48	53	54	61	62	71	72	73
42	49	52	33	32	27	26	25	74
41	50	51	34	31	28	23	24	75
40	37	36	35	30	29	22	21	76
39	38	7	6	3	2	19	20	77
10	9	8	5	4	1	18	79	78
11	12	13	14	15	16	17	80	81

::::: Puzzle (108) :::::

29	28	27	26	25	24	23	20	19
30	31	32	33	34	35	22	21	18
41	40	39	38	37	36	15	16	17
42	43	44	45	46	47	14	13	12
61	60	57	56	49	48	9	10	11
62	59	58	55	50	1	8	7	6
63	64	65	54	51	2	3	4	5
68	67	66	53	52	75	76	77	78
69	70	71	72	73	74	81	80	79

::::: Puzzle (109) :::::

33	32	13	12	11	54	55	58	59
34	31	14	15	10	53	56	57	60
35	30	17	16	9	52	63	62	61
36	29	18	19	8	51	64	65	66
37	28	27	20	7	50	69	68	67
38	25	26	21	6	49	70	71	72
39	24	23	22	5	48	75	74	73
40	1	2	3	4	47	76	77	78
41	42	43	44	45	46	81	80	79

::::: Puzzle (110) :::::

7	6	77	78	79	80	81	68	67
8	5	76	75	74	73	70	69	66
9	4	3	2	1	72	71	64	65
10	11	12	15	16	43	44	63	62
23	22	13	14	17	42	45	46	61
24	21	20	19	18	41	48	47	60
25	30	31	32	39	40	49	50	59
26	29	34	33	38	53	52	51	58
27	28	35	36	37	54	55	56	57

::::: Puzzle (111) :::::

57	56	51	50	45	44	37	36	35
58	55	52	49	46	43	38	39	34
59	54	53	48	47	42	41	40	33
60	61	6	5	4	3	20	21	32
63	62	7	8	9	2	19	22	31
64	65	12	11	10	1	18	23	30
67	66	13	14	15	16	17	24	29
68	71	72	75	76	77	78	25	28
69	70	73	74	81	80	79	26	27

::::: Puzzle (112) :::::

47	46	43	42	33	32	31	28	27
48	45	44	41	34	1	30	29	26
49	50	51	40	35	2	23	24	25
56	55	52	39	36	3	22	21	20
57	54	53	38	37	4	5	18	19
58	59	60	61	62	63	6	17	16
77	76	75	66	65	64	7	8	15
78	79	74	67	68	69	10	9	14
81	80	73	72	71	70	11	12	13

::::: Puzzle (113) :::::

67	66	61	60	55	54	49	48	47
68	65	62	59	56	53	50	45	46
69	64	63	58	57	52	51	44	43
70	73	74	81	80	79	40	41	42
71	72	75	76	77	78	39	38	37
12	11	10	9	8	7	4	3	36
13	14	15	16	17	6	5	2	35
22	21	20	19	18	29	30	1	34
23	24	25	26	27	28	31	32	33

::::: Puzzle (114) :::::

75	76	77	44	43	42	41	40	39
74	79	78	45	46	47	36	37	38
73	80	55	54	49	48	35	28	27
72	81	56	53	50	33	34	29	26
71	58	57	52	51	32	31	30	25
70	59	60	19	20	21	22	23	24
69	62	61	18	13	12	11	10	9
68	63	64	17	14	3	2	1	8
67	66	65	16	15	4	5	6	7

::::: Puzzle (115) :::::

39	38	35	34	31	30	5	6	7
40	37	36	33	32	29	4	9	8
41	42	43	44	45	28	3	10	11
54	53	50	49	46	27	2	1	12
55	52	51	48	47	26	25	14	13
56	57	58	59	60	81	24	15	16
67	66	63	62	61	80	23	22	17
68	65	64	73	74	79	78	21	18
69	70	71	72	75	76	77	20	19

::::: Puzzle (116) :::::

7	8	15	16	17	18	25	26	27
6	9	14	13	20	19	24	29	28
5	10	11	12	21	22	23	30	31
4	3	2	1	38	37	34	33	32
43	42	41	40	39	36	35	52	53
44	45	46	47	48	49	50	51	54
71	70	69	68	67	66	61	60	55
72	75	76	81	80	65	62	59	56
73	74	77	78	79	64	63	58	57

::::: Puzzle (117) :::::

17	18	19	20	77	78	79	80	81
16	15	22	21	76	75	74	73	72
13	14	23	24	27	28	67	68	71
12	11	10	25	26	29	66	69	70
7	8	9	2	1	30	65	64	63
6	5	4	3	32	31	58	59	62
37	36	35	34	33	56	57	60	61
38	41	42	45	46	55	54	53	52
39	40	43	44	47	48	49	50	51

::::: Puzzle (118) :::::

61	62	65	66	69	70	79	78	77
60	63	64	67	68	71	80	81	76
59	54	53	52	51	72	73	74	75
58	55	48	49	50	1	2	3	4
57	56	47	44	43	16	15	14	5
32	33	46	45	42	17	18	13	6
31	34	37	38	41	20	19	12	7
30	35	36	39	40	21	22	11	8
29	28	27	26	25	24	23	10	9

::::: Puzzle (119) :::::

19	20	25	26	31	32	33	34	35
18	21	24	27	30	39	38	37	36
17	22	23	28	29	40	41	42	43
16	15	14	9	8	5	4	1	44
77	78	13	10	7	6	3	2	45
76	79	12	11	52	51	50	49	46
75	80	69	68	53	54	55	48	47
74	81	70	67	64	63	56	57	58
73	72	71	66	65	62	61	60	59

::::: Puzzle (120) :::::

67	68	71	72	73	74	77	78	79
66	69	70	57	56	75	76	81	80
65	60	59	58	55	54	53	52	51
64	61	36	37	38	39	48	49	50
63	62	35	34	33	40	47	46	45
28	29	30	31	32	41	42	43	44
27	26	19	18	17	10	9	8	1
24	25	20	15	16	11	6	7	2
23	22	21	14	13	12	5	4	3

::::: Puzzle (121) :::::

77	78	27	26	25	24	23	22	21
76	79	28	1	2	17	18	19	20
75	80	29	30	3	16	15	14	13
74	81	32	31	4	5	8	9	12
73	34	33	38	39	6	7	10	11
72	35	36	37	40	41	42	43	44
71	66	65	60	59	58	47	46	45
70	67	64	61	56	57	48	49	50
69	68	63	62	55	54	53	52	51

::::: Puzzle (122) :::::

23	24	25	26	27	70	69	68	67
22	21	30	29	28	71	72	65	66
19	20	31	32	37	38	73	64	63
18	17	16	33	36	39	74	75	62
11	12	15	34	35	40	77	76	61
10	13	14	47	46	41	78	81	60
9	8	7	48	45	42	79	80	59
4	5	6	49	44	43	54	55	58
3	2	1	50	51	52	53	56	57

::::: Puzzle (123) :::::

43	44	45	46	47	48	49	50	51
42	41	34	33	32	31	30	29	52
39	40	35	24	25	26	27	28	53
38	37	36	23	22	21	20	19	54
11	12	13	14	15	16	17	18	55
10	7	6	5	4	3	2	1	56
9	8	65	64	61	60	59	58	57
68	67	66	63	62	75	76	81	80
69	70	71	72	73	74	77	78	79

::::: Puzzle (124) :::::

31	32	33	42	43	44	71	72	73
30	29	34	41	40	45	70	69	74
27	28	35	36	39	46	67	68	75
26	25	24	37	38	47	66	65	76
17	18	23	22	49	48	63	64	77
16	19	20	21	50	51	62	61	78
15	14	7	6	5	52	53	60	79
12	13	8	3	4	55	54	59	80
11	10	9	2	1	56	57	58	81

::::: Puzzle (125) :::::

65	66	73	74	5	6	7	8	9
64	67	72	75	4	3	2	11	10
63	68	71	76	77	78	1	12	13
62	69	70	81	80	79	16	15	14
61	58	57	56	37	36	17	18	19
60	59	54	55	38	35	28	27	20
51	52	53	40	39	34	29	26	21
50	47	46	41	42	33	30	25	22
49	48	45	44	43	32	31	24	23

::::: Puzzle (126) :::::

13	14	17	18	21	22	27	28	29
12	15	16	19	20	23	26	31	30
11	10	9	6	5	24	25	32	33
72	71	8	7	4	3	2	1	34
73	70	69	40	39	38	37	36	35
74	75	68	41	42	43	44	45	46
77	76	67	60	59	58	53	52	47
78	79	66	61	62	57	54	51	48
81	80	65	64	63	56	55	50	49

::::: Puzzle (127) :::::

67	66	57	56	55	42	41	40	39
68	65	58	59	54	43	36	37	38
69	64	61	60	53	44	35	28	27
70	63	62	51	52	45	34	29	26
71	2	1	50	49	46	33	30	25
72	3	4	5	48	47	32	31	24
73	76	77	6	11	12	17	18	23
74	75	78	7	10	13	16	19	22
81	80	79	8	9	14	15	20	21

::::: Puzzle (128) :::::

19	20	37	38	39	40	45	46	47
18	21	36	33	32	41	44	49	48
17	22	35	34	31	42	43	50	51
16	23	26	27	30	3	2	53	52
15	24	25	28	29	4	1	54	55
14	13	10	9	6	5	66	65	56
81	12	11	8	7	68	67	64	57
80	77	76	73	72	69	62	63	58
79	78	75	74	71	70	61	60	59

::::: Puzzle (129) :::::

57	58	59	62	63	66	67	68	69
56	55	60	61	64	65	76	75	70
53	54	81	80	79	78	77	74	71
52	51	42	41	40	3	4	73	72
49	50	43	38	39	2	5	8	9
48	45	44	37	36	1	6	7	10
47	46	29	30	35	34	13	12	11
26	27	28	31	32	33	14	15	16
25	24	23	22	21	20	19	18	17

::::: Puzzle (130) :::::

23	22	1	2	3	4	5	8	9
24	21	20	19	18	17	6	7	10
25	30	31	34	35	16	15	14	11
26	29	32	33	36	37	38	13	12
27	28	69	68	67	66	39	40	41
76	75	70	71	64	65	50	49	42
77	74	73	72	63	62	51	48	43
78	81	58	59	60	61	52	47	44
79	80	57	56	55	54	53	46	45

::::: Puzzle (131) :::::

69	70	71	72	73	74	75	76	81
68	67	54	53	48	47	46	77	80
65	66	55	52	49	44	45	78	79
64	57	56	51	50	43	42	41	40
63	58	29	30	33	34	35	36	39
62	59	28	31	32	11	10	37	38
61	60	27	18	17	12	9	8	1
24	25	26	19	16	13	6	7	2
23	22	21	20	15	14	5	4	3

::::: Puzzle (132) :::::

31	30	29	28	27	26	25	24	23
32	33	34	37	38	43	44	21	22
59	58	35	36	39	42	45	20	19
60	57	54	53	40	41	46	47	18
61	56	55	52	51	50	49	48	17
62	63	70	71	72	13	14	15	16
81	64	69	68	73	12	11	2	1
80	65	66	67	74	9	10	3	4
79	78	77	76	75	8	7	6	5

::::: Puzzle (133) :::::

17	16	15	14	11	10	9	8	7
18	19	20	13	12	25	26	1	6
71	70	21	22	23	24	27	2	5
72	69	66	65	62	61	28	3	4
73	68	67	64	63	60	29	32	33
74	81	56	57	58	59	30	31	34
75	80	55	50	49	42	41	40	35
76	79	54	51	48	43	44	39	36
77	78	53	52	47	46	45	38	37

::::: Puzzle (134) :::::

11	12	13	14	15	34	35	40	41
10	19	18	17	16	33	36	39	42
9	20	21	22	23	32	37	38	43
8	7	6	25	24	31	46	45	44
1	4	5	26	27	30	47	48	49
2	3	58	57	28	29	52	51	50
79	80	59	56	55	54	53	66	67
78	81	60	61	62	63	64	65	68
77	76	75	74	73	72	71	70	69

::::: Puzzle (135) :::::

79	80	1	4	5	8	9	12	13
78	81	2	3	6	7	10	11	14
77	72	71	44	43	42	17	16	15
76	73	70	45	46	41	18	19	20
75	74	69	68	47	40	23	22	21
64	65	66	67	48	39	24	25	26
63	62	61	50	49	38	29	28	27
58	59	60	51	52	37	30	31	32
57	56	55	54	53	36	35	34	33

::::: Puzzle (136) :::::

5	6	7	10	11	14	15	16	17
4	3	8	9	12	13	24	23	18
1	2	33	32	29	28	25	22	19
80	79	34	31	30	27	26	21	20
81	78	35	38	39	42	43	44	45
76	77	36	37	40	41	48	47	46
75	74	67	66	61	60	49	52	53
72	73	68	65	62	59	50	51	54
71	70	69	64	63	58	57	56	55

::::: Puzzle (137) :::::

77	78	79	64	63	62	61	44	43
76	75	80	65	58	59	60	45	42
73	74	81	66	57	52	51	46	41
72	71	70	67	56	53	50	47	40
13	14	69	68	55	54	49	48	39
12	15	16	17	20	21	22	23	38
11	2	3	18	19	26	25	24	37
10	1	4	5	28	27	32	33	36
9	8	7	6	29	30	31	34	35

::::: Puzzle (138) :::::

23	22	13	12	61	62	63	70	71
24	21	14	11	60	65	64	69	72
25	20	15	10	59	66	67	68	73
26	19	16	9	58	57	56	55	74
27	18	17	8	7	46	47	54	75
28	1	2	3	6	45	48	53	76
29	34	35	4	5	44	49	52	77
30	33	36	39	40	43	50	51	78
31	32	37	38	41	42	81	80	79

::::: Puzzle (139) :::::

19	18	15	14	13	12	11	4	3
20	17	16	29	30	9	10	5	2
21	24	25	28	31	8	7	6	1
22	23	26	27	32	71	70	69	68
39	38	35	34	33	72	73	66	67
40	37	36	79	78	75	74	65	64
41	42	43	80	77	76	57	58	63
46	45	44	81	52	53	56	59	62
47	48	49	50	51	54	55	60	61

::::: Puzzle (140) :::::

63	62	61	60	59	58	57	26	25
64	65	52	53	54	55	56	27	24
81	66	51	36	35	30	29	28	23
80	67	50	37	34	31	20	21	22
79	68	49	38	33	32	19	18	1
78	69	48	39	40	15	16	17	2
77	70	47	46	41	14	13	12	3
76	71	72	45	42	9	10	11	4
75	74	73	44	43	8	7	6	5

::::: Puzzle (141) :::::

37	38	41	42	43	66	67	80	79
36	39	40	45	44	65	68	81	78
35	32	31	46	47	64	69	76	77
34	33	30	29	48	63	70	75	74
19	20	27	28	49	62	71	72	73
18	21	26	25	50	61	60	59	58
17	22	23	24	51	52	53	54	57
16	13	12	9	8	5	4	55	56
15	14	11	10	7	6	3	2	1

::::: Puzzle (142) :::::

49	48	47	46	45	26	25	24	23
50	51	52	43	44	27	28	29	22
55	54	53	42	41	34	33	30	21
56	57	58	39	40	35	32	31	20
61	60	59	38	37	36	17	18	19
62	63	70	71	72	15	16	11	10
65	64	69	74	73	14	13	12	9
66	67	68	75	76	5	6	7	8
81	80	79	78	77	4	3	2	1

::::: Puzzle (143) :::::

35	36	39	40	45	46	47	48	49
34	37	38	41	44	81	52	51	50
33	32	31	42	43	80	53	54	55
22	23	30	29	28	79	64	63	56
21	24	25	26	27	78	65	62	57
20	19	18	15	14	77	66	61	58
3	4	17	16	13	76	67	60	59
2	5	8	9	12	75	68	69	70
1	6	7	10	11	74	73	72	71

::::: Puzzle (144) :::::

13	14	31	32	33	34	35	36	37
12	15	30	29	28	41	40	39	38
11	16	17	26	27	42	43	50	51
10	19	18	25	24	45	44	49	52
9	20	21	22	23	46	47	48	53
8	7	64	63	60	59	56	55	54
1	6	65	62	61	58	57	72	73
2	5	66	67	68	69	70	71	74
3	4	81	80	79	78	77	76	75

::::: Puzzle (145) :::::

11	12	13	14	15	16	73	72	71
10	21	20	19	18	17	74	69	70
9	22	23	78	77	76	75	68	67
8	1	24	79	80	81	52	53	66
7	2	25	38	39	50	51	54	65
6	3	26	37	40	49	56	55	64
5	4	27	36	41	48	57	58	63
30	29	28	35	42	47	46	59	62
31	32	33	34	43	44	45	60	61

::::: Puzzle (146) :::::

75	74	73	60	59	58	57	56	55
76	71	72	61	36	37	38	53	54
77	70	69	62	35	34	39	52	51
78	81	68	63	32	33	40	49	50
79	80	67	64	31	30	41	48	47
2	1	66	65	28	29	42	43	46
3	24	25	26	27	18	17	44	45
4	23	22	21	20	19	16	15	14
5	6	7	8	9	10	11	12	13

::::: Puzzle (147) :::::

73	74	37	36	35	34	15	14	13
72	75	38	39	32	33	16	17	12
71	76	77	40	31	28	27	18	11
70	69	78	41	30	29	26	19	10
67	68	79	42	43	44	25	20	9
66	65	80	53	52	45	24	21	8
63	64	81	54	51	46	23	22	7
62	59	58	55	50	47	2	1	6
61	60	57	56	49	48	3	4	5

::::: Puzzle (148) :::::

81	24	23	22	21	20	19	18	17
80	25	2	1	8	9	12	13	16
79	26	3	6	7	10	11	14	15
78	27	4	5	32	33	34	41	42
77	28	29	30	31	36	35	40	43
76	65	64	61	60	37	38	39	44
75	66	63	62	59	58	57	46	45
74	67	68	69	54	55	56	47	48
73	72	71	70	53	52	51	50	49

::::: Puzzle (149) :::::

55	54	49	48	29	28	27	24	23
56	53	50	47	30	31	26	25	22
57	52	51	46	45	32	17	18	21
58	59	60	61	44	33	16	19	20
65	64	63	62	43	34	15	14	13
66	67	68	69	42	35	10	11	12
79	78	71	70	41	36	9	4	3
80	77	72	73	40	37	8	5	2
81	76	75	74	39	38	7	6	1

::::: Puzzle (150) :::::

33	32	27	26	17	16	15	14	1
34	31	28	25	18	19	20	13	2
35	30	29	24	23	22	21	12	3
36	41	42	43	44	45	46	11	4
37	40	51	50	49	48	47	10	5
38	39	52	53	54	55	56	9	6
79	80	61	60	59	58	57	8	7
78	81	62	63	64	65	66	67	68
77	76	75	74	73	72	71	70	69

::::: Puzzle (151) :::::

59	58	57	48	47	46	45	44	43
60	61	56	49	38	39	40	41	42
63	62	55	50	37	26	25	18	17
64	65	54	51	36	27	24	19	16
67	66	53	52	35	28	23	20	15
68	73	74	33	34	29	22	21	14
69	72	75	32	31	30	11	12	13
70	71	76	77	2	1	10	9	8
81	80	79	78	3	4	5	6	7

::::: Puzzle (152) :::::

81	80	7	8	9	10	11	12	13
78	79	6	1	2	21	20	19	14
77	76	5	4	3	22	23	18	15
74	75	70	69	26	25	24	17	16
73	72	71	68	27	30	31	34	35
62	63	66	67	28	29	32	33	36
61	64	65	42	41	40	39	38	37
60	57	56	43	44	45	46	47	48
59	58	55	54	53	52	51	50	49

::::: Puzzle (153) :::::

47	48	51	52	57	58	63	64	65
46	49	50	53	56	59	62	67	66
45	42	41	54	55	60	61	68	69
44	43	40	39	38	37	36	71	70
13	14	15	16	33	34	35	72	73
12	11	10	17	32	31	30	81	74
7	8	9	18	27	28	29	80	75
6	1	2	19	26	25	24	79	76
5	4	3	20	21	22	23	78	77

::::: Puzzle (154) :::::

13	14	17	18	73	74	75	76	77
12	15	16	19	72	71	70	81	78
11	10	1	20	41	42	69	80	79
8	9	2	21	40	43	68	67	66
7	4	3	22	39	44	63	64	65
6	5	24	23	38	45	62	61	60
29	28	25	36	37	46	53	54	59
30	27	26	35	48	47	52	55	58
31	32	33	34	49	50	51	56	57

::::: Puzzle (155) :::::

25	26	29	30	37	38	39	42	43
24	27	28	31	36	35	40	41	44
23	22	21	32	33	34	49	48	45
18	19	20	53	52	51	50	47	46
17	14	13	54	59	60	81	80	79
16	15	12	55	58	61	76	77	78
9	10	11	56	57	62	75	72	71
8	7	6	5	64	63	74	73	70
1	2	3	4	65	66	67	68	69

::::: Puzzle (156) :::::

15	14	7	6	75	76	77	78	79
16	13	8	5	74	71	70	69	80
17	12	9	4	73	72	67	68	81
18	11	10	3	58	59	66	65	64
19	20	1	2	57	60	61	62	63
22	21	32	33	56	55	54	53	52
23	24	31	34	35	42	43	50	51
26	25	30	37	36	41	44	49	48
27	28	29	38	39	40	45	46	47

::::: Puzzle (157) :::::

11	10	9	8	7	6	5	4	3
12	13	14	15	16	17	18	19	2
71	72	75	76	23	22	21	20	1
70	73	74	77	24	25	26	27	28
69	68	67	78	49	48	31	30	29
64	65	66	79	50	47	32	33	34
63	62	61	80	51	46	45	36	35
58	59	60	81	52	43	44	37	38
57	56	55	54	53	42	41	40	39

::::: Puzzle (158) :::::

81	64	63	58	57	44	43	42	41
80	65	62	59	56	45	46	39	40
79	66	61	60	55	54	47	38	37
78	67	68	69	52	53	48	35	36
77	72	71	70	51	50	49	34	33
76	73	8	9	16	17	24	25	32
75	74	7	10	15	18	23	26	31
2	3	6	11	14	19	22	27	30
1	4	5	12	13	20	21	28	29

::::: Puzzle (159) :::::

67	68	69	70	73	74	81	80	79
66	65	64	71	72	75	76	77	78
57	58	63	62	1	4	5	6	7
56	59	60	61	2	3	10	9	8
55	54	53	50	49	48	11	14	15
34	35	52	51	46	47	12	13	16
33	36	37	38	45	44	43	18	17
32	29	28	39	40	41	42	19	20
31	30	27	26	25	24	23	22	21

::::: Puzzle (160) :::::

17	16	15	14	13	10	9	4	3
18	19	20	21	12	11	8	5	2
25	24	23	22	33	34	7	6	1
26	27	28	31	32	35	36	37	38
65	64	29	30	53	52	41	40	39
66	63	60	59	54	51	42	43	44
67	62	61	58	55	50	47	46	45
68	71	72	57	56	49	48	81	80
69	70	73	74	75	76	77	78	79

::::: Puzzle (161) :::::

25	24	19	18	5	6	7	80	81
26	23	20	17	4	1	8	79	78
27	22	21	16	3	2	9	10	77
28	39	40	15	14	13	12	11	76
29	38	41	42	43	62	63	64	75
30	37	46	45	44	61	66	65	74
31	36	47	52	53	60	67	68	73
32	35	48	51	54	59	58	69	72
33	34	49	50	55	56	57	70	71

::::: Puzzle (162) :::::

27	26	25	24	23	22	21	20	19
28	29	30	33	34	35	36	1	18
51	50	31	32	39	38	37	2	17
52	49	48	47	40	41	42	3	16
53	54	55	46	45	44	43	4	15
76	77	56	57	58	59	60	5	14
75	78	79	80	81	62	61	6	13
74	71	70	67	66	63	8	7	12
73	72	69	68	65	64	9	10	11

::::: Puzzle (163) :::::

1	2	3	6	7	8	9	10	11
30	29	4	5	16	15	14	13	12
31	28	21	20	17	50	51	52	53
32	27	22	19	18	49	56	55	54
33	26	23	42	43	48	57	60	61
34	25	24	41	44	47	58	59	62
35	38	39	40	45	46	65	64	63
36	37	78	77	74	73	66	67	68
81	80	79	76	75	72	71	70	69

::::: Puzzle (164) :::::

9	8	5	4	1	78	77	74	73
10	7	6	3	2	79	76	75	72
11	14	15	16	81	80	69	70	71
12	13	18	17	52	53	68	67	66
25	24	19	20	51	54	55	56	65
26	23	22	21	50	47	46	57	64
27	28	35	36	49	48	45	58	63
30	29	34	37	40	41	44	59	62
31	32	33	38	39	42	43	60	61

::::: Puzzle (165) :::::

59	58	57	56	55	54	53	48	47
60	61	62	63	64	65	52	49	46
71	70	69	68	67	66	51	50	45
72	73	74	75	76	79	80	81	44
29	30	33	34	77	78	39	40	43
28	31	32	35	36	37	38	41	42
27	22	21	16	15	14	13	12	11
26	23	20	17	6	7	8	9	10
25	24	19	18	5	4	3	2	1

::::: Puzzle (166) :::::

49	50	51	52	53	54	55	56	57
48	47	46	65	64	63	62	61	58
41	42	45	66	67	70	71	60	59
40	43	44	1	68	69	72	73	74
39	38	3	2	81	80	79	78	75
36	37	4	5	6	11	12	77	76
35	34	27	26	7	10	13	16	17
32	33	28	25	8	9	14	15	18
31	30	29	24	23	22	21	20	19

::::: Puzzle (167) :::::

27	28	29	30	53	54	63	64	65
26	25	32	31	52	55	62	61	66
23	24	33	34	51	56	57	60	67
22	21	36	35	50	49	58	59	68
19	20	37	38	39	48	47	70	69
18	17	16	15	40	41	46	71	72
3	2	1	14	13	42	45	74	73
4	7	8	11	12	43	44	75	76
5	6	9	10	81	80	79	78	77

::::: Puzzle (168) :::::

1	2	3	24	25	26	27	28	29
6	5	4	23	34	33	32	31	30
7	18	19	22	35	60	61	80	81
8	17	20	21	36	59	62	79	78
9	16	15	38	37	58	63	76	77
10	13	14	39	40	57	64	75	74
11	12	45	44	41	56	65	72	73
48	47	46	43	42	55	66	71	70
49	50	51	52	53	54	67	68	69

::::: Puzzle (169) :::::

1	2	3	4	5	6	7	8	9
18	17	16	15	14	13	12	11	10
19	20	21	22	23	24	25	26	27
36	35	34	33	32	31	30	29	28
37	42	43	44	45	46	47	48	49
38	41	58	57	56	55	54	53	50
39	40	59	60	61	64	65	52	51
80	79	76	75	62	63	66	67	68
81	78	77	74	73	72	71	70	69

::::: Puzzle (170) :::::

39	38	35	34	31	30	71	72	73
40	37	36	33	32	29	70	69	74
41	24	25	26	27	28	67	68	75
42	23	22	21	20	19	66	65	76
43	14	15	16	17	18	63	64	77
44	13	6	5	4	61	62	81	78
45	12	7	8	3	60	59	80	79
46	11	10	9	2	1	58	57	56
47	48	49	50	51	52	53	54	55

::::: Puzzle (171) :::::

27	26	23	22	21	20	19	18	17
28	25	24	1	2	3	8	9	16
29	32	33	34	35	4	7	10	15
30	31	40	39	36	5	6	11	14
43	42	41	38	37	50	51	12	13
44	45	46	47	48	49	52	53	54
75	74	73	72	65	64	63	56	55
76	81	80	71	66	67	62	57	58
77	78	79	70	69	68	61	60	59

::::: Puzzle (172) :::::

11	10	9	8	7	6	5	4	3
12	15	16	19	20	25	26	27	2
13	14	17	18	21	24	29	28	1
40	39	36	35	22	23	30	81	80
41	38	37	34	33	32	31	78	79
42	43	44	45	46	65	66	77	76
53	52	49	48	47	64	67	74	75
54	51	50	59	60	63	68	73	72
55	56	57	58	61	62	69	70	71

::::: Puzzle (173) :::::

9	10	11	50	51	54	55	72	73
8	13	12	49	52	53	56	71	74
7	14	15	48	47	46	57	70	75
6	17	16	43	44	45	58	69	76
5	18	19	42	41	40	59	68	77
4	21	20	31	32	39	60	67	78
3	22	23	30	33	38	61	66	79
2	25	24	29	34	37	62	65	80
1	26	27	28	35	36	63	64	81

::::: Puzzle (174) :::::

1	2	3	4	5	6	7	40	41
14	13	12	11	10	9	8	39	42
15	16	17	18	19	20	37	38	43
80	81	26	25	22	21	36	45	44
79	28	27	24	23	34	35	46	47
78	29	30	31	32	33	50	49	48
77	72	71	66	65	64	51	52	53
76	73	70	67	62	63	58	57	54
75	74	69	68	61	60	59	56	55

::::: Puzzle (175) :::::

53	52	45	44	43	42	41	40	39
54	51	46	47	34	35	36	37	38
55	50	49	48	33	32	31	30	29
56	57	58	1	4	5	26	27	28
81	60	59	2	3	6	25	22	21
80	61	62	63	8	7	24	23	20
79	66	65	64	9	10	11	18	19
78	67	68	69	70	71	12	17	16
77	76	75	74	73	72	13	14	15

::::: Puzzle (176) :::::

79	78	77	76	75	74	73	30	31
80	65	66	67	70	71	72	29	32
81	64	63	68	69	10	11	28	33
60	61	62	7	8	9	12	27	34
59	58	5	6	15	14	13	26	35
56	57	4	17	16	23	24	25	36
55	54	3	18	19	22	39	38	37
52	53	2	1	20	21	40	41	42
51	50	49	48	47	46	45	44	43

::::: Puzzle (177) :::::

73	74	41	40	37	36	35	34	33
72	75	42	39	38	1	28	29	32
71	76	43	44	45	2	27	30	31
70	77	48	47	46	3	26	25	24
69	78	49	50	51	4	21	22	23
68	79	80	81	52	5	20	19	18
67	66	55	54	53	6	11	12	17
64	65	56	57	58	7	10	13	16
63	62	61	60	59	8	9	14	15

::::: Puzzle (178) :::::

81	76	75	74	73	72	71	54	53
80	77	66	67	68	69	70	55	52
79	78	65	64	63	60	59	56	51
4	3	2	1	62	61	58	57	50
5	6	7	8	35	36	37	38	49
12	11	10	9	34	33	40	39	48
13	14	15	16	31	32	41	42	47
20	19	18	17	30	29	28	43	46
21	22	23	24	25	26	27	44	45

::::: Puzzle (179) :::::

73	74	75	76	77	50	49	48	47
72	81	80	79	78	51	42	43	46
71	70	57	56	55	52	41	44	45
68	69	58	59	54	53	40	39	38
67	62	61	60	33	34	35	36	37
66	63	8	9	32	31	30	29	28
65	64	7	10	17	18	19	26	27
4	5	6	11	16	15	20	25	24
3	2	1	12	13	14	21	22	23

::::: Puzzle (180) :::::

5	6	7	8	35	36	37	38	39
4	11	10	9	34	33	32	41	40
3	12	13	14	23	24	31	42	43
2	17	16	15	22	25	30	29	44
1	18	19	20	21	26	27	28	45
74	73	70	69	58	57	54	53	46
75	72	71	68	59	56	55	52	47
76	77	78	67	60	61	62	51	48
81	80	79	66	65	64	63	50	49

::::: Puzzle (181) :::::

81	78	77	72	71	70	69	68	67
80	79	76	73	60	61	62	63	66
47	48	75	74	59	58	57	64	65
46	49	52	53	54	55	56	7	6
45	50	51	28	27	18	17	8	5
44	37	36	29	26	19	16	9	4
43	38	35	30	25	20	15	10	3
42	39	34	31	24	21	14	11	2
41	40	33	32	23	22	13	12	1

::::: Puzzle (182) :::::

73	72	63	62	25	24	23	22	21
74	71	64	61	26	27	28	19	20
75	70	65	60	31	30	29	18	17
76	69	66	59	32	33	34	15	16
77	68	67	58	57	36	35	14	13
78	53	54	55	56	37	38	11	12
79	52	45	44	43	40	39	10	9
80	51	46	47	42	41	4	5	8
81	50	49	48	1	2	3	6	7

::::: Puzzle (183) :::::

29	30	31	34	35	78	79	80	81
28	1	32	33	36	77	76	75	74
27	2	3	4	37	52	53	54	73
26	7	6	5	38	51	56	55	72
25	8	11	12	39	50	57	58	71
24	9	10	13	40	49	60	59	70
23	22	15	14	41	48	61	62	69
20	21	16	43	42	47	64	63	68
19	18	17	44	45	46	65	66	67

::::: Puzzle (184) :::::

29	28	27	4	5	6	7	8	9
30	31	26	3	2	1	14	13	10
33	32	25	24	17	16	15	12	11
34	35	22	23	18	45	46	49	50
37	36	21	20	19	44	47	48	51
38	39	40	41	42	43	60	59	52
79	78	71	70	69	68	61	58	53
80	77	72	73	66	67	62	57	54
81	76	75	74	65	64	63	56	55

::::: Puzzle (185) :::::

61	62	65	66	69	70	81	78	77
60	63	64	67	68	71	80	79	76
59	44	43	42	1	72	73	74	75
58	45	46	41	2	3	4	5	6
57	48	47	40	27	26	25	8	7
56	49	38	39	28	23	24	9	10
55	50	37	36	29	22	21	12	11
54	51	34	35	30	19	20	13	14
53	52	33	32	31	18	17	16	15

::::: Puzzle (186) :::::

27	28	31	32	57	58	59	60	61
26	29	30	33	56	55	80	81	62
25	24	23	34	35	54	79	64	63
20	21	22	37	36	53	78	65	66
19	16	15	38	39	52	77	76	67
18	17	14	13	40	51	50	75	68
9	10	11	12	41	48	49	74	69
8	7	6	5	42	47	46	73	70
1	2	3	4	43	44	45	72	71

::::: Puzzle (187) :::::

47	46	39	38	37	32	31	24	23
48	45	40	41	36	33	30	25	22
49	44	43	42	35	34	29	26	21
50	51	52	53	54	55	28	27	20
67	66	63	62	57	56	17	18	19
68	65	64	61	58	15	16	7	6
69	70	71	60	59	14	9	8	5
74	73	72	81	80	13	10	1	4
75	76	77	78	79	12	11	2	3

::::: Puzzle (188) :::::

17	18	19	48	49	50	51	64	65
16	15	20	47	46	53	52	63	66
13	14	21	22	45	54	55	62	67
12	25	24	23	44	43	56	61	68
11	26	33	34	41	42	57	60	69
10	27	32	35	40	39	58	59	70
9	28	31	36	37	38	73	72	71
8	29	30	1	2	75	74	79	80
7	6	5	4	3	76	77	78	81

::::: Puzzle (189) :::::

69	70	71	72	77	78	79	80	81
68	67	66	73	76	9	10	11	12
63	64	65	74	75	8	1	14	13
62	59	58	57	56	7	2	15	16
61	60	51	52	55	6	3	18	17
48	49	50	53	54	5	4	19	20
47	46	39	38	37	36	23	22	21
44	45	40	33	34	35	24	25	26
43	42	41	32	31	30	29	28	27

::::: Puzzle (190) :::::

39	38	37	36	25	24	3	4	5
40	41	34	35	26	23	2	1	6
43	42	33	32	27	22	21	8	7
44	45	46	31	28	19	20	9	10
49	48	47	30	29	18	17	16	11
50	51	52	59	60	65	66	15	12
81	54	53	58	61	64	67	14	13
80	55	56	57	62	63	68	69	70
79	78	77	76	75	74	73	72	71

::::: Puzzle (191) :::::

75	74	37	36	35	28	27	20	19
76	73	38	33	34	29	26	21	18
77	72	39	32	31	30	25	22	17
78	71	40	41	42	43	24	23	16
79	70	59	58	45	44	13	14	15
80	69	60	57	46	47	12	11	10
81	68	61	56	55	48	7	8	9
66	67	62	53	54	49	6	5	4
65	64	63	52	51	50	1	2	3

::::: Puzzle (192) :::::

27	28	35	36	37	40	41	42	43
26	29	34	33	38	39	2	1	44
25	30	31	32	15	14	3	4	45
24	21	20	17	16	13	6	5	46
23	22	19	18	11	12	7	48	47
64	63	62	61	10	9	8	49	50
65	70	71	60	57	56	53	52	51
66	69	72	59	58	55	54	79	80
67	68	73	74	75	76	77	78	81

::::: Puzzle (193) :::::

57	56	55	54	53	52	51	50	49
58	1	38	39	40	41	44	45	48
59	2	37	36	35	42	43	46	47
60	3	6	7	34	33	32	31	30
61	4	5	8	17	18	19	20	29
62	63	64	9	16	15	14	21	28
81	66	65	10	11	12	13	22	27
80	67	68	69	70	71	72	23	26
79	78	77	76	75	74	73	24	25

::::: Puzzle (194) :::::

9	10	11	12	13	14	15	16	17
8	5	4	1	34	33	32	19	18
7	6	3	2	35	36	31	20	21
44	43	40	39	38	37	30	23	22
45	42	41	54	55	56	29	24	25
46	49	50	53	58	57	28	27	26
47	48	51	52	59	60	61	62	63
78	77	76	75	72	71	70	67	64
79	80	81	74	73	70	69	66	65

::::: Puzzle (195) :::::

23	22	21	20	19	18	3	2	1
24	25	26	27	28	17	4	5	6
35	34	31	30	29	16	11	10	7
36	33	32	81	80	15	12	9	8
37	38	49	50	79	14	13	74	73
40	39	48	51	78	77	76	75	72
41	46	47	52	53	54	69	70	71
42	45	58	57	56	55	68	67	66
43	44	59	60	61	62	63	64	65

::::: Puzzle (196) :::::

27	26	23	22	21	20	3	2	1
28	25	24	81	80	19	4	5	6
29	30	31	32	79	18	13	12	7
36	35	34	33	78	17	14	11	8
37	38	39	76	77	16	15	10	9
42	41	40	75	74	73	72	71	70
43	48	49	58	59	60	61	68	69
44	47	50	57	56	55	62	67	66
45	46	51	52	53	54	63	64	65

::::: Puzzle (197) :::::

47	46	43	42	35	34	21	20	19
48	45	44	41	36	33	22	17	18
49	50	51	40	37	32	23	16	15
54	53	52	39	38	31	24	13	14
55	56	57	58	59	30	25	12	11
68	67	64	63	60	29	26	9	10
69	66	65	62	61	28	27	8	7
70	73	74	81	80	79	4	5	6
71	72	75	76	77	78	3	2	1

::::: Puzzle (198) :::::

55	54	51	50	49	48	47	44	43
56	53	52	67	68	69	46	45	42
57	58	65	66	71	70	81	80	41
60	59	64	73	72	77	78	79	40
61	62	63	74	75	76	37	38	39
30	31	32	33	34	35	36	1	2
29	28	27	26	25	24	9	8	3
18	19	20	21	22	23	10	7	4
17	16	15	14	13	12	11	6	5

::::: Puzzle (199) :::::

71	72	73	74	81	80	79	50	49
70	63	62	75	76	77	78	51	48
69	64	61	60	59	56	55	52	47
68	65	2	1	58	57	54	53	46
67	66	3	4	39	40	41	42	45
8	7	6	5	38	37	36	43	44
9	10	11	12	23	24	35	34	33
16	15	14	13	22	25	28	29	32
17	18	19	20	21	26	27	30	31

::::: Puzzle (200) :::::

65	66	11	10	7	6	3	2	1
64	67	12	9	8	5	4	21	22
63	68	13	14	15	16	19	20	23
62	69	74	75	76	17	18	25	24
61	70	73	78	77	32	31	26	27
60	71	72	79	80	33	30	29	28
59	58	51	50	81	34	35	36	37
56	57	52	49	46	45	42	41	38
55	54	53	48	47	44	43	40	39

Puzzle (201)

73	72	47	46	45	44	43	42	41
74	71	48	49	36	37	38	39	40
75	70	51	50	35	30	29	26	25
76	69	52	53	34	31	28	27	24
77	68	55	54	33	32	21	22	23
78	67	56	57	12	13	20	19	18
79	66	65	58	11	14	15	16	17
80	63	64	59	10	9	8	7	6
81	62	61	60	1	2	3	4	5

Puzzle (202)

81	80	79	78	77	76	37	36	35
70	71	72	73	74	75	38	39	34
69	68	67	66	65	44	43	40	33
60	61	62	63	64	45	42	41	32
59	56	55	52	51	46	47	30	31
58	57	54	53	50	49	48	29	28
13	14	17	18	19	20	21	22	27
12	15	16	7	6	3	2	23	26
11	10	9	8	5	4	1	24	25

Puzzle (203)

75	76	79	80	81	52	51	50	49
74	77	78	55	54	53	46	47	48
73	72	57	56	43	44	45	2	1
70	71	58	59	42	41	40	3	4
69	68	61	60	37	38	39	6	5
66	67	62	35	36	21	20	7	8
65	64	63	34	23	22	19	10	9
30	31	32	33	24	17	18	11	12
29	28	27	26	25	16	15	14	13

Puzzle (204)

75	74	73	70	69	66	65	64	63
76	77	72	71	68	67	58	59	62
81	78	23	24	25	26	57	60	61
80	79	22	29	28	27	56	55	54
19	20	21	30	31	32	51	52	53
18	17	16	15	14	33	50	49	48
5	6	7	12	13	34	45	46	47
4	1	8	11	36	35	44	43	42
3	2	9	10	37	38	39	40	41

Puzzle (205)

45	46	55	56	57	58	59	78	77
44	47	54	53	62	61	60	79	76
43	48	49	52	63	64	65	80	75
42	41	50	51	68	67	66	81	74
39	40	29	28	69	70	71	72	73
38	31	30	27	26	13	12	11	10
37	32	23	24	25	14	7	8	9
36	33	22	19	18	15	6	3	2
35	34	21	20	17	16	5	4	1

Puzzle (206)

15	16	19	20	21	22	23	24	25
14	17	18	1	32	31	30	29	26
13	10	9	2	33	38	39	28	27
12	11	8	3	34	37	40	43	44
69	68	7	4	35	36	41	42	45
70	67	6	5	58	57	48	47	46
71	66	63	62	59	56	49	50	51
72	65	64	61	60	55	54	53	52
73	74	75	76	77	78	79	80	81

Puzzle (207)

1	48	49	54	55	56	81	80	79
2	47	50	53	58	57	76	77	78
3	46	51	52	59	60	75	74	73
4	45	42	41	40	61	64	65	72
5	44	43	38	39	62	63	66	71
6	13	14	37	36	35	34	67	70
7	12	15	30	31	32	33	68	69
8	11	16	29	28	27	26	25	24
9	10	17	18	19	20	21	22	23

Puzzle (208)

17	16	15	8	7	48	49	58	59
18	13	14	9	6	47	50	57	60
19	12	11	10	5	46	51	56	61
20	21	22	3	4	45	52	55	62
25	24	23	2	43	44	53	54	63
26	27	28	1	42	77	78	65	64
31	30	29	40	41	76	79	66	67
32	35	36	39	74	75	80	81	68
33	34	37	38	73	72	71	70	69

Puzzle (209)

27	26	17	16	15	14	7	6	5
28	25	18	19	20	13	8	9	4
29	24	23	22	21	12	11	10	3
30	31	32	33	34	35	36	37	2
47	46	43	42	41	40	39	38	1
48	45	44	53	54	57	58	59	60
49	50	51	52	55	56	67	66	61
74	73	72	71	70	69	68	65	62
75	76	77	78	79	80	81	64	63

Puzzle (210)

55	56	57	58	71	72	73	74	75
54	53	52	59	70	69	68	81	76
47	48	51	60	63	64	67	80	77
46	49	50	61	62	65	66	79	78
45	44	37	36	35	34	33	32	31
42	43	38	21	22	23	26	27	30
41	40	39	20	19	24	25	28	29
14	15	16	17	18	1	2	3	4
13	12	11	10	9	8	7	6	5

Puzzle (211)

75	74	73	72	39	38	5	4	1
76	81	70	71	40	37	6	3	2
77	80	69	42	41	36	7	8	9
78	79	68	43	34	35	14	13	10
65	66	67	44	33	32	15	12	11
64	55	54	45	46	31	16	17	18
63	56	53	52	47	30	21	20	19
62	57	58	51	48	29	22	23	24
61	60	59	50	49	28	27	26	25

Puzzle (212)

81	80	79	78	77	76	75	74	73
46	47	48	49	52	53	70	71	72
45	38	37	50	51	54	69	64	63
44	39	36	35	34	55	68	65	62
43	40	31	32	33	56	67	66	61
42	41	30	21	20	57	58	59	60
27	28	29	22	19	16	15	14	13
26	25	24	23	18	17	8	9	12
1	2	3	4	5	6	7	10	11

Puzzle (213)

55	56	57	60	61	64	65	68	69
54	53	58	59	62	63	66	67	70
51	52	79	78	75	74	73	72	71
50	81	80	77	76	7	8	13	14
49	40	39	2	3	6	9	12	15
48	41	38	1	4	5	10	11	16
47	42	37	36	27	26	25	18	17
46	43	34	35	28	29	24	19	20
45	44	33	32	31	30	23	22	21

Puzzle (214)

7	8	9	10	11	12	21	22	23
6	5	4	1	14	13	20	25	24
61	60	3	2	15	18	19	26	27
62	59	58	57	16	17	30	29	28
63	64	65	56	55	54	31	32	33
68	67	66	51	52	53	42	41	34
69	70	71	50	49	48	43	40	35
74	73	72	81	80	47	44	39	36
75	76	77	78	79	46	45	38	37

Puzzle (215)

67	68	71	72	75	76	79	80	81
66	69	70	73	74	77	78	1	2
65	62	61	60	59	58	57	56	3
64	63	50	51	52	53	54	55	4
35	36	49	48	47	46	45	44	5
34	37	38	39	40	41	42	43	6
33	28	27	22	21	20	19	8	7
32	29	26	23	16	17	18	9	10
31	30	25	24	15	14	13	12	11

Puzzle (216)

23	24	37	38	39	40	41	68	69
22	25	36	35	34	43	42	67	70
21	26	29	30	33	44	65	66	71
20	27	28	31	32	45	64	73	72
19	16	15	48	47	46	63	74	75
18	17	14	49	54	55	62	61	76
11	12	13	50	53	56	59	60	77
10	7	6	51	52	57	58	79	78
9	8	5	4	3	2	1	80	81

Puzzle (217)

81	78	77	76	75	2	3	6	7
80	79	72	73	74	1	4	5	8
69	70	71	36	35	34	25	24	9
68	67	38	37	32	33	26	23	10
65	66	39	40	31	28	27	22	11
64	43	42	41	30	29	20	21	12
63	44	45	46	47	48	19	18	13
62	59	58	55	54	49	50	17	14
61	60	57	56	53	52	51	16	15

Puzzle (218)

3	4	77	78	79	66	65	60	59
2	5	76	81	80	67	64	61	58
1	6	75	70	69	68	63	62	57
8	7	74	71	32	33	54	55	56
9	10	73	72	31	34	53	48	47
12	11	28	29	30	35	52	49	46
13	14	27	26	25	36	51	50	45
16	15	20	21	24	37	40	41	44
17	18	19	22	23	38	39	42	43

Puzzle (219)

81	80	79	76	75	50	49	48	47
68	69	78	77	74	51	52	53	46
67	70	71	72	73	58	57	54	45
66	63	62	61	60	59	56	55	44
65	64	35	36	37	38	39	40	43
16	17	34	33	32	29	28	41	42
15	18	21	22	31	30	27	4	3
14	19	20	23	24	25	26	5	2
13	12	11	10	9	8	7	6	1

Puzzle (220)

45	46	47	48	49	52	53	54	55
44	43	42	41	50	51	58	57	56
19	20	39	40	35	34	59	60	61
18	21	38	37	36	33	32	63	62
17	22	23	24	25	30	31	64	65
16	15	14	1	26	29	68	67	66
11	12	13	2	27	28	69	70	71
10	7	6	3	78	79	80	81	72
9	8	5	4	77	76	75	74	73

::::: Puzzle (221) :::::

1	6	7	8	9	76	77	78	79
2	5	12	11	10	75	74	81	80
3	4	13	14	15	72	73	68	67
22	21	18	17	16	71	70	69	66
23	20	19	40	41	42	55	56	65
24	25	26	39	44	43	54	57	64
29	28	27	38	45	46	53	58	63
30	33	34	37	48	47	52	59	62
31	32	35	36	49	50	51	60	61

::::: Puzzle (222) :::::

7	6	5	4	3	2	71	72	81
8	9	10	11	12	1	70	73	80
17	16	15	14	13	68	69	74	79
18	27	28	31	32	67	66	75	78
19	26	29	30	33	34	65	76	77
20	25	24	37	36	35	64	61	60
21	22	23	38	39	40	63	62	59
46	45	44	43	42	41	54	55	58
47	48	49	50	51	52	53	56	57

::::: Puzzle (223) :::::

5	6	7	22	23	24	25	28	29
4	9	8	21	18	17	26	27	30
3	10	11	20	19	16	37	36	31
2	1	12	13	14	15	38	35	32
69	68	67	66	65	64	39	34	33
70	71	72	61	62	63	40	41	42
77	76	73	60	53	52	51	44	43
78	75	74	59	54	55	50	45	46
79	80	81	58	57	56	49	48	47

::::: Puzzle (224) :::::

79	78	77	32	31	28	27	6	7
80	75	76	33	30	29	26	5	8
81	74	73	34	35	36	25	4	9
70	71	72	39	38	37	24	3	10
69	68	67	40	41	42	23	2	11
64	65	66	51	50	43	22	1	12
63	58	57	52	49	44	21	14	13
62	59	56	53	48	45	20	15	16
61	60	55	54	47	46	19	18	17

::::: Puzzle (225) :::::

51	52	53	62	63	64	77	76	75
50	55	54	61	60	65	78	81	74
49	56	57	58	59	66	79	80	73
48	33	32	25	24	67	68	69	72
47	34	31	26	23	18	17	70	71
46	35	30	27	22	19	16	13	12
45	36	29	28	21	20	15	14	11
44	37	38	39	6	7	8	9	10
43	42	41	40	5	4	3	2	1

::::: Puzzle (226) :::::

27	28	29	66	67	78	79	80	81
26	25	30	65	68	77	76	75	74
23	24	31	64	69	70	71	72	73
22	21	32	63	62	61	60	59	58
19	20	33	34	39	40	55	56	57
18	17	16	35	38	41	54	53	52
13	14	15	36	37	42	43	50	51
12	9	8	5	4	1	44	49	48
11	10	7	6	3	2	45	46	47

::::: Puzzle (227) :::::

61	60	59	50	49	48	47	46	45
62	63	58	51	40	41	42	43	44
65	64	57	52	39	38	37	36	35
66	67	56	53	30	31	32	33	34
69	68	55	54	29	4	5	10	11
70	79	78	27	28	3	6	9	12
71	80	77	26	1	2	7	8	13
72	81	76	25	22	21	18	17	14
73	74	75	24	23	20	19	16	15

::::: Puzzle (228) :::::

71	70	69	50	49	34	33	32	31
72	67	68	51	48	35	28	29	30
73	66	53	52	47	36	27	24	23
74	65	54	55	46	37	26	25	22
75	64	57	56	45	38	19	20	21
76	63	58	43	44	39	18	17	16
77	62	59	42	41	40	13	14	15
78	61	60	1	4	5	12	11	10
79	80	81	2	3	6	7	8	9

::::: Puzzle (229) :::::

43	42	41	40	5	6	7	8	9
44	45	46	39	4	3	2	11	10
49	48	47	38	35	34	1	12	13
50	51	52	37	36	33	16	15	14
55	54	53	78	77	32	17	18	19
56	81	80	79	76	31	28	27	20
57	58	59	74	75	30	29	26	21
62	61	60	73	72	71	70	25	22
63	64	65	66	67	68	69	24	23

::::: Puzzle (230) :::::

73	72	71	70	69	62	61	60	59
74	77	78	67	68	63	56	57	58
75	76	79	66	65	64	55	54	53
12	13	80	47	48	49	50	51	52
11	14	81	46	45	42	41	38	37
10	15	16	17	44	43	40	39	36
9	8	1	18	19	28	29	30	35
6	7	2	21	20	27	26	31	34
5	4	3	22	23	24	25	32	33

::::: Puzzle (231) :::::

81	78	77	76	75	74	71	70	69
80	79	6	5	4	73	72	67	68
9	8	7	2	3	50	51	66	65
10	23	24	1	48	49	52	63	64
11	22	25	26	47	54	53	62	61
12	21	20	27	46	55	56	57	60
13	18	19	28	45	44	43	58	59
14	17	30	29	34	35	42	41	40
15	16	31	32	33	36	37	38	39

::::: Puzzle (232) :::::

71	70	69	68	55	54	53	52	51
72	65	66	67	56	47	48	49	50
73	64	59	58	57	46	45	10	11
74	63	60	41	42	43	44	9	12
75	62	61	40	39	38	7	8	13
76	77	34	35	36	37	6	15	14
79	78	33	32	3	4	5	16	17
80	29	30	31	2	1	22	21	18
81	28	27	26	25	24	23	20	19

::::: Puzzle (233) :::::

81	80	79	78	5	4	3	2	1
74	75	76	77	6	7	8	13	14
73	72	47	46	39	38	9	12	15
70	71	48	45	40	37	10	11	16
69	68	49	44	41	36	27	26	17
66	67	50	43	42	35	28	25	18
65	64	51	52	53	34	29	24	19
62	63	58	57	54	33	30	23	20
61	60	59	56	55	32	31	22	21

::::: Puzzle (234) :::::

9	8	7	6	5	4	3	2	1
10	13	14	15	16	17	18	19	20
11	12	79	80	41	40	39	38	21
76	77	78	81	42	43	36	37	22
75	74	73	46	45	44	35	34	23
70	71	72	47	48	49	32	33	24
69	68	61	60	51	50	31	30	25
66	67	62	59	52	53	54	29	26
65	64	63	58	57	56	55	28	27

::::: Puzzle (235) :::::

45	44	43	42	41	40	39	20	19
46	47	48	49	34	35	38	21	18
53	52	51	50	33	36	37	22	17
54	55	56	57	32	31	24	23	16
67	66	59	58	81	30	25	26	15
68	65	60	61	80	29	28	27	14
69	64	63	62	79	6	7	8	13
70	73	74	77	78	5	4	9	12
71	72	75	76	1	2	3	10	11

::::: Puzzle (236) :::::

47	48	49	50	77	78	79	80	81
46	45	44	51	76	75	72	71	70
41	42	43	52	53	74	73	68	69
40	39	38	37	54	57	58	67	66
33	34	35	36	55	56	59	60	65
32	31	30	29	28	27	26	61	64
3	4	5	22	23	24	25	62	63
2	7	6	21	20	19	18	17	16
1	8	9	10	11	12	13	14	15

::::: Puzzle (237) :::::

29	30	31	32	33	62	63	64	65
28	27	36	35	34	61	68	67	66
25	26	37	58	59	60	69	70	71
24	23	38	57	56	55	54	53	72
21	22	39	40	41	46	47	52	73
20	17	16	15	42	45	48	51	74
19	18	13	14	43	44	49	50	75
10	11	12	5	4	1	78	77	76
9	8	7	6	3	2	79	80	81

::::: Puzzle (238) :::::

43	42	41	40	39	34	33	14	13
44	45	46	47	38	35	32	15	12
71	70	49	48	37	36	31	16	11
72	69	50	51	52	29	30	17	10
73	68	63	62	53	28	27	18	9
74	67	64	61	54	25	26	19	8
75	66	65	60	55	24	23	20	7
76	77	78	59	56	1	22	21	6
81	80	79	58	57	2	3	4	5

::::: Puzzle (239) :::::

59	58	57	56	47	46	45	44	43
60	53	54	55	48	37	38	39	42
61	52	51	50	49	36	35	40	41
62	63	4	5	6	7	34	31	30
65	64	3	10	9	8	33	32	29
66	1	2	11	12	13	20	21	28
67	68	69	72	73	14	19	22	27
80	81	70	71	74	15	18	23	26
79	78	77	76	75	16	17	24	25

::::: Puzzle (240) :::::

67	68	69	70	71	72	73	74	75
66	63	62	59	58	57	56	81	76
65	64	61	60	51	52	55	80	77
32	33	34	49	50	53	54	79	78
31	30	35	48	47	46	45	44	43
28	29	36	37	38	39	40	41	42
27	26	25	24	23	22	21	20	19
10	11	12	13	14	15	16	17	18
9	8	7	6	5	4	3	2	1

Puzzle (241)

35	36	49	50	51	52	59	60	61
34	37	48	47	46	53	58	63	62
33	38	41	42	45	54	57	64	65
32	39	40	43	44	55	56	67	66
31	30	29	28	27	4	3	68	69
22	23	24	25	26	5	2	1	70
21	20	19	18	7	6	73	72	71
14	15	16	17	8	75	74	79	80
13	12	11	10	9	76	77	78	81

Puzzle (242)

21	22	27	28	29	56	57	70	71
20	23	26	31	30	55	58	69	72
19	24	25	32	33	54	59	68	73
18	37	36	35	34	53	60	67	74
17	38	39	46	47	52	61	66	75
16	41	40	45	48	51	62	65	76
15	42	43	44	49	50	63	64	77
14	11	10	1	2	3	4	81	78
13	12	9	8	7	6	5	80	79

Puzzle (243)

81	80	79	78	77	76	7	8	9
70	71	72	73	74	75	6	11	10
69	68	1	2	3	4	5	12	13
66	67	24	23	22	21	20	19	14
65	64	25	28	29	30	31	18	15
62	63	26	27	34	33	32	17	16
61	60	59	58	35	36	37	40	41
54	55	56	57	48	47	38	39	42
53	52	51	50	49	46	45	44	43

Puzzle (244)

3	2	1	12	13	14	15	16	17
4	7	8	11	42	41	40	19	18
5	6	9	10	43	44	39	20	21
50	49	48	47	46	45	38	37	22
51	60	61	66	67	34	35	36	23
52	59	62	65	68	33	32	31	24
53	58	63	64	69	70	81	30	25
54	57	74	73	72	71	80	29	26
55	56	75	76	77	78	79	28	27

Puzzle (245)

73	74	81	80	1	2	3	4	5
72	75	76	79	10	9	8	7	6
71	70	77	78	11	12	13	14	15
68	69	38	37	36	35	34	33	16
67	66	39	40	41	42	43	32	17
64	65	50	49	46	45	44	31	18
63	62	51	48	47	28	29	30	19
60	61	52	53	54	27	24	23	20
59	58	57	56	55	26	25	22	21

Puzzle (246)

5	6	7	8	9	10	11	12	13
4	23	22	21	20	17	16	15	14
3	24	25	26	19	18	53	54	55
2	29	28	27	48	49	52	57	56
1	30	31	46	47	50	51	58	59
34	33	32	45	64	63	62	61	60
35	42	43	44	65	66	67	70	71
36	41	40	81	78	77	68	69	72
37	38	39	80	79	76	75	74	73

Puzzle (247)

65	64	55	54	37	36	17	16	15
66	63	56	53	38	35	18	19	14
67	62	57	52	39	34	21	20	13
68	61	58	51	40	33	22	23	12
69	60	59	50	41	32	31	24	11
70	71	72	49	42	29	30	25	10
77	76	73	48	43	28	27	26	9
78	75	74	47	44	5	6	7	8
79	80	81	46	45	4	3	2	1

Puzzle (248)

59	60	61	62	63	64	65	66	67
58	57	56	55	54	53	52	69	68
45	46	47	48	49	50	51	70	71
44	43	42	41	40	39	38	73	72
31	32	33	34	35	36	37	74	75
30	21	20	17	16	13	12	11	76
29	22	19	18	15	14	9	10	77
28	23	24	5	6	7	8	79	78
27	26	25	4	3	2	1	80	81

Puzzle (249)

45	46	51	52	53	78	79	80	81
44	47	50	55	54	77	76	75	74
43	48	49	56	63	64	67	68	73
42	41	40	57	62	65	66	69	72
35	36	39	58	61	14	13	70	71
34	37	38	59	60	15	12	11	10
33	28	27	18	17	16	7	8	9
32	29	26	19	20	21	6	5	4
31	30	25	24	23	22	1	2	3

Puzzle (250)

69	70	71	72	73	74	77	78	81
68	67	66	65	64	75	76	79	80
15	14	61	62	63	56	55	54	53
16	13	60	59	58	57	50	51	52
17	12	9	8	5	4	49	48	47
18	11	10	7	6	3	2	1	46
19	20	21	22	23	24	43	44	45
30	29	28	27	26	25	42	41	40
31	32	33	34	35	36	37	38	39

Puzzle (251)

41	40	13	12	11	10	9	6	5
42	39	14	15	16	17	8	7	4
43	38	37	36	19	18	1	2	3
44	33	34	35	20	21	22	23	24
45	32	31	30	29	28	27	26	25
46	49	50	53	54	57	58	59	60
47	48	51	52	55	56	63	62	61
70	69	68	67	66	65	64	79	80
71	72	73	74	75	76	77	78	81

Puzzle (252)

15	14	9	8	7	6	79	80	81
16	13	10	1	4	5	78	77	76
17	12	11	2	3	72	73	74	75
18	29	30	33	34	71	70	67	66
19	28	31	32	35	36	69	68	65
20	27	40	39	38	37	62	63	64
21	26	41	42	49	50	61	60	59
22	25	44	43	48	51	54	55	58
23	24	45	46	47	52	53	56	57

Puzzle (253)

61	62	73	74	29	28	21	20	19
60	63	72	75	30	27	22	17	18
59	64	71	76	31	26	23	16	15
58	65	70	77	32	25	24	13	14
57	66	69	78	33	36	37	12	11
56	67	68	79	34	35	38	9	10
55	50	49	80	81	40	39	8	7
54	51	48	45	44	41	4	5	6
53	52	47	46	43	42	3	2	1

Puzzle (254)

49	50	55	56	63	64	65	68	69
48	51	54	57	62	61	66	67	70
47	52	53	58	59	60	79	78	71
46	43	42	39	38	81	80	77	72
45	44	41	40	37	36	35	76	73
16	17	24	25	26	33	34	75	74
15	18	23	22	27	32	31	2	1
14	19	20	21	28	29	30	3	4
13	12	11	10	9	8	7	6	5

Puzzle (255)

61	62	63	64	65	68	69	74	75
60	59	58	57	66	67	70	73	76
53	54	55	56	47	46	71	72	77
52	51	50	49	48	45	44	43	78
23	24	25	26	39	40	41	42	79
22	21	20	27	38	37	36	81	80
15	16	19	28	31	32	35	2	1
14	17	18	29	30	33	34	3	4
13	12	11	10	9	8	7	6	5

Puzzle (256)

53	54	55	56	57	72	73	74	75
52	61	60	59	58	71	70	69	76
51	62	63	64	65	66	67	68	77
50	49	48	35	34	33	32	81	78
45	46	47	36	31	30	29	80	79
44	41	40	37	28	25	24	21	20
43	42	39	38	27	26	23	22	19
8	9	10	11	12	13	14	15	18
7	6	5	4	3	2	1	16	17

Puzzle (257)

23	22	21	14	13	12	11	2	3
24	25	20	15	16	9	10	1	4
27	26	19	18	17	8	7	6	5
28	29	30	31	32	35	36	37	38
69	68	67	66	33	34	41	40	39
70	75	76	65	58	57	42	43	44
71	74	77	64	59	56	55	54	45
72	73	78	63	60	51	52	53	46
81	80	79	62	61	50	49	48	47

Puzzle (258)

65	64	43	42	31	30	29	28	27
66	63	44	41	32	33	24	25	26
67	62	45	40	39	34	23	22	21
68	61	46	47	38	35	18	19	20
69	60	49	48	37	36	17	16	15
70	59	50	51	52	53	12	13	14
71	58	57	56	55	54	11	10	9
72	75	76	77	78	3	4	5	8
73	74	81	80	79	2	1	6	7

Puzzle (259)

51	52	55	56	65	66	73	74	75
50	53	54	57	64	67	72	77	76
49	48	59	58	63	68	71	78	81
46	47	60	61	62	69	70	79	80
45	42	41	40	39	38	37	36	35
44	43	20	21	22	23	24	25	34
11	12	19	18	17	2	1	26	33
10	13	14	15	16	3	28	27	32
9	8	7	6	5	4	29	30	31

Puzzle (260)

9	10	63	64	65	66	67	68	69
8	11	62	61	60	73	72	71	70
7	12	57	58	59	74	75	76	77
6	13	56	53	52	81	80	79	78
5	14	55	54	51	50	49	48	47
4	15	16	39	40	41	42	43	46
3	18	17	38	37	36	35	44	45
2	19	22	23	26	27	34	33	32
1	20	21	24	25	28	29	30	31

(182)

::::: Puzzle (261) :::::

73	72	63	62	55	54	53	46	45
74	71	64	61	56	51	52	47	44
75	70	65	60	57	50	49	48	43
76	69	66	59	58	39	40	41	42
77	68	67	26	27	38	37	36	35
78	23	24	25	28	29	32	33	34
79	22	21	18	17	30	31	12	11
80	81	20	19	16	15	14	13	10
1	2	3	4	5	6	7	8	9

::::: Puzzle (262) :::::

81	2	3	4	5	6	7	8	9
80	1	16	15	14	13	12	11	10
79	78	17	18	19	22	23	24	25
76	77	54	53	20	21	30	29	26
75	74	55	52	51	32	31	28	27
72	73	56	57	50	33	34	37	38
71	70	59	58	49	48	35	36	39
68	69	60	61	62	47	44	43	40
67	66	65	64	63	46	45	42	41

::::: Puzzle (263) :::::

81	72	71	70	59	58	53	52	1
80	73	68	69	60	57	54	51	2
79	74	67	62	61	56	55	50	3
78	75	66	63	46	47	48	49	4
77	76	65	64	45	44	15	14	5
36	37	38	41	42	43	16	13	6
35	34	39	40	23	22	17	12	7
32	33	28	27	24	21	18	11	8
31	30	29	26	25	20	19	10	9

::::: Puzzle (264) :::::

41	40	11	10	9	8	7	4	3
42	39	12	13	14	15	6	5	2
43	38	37	36	35	16	19	20	1
44	47	48	49	34	17	18	21	22
45	46	51	50	33	32	29	28	23
54	53	52	59	60	31	30	27	24
55	56	57	58	61	74	75	26	25
66	65	64	63	62	73	76	81	80
67	68	69	70	71	72	77	78	79

::::: Puzzle (265) :::::

59	58	53	52	47	46	45	42	41
60	57	54	51	48	1	44	43	40
61	56	55	50	49	2	3	4	39
62	63	10	9	8	7	6	5	38
65	64	11	12	13	22	23	24	37
66	67	68	69	14	21	26	25	36
73	72	71	70	15	20	27	34	35
74	75	76	77	16	19	28	33	32
81	80	79	78	17	18	29	30	31

::::: Puzzle (266) :::::

37	36	29	28	27	26	25	24	23
38	35	30	31	18	19	20	21	22
39	34	33	32	17	16	15	14	13
40	41	42	3	4	9	10	11	12
45	44	43	2	5	8	71	72	73
46	47	48	1	6	7	70	75	74
51	50	49	60	61	68	69	76	77
52	55	56	59	62	67	66	81	78
53	54	57	58	63	64	65	80	79

::::: Puzzle (267) :::::

35	36	37	38	39	40	41	42	43
34	1	2	3	78	79	80	81	44
33	12	11	4	77	62	61	46	45
32	13	10	5	76	63	60	47	48
31	14	9	6	75	64	59	58	49
30	15	8	7	74	65	66	57	50
29	16	17	18	73	72	67	56	51
28	25	24	19	20	71	68	55	52
27	26	23	22	21	70	69	54	53

::::: Puzzle (268) :::::

55	56	65	66	67	68	69	4	5
54	57	64	63	72	71	70	3	6
53	58	61	62	73	20	19	2	7
52	59	60	75	74	21	18	1	8
51	80	81	76	23	22	17	10	9
50	79	78	77	24	25	16	11	12
49	30	29	28	27	26	15	14	13
48	31	32	33	34	35	36	37	38
47	46	45	44	43	42	41	40	39

::::: Puzzle (269) :::::

57	56	47	46	45	24	23	22	21
58	55	48	43	44	25	26	27	20
59	54	49	42	41	34	33	28	19
60	53	50	39	40	35	32	29	18
61	52	51	38	37	36	31	30	17
62	69	70	71	2	3	4	5	16
63	68	73	72	1	8	7	6	15
64	67	74	77	78	9	10	11	14
65	66	75	76	79	80	81	12	13

::::: Puzzle (270) :::::

49	50	51	54	55	60	61	66	67
48	47	52	53	56	59	62	65	68
45	46	39	38	57	58	63	64	69
44	41	40	37	36	27	26	71	70
43	42	33	34	35	28	25	72	73
4	5	32	31	30	29	24	81	74
3	6	11	12	17	18	23	80	75
2	7	10	13	16	19	22	79	76
1	8	9	14	15	20	21	78	77

::::: Puzzle (271) :::::

33	32	31	30	27	26	25	24	23
34	39	40	29	28	19	20	21	22
35	38	41	42	17	18	3	4	5
36	37	44	43	16	15	2	7	6
53	52	45	46	47	14	1	8	9
54	51	50	49	48	13	12	11	10
55	56	57	66	67	72	73	74	81
60	59	58	65	68	71	76	75	80
61	62	63	64	69	70	77	78	79

::::: Puzzle (272) :::::

15	16	19	20	21	62	63	64	65
14	17	18	23	22	61	60	67	66
13	12	25	24	45	46	59	68	69
10	11	26	27	44	47	58	57	70
9	30	29	28	43	48	55	56	71
8	31	34	35	42	49	54	53	72
7	32	33	36	41	50	51	52	73
6	5	4	37	40	79	78	77	74
1	2	3	38	39	80	81	76	75

::::: Puzzle (273) :::::

81	80	61	60	59	56	55	50	49
78	79	62	63	58	57	54	51	48
77	68	67	64	39	40	53	52	47
76	69	66	65	38	41	44	45	46
75	70	35	36	37	42	43	8	7
74	71	34	33	32	31	30	9	6
73	72	23	24	27	28	29	10	5
20	21	22	25	26	13	12	11	4
19	18	17	16	15	14	1	2	3

::::: Puzzle (274) :::::

5	6	7	20	21	22	75	76	81
4	1	8	19	24	23	74	77	80
3	2	9	18	25	26	73	78	79
12	11	10	17	28	27	72	71	70
13	14	15	16	29	30	67	68	69
36	35	34	33	32	31	66	65	64
37	42	43	48	49	54	55	56	63
38	41	44	47	50	53	58	57	62
39	40	45	46	51	52	59	60	61

::::: Puzzle (275) :::::

25	26	31	32	33	78	79	80	81
24	27	30	35	34	77	76	73	72
23	28	29	36	37	38	75	74	71
22	1	2	41	40	39	46	47	70
21	20	3	42	43	44	45	48	69
18	19	4	53	52	51	50	49	68
17	16	5	54	55	56	61	62	67
14	15	6	7	8	57	60	63	66
13	12	11	10	9	58	59	64	65

::::: Puzzle (276) :::::

49	48	43	42	1	2	3	6	7
50	47	44	41	38	37	4	5	8
51	46	45	40	39	36	23	22	9
52	81	80	79	78	35	24	21	10
53	74	75	76	77	34	25	20	11
54	73	72	71	70	33	26	19	12
55	56	67	68	69	32	27	18	13
58	57	66	65	64	31	28	17	14
59	60	61	62	63	30	29	16	15

::::: Puzzle (277) :::::

33	34	39	40	43	44	67	68	69
32	35	38	41	42	45	66	65	70
31	36	37	48	47	46	63	64	71
30	29	28	49	54	55	62	61	72
23	24	27	50	53	56	59	60	73
22	25	26	51	52	57	58	75	74
21	20	19	18	17	16	15	76	77
8	9	10	11	12	13	14	79	78
7	6	5	4	3	2	1	80	81

::::: Puzzle (278) :::::

33	32	31	24	23	8	7	6	5
34	29	30	25	22	9	10	11	4
35	28	27	26	21	20	13	12	3
36	37	46	47	48	19	14	15	2
39	38	45	50	49	18	17	16	1
40	43	44	51	52	55	56	77	78
41	42	63	62	53	54	57	76	79
66	65	64	61	60	59	58	75	80
67	68	69	70	71	72	73	74	81

::::: Puzzle (279) :::::

35	36	37	54	55	56	57	58	59
34	33	38	53	52	51	50	61	60
31	32	39	40	41	48	49	62	63
30	27	26	25	42	47	46	65	64
29	28	23	24	43	44	45	66	67
8	9	22	21	20	19	72	71	68
7	10	13	14	17	18	73	70	69
6	11	12	15	16	75	74	79	80
5	4	3	2	1	76	77	78	81

::::: Puzzle (280) :::::

81	56	55	50	49	48	47	2	3
80	57	54	51	44	45	46	1	4
79	58	53	52	43	42	15	14	5
78	59	60	61	40	41	16	13	6
77	64	63	62	39	18	17	12	7
76	65	66	37	38	19	20	11	8
75	68	67	36	31	30	21	10	9
74	69	70	35	32	29	22	23	24
73	72	71	34	33	28	27	26	25

::::: Puzzle (281) :::::

19	20	33	34	35	44	45	46	47
18	21	32	31	36	43	50	49	48
17	22	23	30	37	42	51	52	53
16	25	24	29	38	41	56	55	54
15	26	27	28	39	40	57	74	75
14	13	12	11	60	59	58	73	76
7	8	9	10	61	68	69	72	77
6	5	4	63	62	67	70	71	78
1	2	3	64	65	66	81	80	79

::::: Puzzle (282) :::::

29	28	27	26	25	24	23	22	21
30	3	2	1	8	9	18	19	20
31	4	5	6	7	10	17	16	15
32	35	36	37	38	11	12	13	14
33	34	41	40	39	70	71	72	73
44	43	42	67	68	69	78	77	74
45	46	65	66	81	80	79	76	75
48	47	64	63	62	61	60	59	58
49	50	51	52	53	54	55	56	57

::::: Puzzle (283) :::::

1	24	25	26	27	28	29	30	31
2	23	80	81	36	35	34	33	32
3	22	79	78	37	38	39	40	41
4	21	20	77	66	65	54	53	42
5	18	19	76	67	64	55	52	43
6	17	16	75	68	63	56	51	44
7	14	15	74	69	62	57	50	45
8	13	12	73	70	61	58	49	46
9	10	11	72	71	60	59	48	47

::::: Puzzle (284) :::::

3	2	31	32	35	36	41	42	43
4	1	30	33	34	37	40	45	44
5	6	29	28	27	38	39	46	47
8	7	22	23	26	51	50	49	48
9	10	21	24	25	52	53	54	55
12	11	20	61	60	59	58	57	56
13	18	19	62	63	64	65	66	81
14	17	72	71	70	69	68	67	80
15	16	73	74	75	76	77	78	79

::::: Puzzle (285) :::::

23	22	21	20	19	18	3	2	1
24	25	26	27	28	17	4	5	6
43	42	37	36	29	16	15	8	7
44	41	38	35	30	31	14	9	10
45	40	39	34	33	32	13	12	11
46	47	48	51	52	53	54	55	56
79	80	49	50	65	64	63	62	57
78	81	74	73	66	67	68	61	58
77	76	75	72	71	70	69	60	59

::::: Puzzle (286) :::::

51	52	53	54	55	56	79	80	81
50	49	48	47	46	57	78	77	76
41	42	43	44	45	58	73	74	75
40	39	38	37	36	59	72	71	70
23	24	29	30	35	60	63	64	69
22	25	28	31	34	61	62	65	68
21	26	27	32	33	2	3	66	67
20	17	16	13	12	1	4	5	6
19	18	15	14	11	10	9	8	7

::::: Puzzle (287) :::::

21	22	33	34	35	48	49	54	55
20	23	32	37	36	47	50	53	56
19	24	31	38	45	46	51	52	57
18	25	30	39	44	61	60	59	58
17	26	29	40	43	62	63	66	67
16	27	28	41	42	1	64	65	68
15	14	5	4	3	2	71	70	69
12	13	6	7	74	73	72	79	80
11	10	9	8	75	76	77	78	81

::::: Puzzle (288) :::::

37	38	41	42	59	60	61	66	67
36	39	40	43	58	57	62	65	68
35	34	33	44	45	56	63	64	69
28	29	32	47	46	55	54	53	70
27	30	31	48	49	50	51	52	71
26	19	18	11	10	1	2	73	72
25	20	17	12	9	4	3	74	75
24	21	16	13	8	5	78	77	76
23	22	15	14	7	6	79	80	81

::::: Puzzle (289) :::::

41	42	43	44	61	62	63	64	65
40	39	46	45	60	59	68	67	66
37	38	47	48	57	58	69	70	71
36	35	34	49	56	81	80	73	72
31	32	33	50	55	54	79	74	75
30	27	26	51	52	53	78	77	76
29	28	25	24	13	12	7	6	5
20	21	22	23	14	11	8	3	4
19	18	17	16	15	10	9	2	1

::::: Puzzle (290) :::::

29	30	33	34	73	74	75	76	81
28	31	32	35	72	69	68	77	80
27	26	1	36	71	70	67	78	79
24	25	2	37	38	39	66	63	62
23	4	3	42	41	40	65	64	61
22	5	6	43	44	45	52	53	60
21	20	7	10	11	46	51	54	59
18	19	8	9	12	47	50	55	58
17	16	15	14	13	48	49	56	57

::::: Puzzle (291) :::::

73	74	77	78	79	80	81	46	45
72	75	76	53	52	49	48	47	44
71	58	57	54	51	50	41	42	43
70	59	56	55	4	3	40	39	38
69	60	9	8	5	2	27	28	37
68	61	10	7	6	1	26	29	36
67	62	11	12	13	14	25	30	35
66	63	18	17	16	15	24	31	34
65	64	19	20	21	22	23	32	33

::::: Puzzle (292) :::::

29	28	23	22	15	14	79	78	77
30	27	24	21	16	13	80	75	76
31	26	25	20	17	12	81	74	73
32	33	34	19	18	11	10	9	72
47	46	35	36	5	6	7	8	71
48	45	38	37	4	3	2	69	70
49	44	39	40	57	58	1	68	67
50	43	42	41	56	59	62	63	66
51	52	53	54	55	60	61	64	65

::::: Puzzle (293) :::::

75	74	73	68	67	58	57	56	55
76	77	72	69	66	59	60	53	54
79	78	71	70	65	62	61	52	51
80	81	22	23	64	63	46	47	50
19	20	21	24	25	44	45	48	49
18	3	4	5	26	43	42	41	40
17	2	7	6	27	28	33	34	39
16	1	8	9	10	29	32	35	38
15	14	13	12	11	30	31	36	37

::::: Puzzle (294) :::::

11	10	9	8	7	6	5	28	29
12	13	14	19	20	1	4	27	30
65	64	15	18	21	2	3	26	31
66	63	16	17	22	23	24	25	32
67	62	61	38	37	36	35	34	33
68	59	60	39	40	41	42	43	44
69	58	57	56	55	54	53	46	45
70	73	74	77	78	79	52	47	48
71	72	75	76	81	80	51	50	49

::::: Puzzle (295) :::::

57	56	55	50	49	42	41	34	33
58	59	54	51	48	43	40	35	32
61	60	53	52	47	44	39	36	31
62	65	66	67	46	45	38	37	30
63	64	69	68	79	80	81	28	29
72	71	70	77	78	15	16	27	26
73	74	75	76	13	14	17	18	25
8	9	10	11	12	1	20	19	24
7	6	5	4	3	2	21	22	23

::::: Puzzle (296) :::::

71	70	69	66	65	62	61	58	57
72	73	68	67	64	63	60	59	56
75	74	49	50	51	52	53	54	55
76	77	48	47	46	45	44	43	42
79	78	1	36	37	38	39	40	41
80	81	2	35	34	33	32	31	30
5	4	3	16	17	18	27	28	29
6	9	10	15	14	19	26	25	24
7	8	11	12	13	20	21	22	23

::::: Puzzle (297) :::::

79	78	77	76	75	74	73	72	71
80	63	64	65	66	67	68	69	70
81	62	61	60	59	42	41	40	39
52	53	56	57	58	43	36	37	38
51	54	55	46	45	44	35	34	33
50	49	48	47	24	25	28	29	32
1	8	9	10	23	26	27	30	31
2	7	6	11	22	21	20	19	18
3	4	5	12	13	14	15	16	17

::::: Puzzle (298) :::::

81	78	77	66	65	60	59	54	53
80	79	76	67	64	61	58	55	52
1	74	75	68	63	62	57	56	51
2	73	70	69	42	43	46	47	50
3	72	71	40	41	44	45	48	49
4	11	12	39	38	37	36	35	34
5	10	13	14	21	22	31	32	33
6	9	16	15	20	23	30	29	28
7	8	17	18	19	24	25	26	27

::::: Puzzle (299) :::::

63	62	17	16	15	14	13	12	11
64	61	18	19	20	21	22	9	10
65	60	51	50	39	38	23	8	7
66	59	52	49	40	37	24	25	6
67	58	53	48	41	36	27	26	5
68	57	54	47	42	35	28	29	4
69	56	55	46	43	34	31	30	3
70	73	74	45	44	33	32	1	2
71	72	75	76	77	78	79	80	81

::::: Puzzle (300) :::::

49	50	51	52	53	72	73	8	9
48	45	44	54	55	71	74	7	10
47	46	43	56	57	70	75	6	11
36	37	42	59	58	69	76	5	12
35	38	41	60	67	68	77	4	13
34	39	40	61	66	65	78	3	14
33	28	27	62	63	64	79	2	15
32	29	26	23	22	81	80	1	16
31	30	25	24	21	20	19	18	17

::::: *Puzzle (301)* :::::

41	42	53	54	55	72	73	78	79
40	43	52	57	56	71	74	77	80
39	44	51	58	59	70	75	76	81
38	45	50	49	60	69	68	67	66
37	46	47	48	61	62	63	64	65
36	27	26	23	22	19	18	17	16
35	28	25	24	21	20	11	12	15
34	29	30	7	8	9	10	13	14
33	32	31	6	5	4	3	2	1

::::: *Puzzle (302)* :::::

73	74	75	58	57	56	55	52	51
72	81	76	59	60	61	54	53	50
71	80	77	64	63	62	47	48	49
70	79	78	65	38	39	46	45	44
69	68	67	66	37	40	41	42	43
32	33	34	35	36	15	14	13	12
31	26	25	24	17	16	9	10	11
30	27	22	23	18	7	8	3	2
29	28	21	20	19	6	5	4	1

::::: *Puzzle (303)* :::::

43	42	41	34	33	30	29	26	25
44	45	40	35	32	31	28	27	24
47	46	39	36	19	20	21	22	23
48	49	38	37	18	17	16	15	14
51	50	3	4	7	8	9	10	13
52	1	2	5	6	63	64	11	12
53	56	57	60	61	62	65	66	67
54	55	58	59	76	75	72	71	68
81	80	79	78	77	74	73	70	69

::::: *Puzzle (304)* :::::

37	38	39	80	81	76	75	72	71
36	41	40	79	78	77	74	73	70
35	42	43	44	45	60	61	62	69
34	33	48	47	46	59	58	63	68
31	32	49	50	53	54	57	64	67
30	21	20	51	52	55	56	65	66
29	22	19	18	17	10	9	4	3
28	23	24	15	16	11	8	5	2
27	26	25	14	13	12	7	6	1

::::: *Puzzle (305)* :::::

19	18	17	16	15	14	7	6	5
20	23	24	25	26	13	8	9	4
21	22	31	30	27	12	11	10	3
34	33	32	29	28	41	42	1	2
35	36	37	38	39	40	43	44	45
72	71	70	65	64	49	48	47	46
73	74	69	66	63	50	51	54	55
76	75	68	67	62	61	52	53	56
77	78	79	80	81	60	59	58	57

::::: *Puzzle (306)* :::::

47	48	49	50	51	66	67	14	13
46	55	54	53	52	65	68	15	12
45	56	57	60	61	64	69	16	11
44	43	58	59	62	63	70	17	10
41	42	75	74	73	72	71	18	9
40	39	76	77	78	23	22	19	8
37	38	81	80	79	24	21	20	7
36	33	32	29	28	25	4	5	6
35	34	31	30	27	26	3	2	1

::::: *Puzzle (307)* :::::

7	6	5	4	3	24	25	32	33
8	11	12	13	2	23	26	31	34
9	10	15	14	1	22	27	30	35
68	67	16	17	18	21	28	29	36
69	66	61	60	19	20	39	38	37
70	65	62	59	56	55	40	41	42
71	64	63	58	57	54	53	44	43
72	81	80	79	78	51	52	45	46
73	74	75	76	77	50	49	48	47

::::: *Puzzle (308)* :::::

47	46	41	40	29	28	27	26	25
48	45	42	39	30	21	22	23	24
49	44	43	38	31	20	19	6	5
50	51	36	37	32	17	18	7	4
53	52	35	34	33	16	9	8	3
54	55	56	69	70	15	10	11	2
61	60	57	68	71	14	13	12	1
62	59	58	67	72	81	80	79	78
63	64	65	66	73	74	75	76	77

::::: *Puzzle (309)* :::::

1	4	5	8	9	10	11	12	13
2	3	6	7	72	71	70	69	14
81	78	77	74	73	66	67	68	15
80	79	76	75	64	65	24	23	16
57	58	61	62	63	26	25	22	17
56	59	60	43	42	27	28	21	18
55	50	49	44	41	40	29	20	19
54	51	48	45	38	39	30	31	32
53	52	47	46	37	36	35	34	33

::::: *Puzzle (310)* :::::

5	4	79	78	77	76	75	74	73
6	3	80	81	58	59	62	63	72
7	2	1	56	57	60	61	64	71
8	21	22	55	54	53	52	65	70
9	20	23	48	49	50	51	66	69
10	19	24	47	46	45	44	67	68
11	18	25	26	31	32	43	42	41
12	17	16	27	30	33	36	37	40
13	14	15	28	29	34	35	38	39

::::: *Puzzle (311)* :::::

69	70	71	72	73	74	75	76	77
68	63	62	61	60	59	58	79	78
67	64	53	54	55	56	57	80	81
66	65	52	51	50	25	24	21	20
41	42	45	46	49	26	23	22	19
40	43	44	47	48	27	12	13	18
39	38	31	30	29	28	11	14	17
36	37	32	7	8	9	10	15	16
35	34	33	6	5	4	3	2	1

::::: *Puzzle (312)* :::::

1	2	3	4	5	6	7	8	9
18	17	16	15	14	13	12	11	10
19	22	23	24	55	56	65	66	67
20	21	26	25	54	57	64	69	68
39	38	27	28	53	58	63	70	71
40	37	30	29	52	59	62	73	72
41	36	31	32	51	60	61	74	81
42	35	34	33	50	49	48	75	80
43	44	45	46	47	48	77	78	79

::::: *Puzzle (313)* :::::

71	70	69	68	65	64	57	56	55
72	73	74	67	66	63	58	59	54
33	34	75	76	77	62	61	60	53
32	35	38	39	78	79	80	81	52
31	36	37	40	41	42	47	48	51
30	23	22	21	20	43	46	49	50
29	24	17	18	19	44	45	2	3
28	25	16	13	12	9	8	1	4
27	26	15	14	11	10	7	6	5

::::: *Puzzle (314)* :::::

7	8	9	10	11	12	13	14	15
6	5	22	21	20	19	18	17	16
3	4	23	24	25	56	57	64	65
2	35	34	27	26	55	58	63	66
1	36	33	28	29	54	59	62	67
38	37	32	31	30	53	60	61	68
39	44	45	50	51	52	71	70	69
40	43	46	49	80	79	72	73	74
41	42	47	48	81	78	77	76	75

::::: *Puzzle (315)* :::::

53	52	51	50	37	36	35	30	29
54	55	56	49	38	39	34	31	28
61	60	57	48	41	40	33	32	27
62	59	58	47	42	43	24	25	26
63	66	67	46	45	44	23	16	15
64	65	68	69	70	21	22	17	14
75	74	73	72	71	20	19	18	13
76	77	78	5	6	7	8	9	12
81	80	79	4	3	2	1	10	11

::::: *Puzzle (316)* :::::

7	6	5	4	3	2	1	80	79
8	9	10	23	24	31	32	81	78
13	12	11	22	25	30	33	34	77
14	17	18	21	26	29	36	35	76
15	16	19	20	27	28	37	38	75
46	45	44	43	42	41	40	39	74
47	52	53	54	55	66	67	68	73
48	51	58	57	56	65	64	69	72
49	50	59	60	61	62	63	70	71

::::: *Puzzle (317)* :::::

53	52	35	34	33	32	31	20	19
54	51	36	37	38	29	30	21	18
55	50	41	40	39	28	23	22	17
56	49	42	43	44	27	24	15	16
57	48	47	46	45	26	25	14	13
58	65	66	73	74	9	10	11	12
59	64	67	72	75	8	7	6	5
60	63	68	71	76	77	78	3	4
61	62	69	70	81	80	79	2	1

::::: *Puzzle (318)* :::::

71	72	73	74	75	76	77	78	81
70	69	42	41	40	39	38	79	80
67	68	43	44	45	36	37	2	1
66	55	54	47	46	35	34	3	4
65	56	53	48	29	30	33	6	5
64	57	52	49	28	31	32	7	8
63	58	51	50	27	26	15	14	9
62	59	22	23	24	25	16	13	10
61	60	21	20	19	18	17	12	11

::::: *Puzzle (319)* :::::

17	16	15	14	13	12	11	10	9
18	19	20	1	2	5	6	7	8
29	28	21	22	3	4	63	64	65
30	27	26	23	58	59	62	67	66
31	32	25	24	57	60	61	68	69
34	33	52	53	56	73	72	71	70
35	36	51	54	55	74	75	76	81
38	37	50	49	48	47	46	77	80
39	40	41	42	43	44	45	78	79

::::: *Puzzle (320)* :::::

51	52	53	54	55	56	57	68	69
50	49	48	47	46	59	58	67	70
33	34	39	40	45	60	65	66	71
32	35	38	41	44	61	64	73	72
31	36	37	42	43	62	63	74	75
30	23	22	19	18	17	16	77	76
29	24	21	20	13	14	15	78	79
28	25	10	11	12	5	4	81	80
27	26	9	8	7	6	3	2	1

(185)

Puzzle (321)

63	62	61	58	57	54	53	52	51
64	65	60	59	56	55	48	49	50
67	66	43	44	45	46	47	12	11
68	69	42	35	34	21	20	13	10
71	70	41	36	33	22	19	14	9
72	73	40	37	32	23	18	15	8
75	74	39	38	31	24	17	16	7
76	81	80	29	30	25	2	1	6
77	78	79	28	27	26	3	4	5

Puzzle (322)

67	66	65	62	61	56	55	52	51
68	69	64	63	60	57	54	53	50
71	70	77	78	59	58	47	48	49
72	75	76	79	80	81	46	45	44
73	74	37	38	39	40	41	42	43
22	23	36	35	34	33	32	5	4
21	24	25	26	27	28	31	6	3
20	17	16	13	12	29	30	7	2
19	18	15	14	11	10	9	8	1

Puzzle (323)

73	72	47	46	35	34	33	24	23
74	71	48	45	36	31	32	25	22
75	70	49	44	37	30	29	26	21
76	69	50	43	38	39	28	27	20
77	68	51	42	41	40	1	18	19
78	67	52	53	4	3	2	17	16
79	66	55	54	5	6	7	14	15
80	65	56	57	58	59	8	13	12
81	64	63	62	61	60	9	10	11

Puzzle (324)

21	22	27	28	29	30	31	46	47
20	23	26	35	34	33	32	45	48
19	24	25	36	37	40	41	44	49
18	1	2	81	38	39	42	43	50
17	16	3	80	65	64	63	52	51
14	15	4	79	66	67	62	53	54
13	12	5	78	69	68	61	60	55
10	11	6	77	70	71	72	59	56
9	8	7	76	75	74	73	58	57

Puzzle (325)

65	64	55	54	53	52	51	24	23
66	63	56	57	58	49	50	25	22
67	62	61	60	59	48	27	26	21
68	69	42	43	44	47	28	29	20
71	70	41	40	45	46	31	30	19
72	73	74	39	36	35	32	17	18
81	76	75	38	37	34	33	16	15
80	77	2	1	6	7	10	11	14
79	78	3	4	5	8	9	12	13

Puzzle (326)

65	66	67	68	69	70	71	72	81
64	63	62	61	50	49	48	73	80
15	14	59	60	51	46	47	74	79
16	13	58	57	52	45	44	75	78
17	12	11	56	53	42	43	76	77
18	19	10	55	54	41	40	37	36
21	20	9	8	5	4	39	38	35
22	25	26	7	6	3	2	1	34
23	24	27	28	29	30	31	32	33

Puzzle (327)

19	18	17	16	15	14	13	12	1
20	23	24	25	26	27	28	11	2
21	22	71	72	75	76	29	10	3
68	69	70	73	74	77	30	9	4
67	66	65	64	79	78	31	8	5
60	61	62	63	80	81	32	7	6
59	58	57	56	45	44	33	36	37
52	53	54	55	46	43	34	35	38
51	50	49	48	47	42	41	40	39

Puzzle (328)

9	8	7	6	5	4	3	2	1
10	21	22	25	26	29	30	31	32
11	20	23	24	27	28	37	36	33
12	19	44	43	40	39	38	35	34
13	18	45	42	41	52	53	78	77
14	17	46	49	50	51	54	79	76
15	16	47	48	57	56	55	80	75
62	61	60	59	58	69	70	81	74
63	64	65	66	67	68	71	72	73

Puzzle (329)

47	46	45	44	39	38	35	34	33
48	49	50	43	40	37	36	31	32
79	80	51	42	41	28	29	30	1
78	81	52	53	54	27	22	21	2
77	58	57	56	55	26	23	20	3
76	59	60	61	62	25	24	19	4
75	66	65	64	63	16	17	18	5
74	67	68	69	14	15	10	9	6
73	72	71	70	13	12	11	8	7

Puzzle (330)

37	38	39	50	51	78	77	76	75
36	35	40	49	52	79	80	81	74
33	34	41	48	53	54	69	70	73
32	43	42	47	56	55	68	71	72
31	44	45	46	57	58	67	66	65
30	29	28	27	26	59	60	61	64
7	8	9	10	25	22	21	62	63
6	5	4	11	24	23	20	19	18
1	2	3	12	13	14	15	16	17

Puzzle (331)

5	6	13	14	15	16	23	24	25
4	7	12	11	18	17	22	27	26
3	8	9	10	19	20	21	28	29
2	1	52	51	48	47	44	43	30
77	78	53	50	49	46	45	42	31
76	79	54	55	56	57	40	41	32
75	80	61	60	59	58	39	38	33
74	81	62	63	64	65	66	37	34
73	72	71	70	69	68	67	36	35

Puzzle (332)

67	66	57	56	55	54	53	52	51
68	65	58	59	46	47	48	49	50
69	64	63	60	45	44	43	42	41
70	71	62	61	36	37	38	39	40
73	72	33	34	35	28	27	20	19
74	75	32	31	30	29	26	21	18
81	76	1	2	3	4	25	22	17
80	77	8	7	6	5	24	23	16
79	78	9	10	11	12	13	14	15

Puzzle (333)

79	78	45	44	43	42	5	4	1
80	77	46	47	40	41	6	3	2
81	76	49	48	39	38	7	8	9
74	75	50	51	36	37	16	15	10
73	68	67	52	35	18	17	14	11
72	69	66	53	34	19	20	13	12
71	70	65	54	33	32	21	24	25
62	63	64	55	56	31	22	23	26
61	60	59	58	57	30	29	28	27

Puzzle (334)

55	56	57	58	59	60	61	62	63
54	53	52	49	48	47	66	65	64
27	28	51	50	45	46	67	68	69
26	29	30	43	44	3	4	71	70
25	24	31	42	1	2	5	72	73
22	23	32	41	40	39	6	75	74
21	20	33	36	37	38	7	76	81
18	19	34	35	12	11	8	77	80
17	16	15	14	13	10	9	78	79

Puzzle (335)

81	80	79	78	77	74	73	70	69
42	43	44	45	76	75	72	71	68
41	40	47	46	55	56	61	62	67
38	39	48	49	54	57	60	63	66
37	28	27	50	53	58	59	64	65
36	29	26	51	52	13	12	11	10
35	30	25	24	23	14	1	2	9
34	31	20	21	22	15	4	3	8
33	32	19	18	17	16	5	6	7

Puzzle (336)

81	80	79	78	77	76	75	58	57
68	69	70	71	72	73	74	59	56
67	66	65	64	63	62	61	60	55
2	1	14	15	38	39	40	41	54
3	12	13	16	37	36	43	42	53
4	11	18	17	34	35	44	45	52
5	10	19	20	33	32	31	46	51
6	9	22	21	26	27	30	47	50
7	8	23	24	25	28	29	48	49

Puzzle (337)

81	80	79	78	59	58	7	8	9
74	75	76	77	60	57	6	1	10
73	72	71	62	61	56	5	2	11
68	69	70	63	54	55	4	3	12
67	66	65	64	53	52	51	50	13
36	37	40	41	46	47	48	49	14
35	38	39	42	45	18	17	16	15
34	31	30	43	44	19	20	21	22
33	32	29	28	27	26	25	24	23

Puzzle (338)

17	16	15	14	13	12	7	6	1
18	19	20	21	22	11	8	5	2
29	28	27	26	23	10	9	4	3
30	41	42	25	24	55	56	63	64
31	40	43	48	49	54	57	62	65
32	39	44	47	50	53	58	61	66
33	38	45	46	51	52	59	60	67
34	37	74	73	72	71	70	69	68
35	36	75	76	77	78	79	80	81

Puzzle (339)

57	58	77	76	75	74	73	72	71
56	59	78	81	66	67	68	69	70
55	60	79	80	65	20	21	24	25
54	61	62	63	64	19	22	23	26
53	4	5	6	7	18	31	30	27
52	3	2	1	8	17	32	29	28
51	50	11	10	9	16	33	36	37
48	49	12	13	14	15	34	35	38
47	46	45	44	43	42	41	40	39

Puzzle (340)

27	28	67	66	65	64	61	60	59
26	29	68	69	70	63	62	57	58
25	30	31	32	71	72	73	56	55
24	23	34	33	76	75	74	53	54
21	22	35	36	77	78	79	52	51
20	17	16	37	38	39	80	49	50
19	18	15	14	13	40	81	48	47
8	9	10	11	12	41	42	43	46
7	6	5	4	3	2	1	44	45

::::: Puzzle (341) :::::

61	60	59	58	57	56	55	24	23
62	49	50	51	52	53	54	25	22
63	48	47	40	39	30	29	26	21
64	45	46	41	38	31	28	27	20
65	44	43	42	37	32	33	18	19
66	69	70	71	36	35	34	17	16
67	68	73	72	11	12	13	14	15
80	81	74	75	10	1	2	3	4
79	78	77	76	9	8	7	6	5

::::: Puzzle (342) :::::

71	70	55	54	53	40	39	36	35
72	69	56	57	52	41	38	37	34
73	68	59	58	51	42	31	32	33
74	67	60	61	50	43	30	29	28
75	66	63	62	49	44	25	26	27
76	65	64	81	48	45	24	21	20
77	78	79	80	47	46	23	22	19
6	7	8	9	10	11	14	15	18
5	4	3	2	1	12	13	16	17

::::: Puzzle (343) :::::

11	10	9	56	57	62	63	68	69
12	13	8	55	58	61	64	67	70
15	14	7	54	59	60	65	66	71
16	17	6	53	52	51	80	81	72
19	18	5	4	1	50	79	78	73
20	21	22	3	2	49	48	77	74
27	26	23	44	45	46	47	76	75
28	25	24	43	42	41	40	39	38
29	30	31	32	33	34	35	36	37

::::: Puzzle (344) :::::

81	80	79	4	3	2	39	40	41
76	77	78	5	6	1	38	43	42
75	12	11	10	7	36	37	44	45
74	13	14	9	8	35	48	47	46
73	16	15	32	33	34	49	50	51
72	17	18	31	30	29	60	59	52
71	20	19	24	25	28	61	58	53
70	21	22	23	26	27	62	57	54
69	68	67	66	65	64	63	56	55

::::: Puzzle (345) :::::

9	8	7	6	5	4	3	2	1
10	11	12	21	22	25	26	29	30
15	14	13	20	23	24	27	28	31
16	17	18	19	36	35	34	33	32
51	50	47	46	37	38	39	40	81
52	49	48	45	44	43	42	41	80
53	54	63	64	65	66	73	74	79
56	55	62	61	68	67	72	75	78
57	58	59	60	69	70	71	76	77

::::: Puzzle (346) :::::

69	70	73	74	77	78	79	80	81
68	71	72	75	76	21	20	1	2
67	66	65	64	63	22	19	18	3
58	59	60	61	62	23	16	17	4
57	56	55	36	35	24	15	14	5
52	53	54	37	34	25	26	13	6
51	46	45	38	33	32	27	12	7
50	47	44	39	40	31	28	11	8
49	48	43	42	41	30	29	10	9

::::: Puzzle (347) :::::

69	68	63	62	55	54	49	48	47
70	67	64	61	56	53	50	45	46
71	66	65	60	57	52	51	44	43
72	75	76	59	58	33	34	35	42
73	74	77	26	27	32	31	36	41
4	3	78	25	28	29	30	37	40
5	2	79	24	23	22	21	38	39
6	1	80	81	12	13	20	19	18
7	8	9	10	11	14	15	16	17

::::: Puzzle (348) :::::

53	52	51	46	45	28	27	26	25
54	55	50	47	44	29	22	23	24
57	56	49	48	43	30	21	12	11
58	61	62	41	42	31	20	13	10
59	60	63	40	33	32	19	14	9
66	65	64	39	34	35	18	15	8
67	68	69	38	37	36	17	16	7
72	71	70	77	78	1	2	3	6
73	74	75	76	79	80	81	4	5

::::: Puzzle (349) :::::

23	22	21	14	13	12	5	4	3
24	25	20	15	16	11	6	7	2
27	26	19	18	17	10	9	8	1
28	29	36	37	38	63	64	69	70
31	30	35	40	39	62	65	68	71
32	33	34	41	42	61	66	67	72
51	50	47	46	43	60	75	74	73
52	49	48	45	44	59	76	79	80
53	54	55	56	57	58	77	78	81

::::: Puzzle (350) :::::

81	80	43	42	41	40	39	38	37
78	79	44	45	46	1	34	35	36
77	70	69	68	47	2	33	32	31
76	71	66	67	48	3	28	29	30
75	72	65	50	49	4	27	26	25
74	73	64	51	6	5	22	23	24
61	62	63	52	7	8	21	20	19
60	57	56	53	10	9	14	15	18
59	58	55	54	11	12	13	16	17

::::: Puzzle (351) :::::

75	74	3	4	9	10	11	12	13
76	73	2	5	8	17	16	15	14
77	72	1	6	7	18	19	20	21
78	71	48	47	44	43	26	25	22
79	70	49	46	45	42	27	24	23
80	69	50	51	52	41	28	29	30
81	68	55	54	53	40	39	32	31
66	67	56	57	58	59	38	33	34
65	64	63	62	61	60	37	36	35

::::: Puzzle (352) :::::

41	42	43	44	49	50	51	80	79
40	23	22	45	48	53	52	81	78
39	24	21	46	47	54	55	76	77
38	25	20	19	18	57	56	75	74
37	26	1	16	17	58	59	72	73
36	27	2	15	14	13	60	71	70
35	28	3	4	5	12	61	68	69
34	29	30	7	6	11	62	67	66
33	32	31	8	9	10	63	64	65

::::: Puzzle (353) :::::

39	40	41	48	49	50	51	64	65
38	37	42	47	46	53	52	63	66
35	36	43	44	45	54	61	62	67
34	33	32	31	30	55	60	59	68
17	18	27	28	29	56	57	58	69
16	19	26	25	24	1	72	71	70
15	20	21	22	23	2	73	80	79
14	11	10	7	6	3	74	81	78
13	12	9	8	5	4	75	76	77

::::: Puzzle (354) :::::

67	68	69	70	3	4	5	8	9
66	65	72	71	2	1	6	7	10
63	64	73	74	75	76	77	12	11
62	51	50	49	80	79	78	13	14
61	52	47	48	81	20	19	18	15
60	53	46	39	38	21	22	17	16
59	54	45	40	37	36	23	24	25
58	55	44	41	34	35	30	29	26
57	56	43	42	33	32	31	28	27

::::: Puzzle (355) :::::

77	78	79	80	67	66	65	64	63
76	75	74	81	68	59	60	61	62
3	2	73	70	69	58	57	56	55
4	1	72	71	34	35	42	43	54
5	10	11	32	33	36	41	44	53
6	9	12	31	30	37	40	45	52
7	8	13	28	29	38	39	46	51
16	15	14	27	26	25	24	47	50
17	18	19	20	21	22	23	48	49

::::: Puzzle (356) :::::

13	12	11	10	9	8	7	6	5
14	17	18	21	22	23	24	25	4
15	16	19	20	29	28	27	26	3
60	59	58	57	30	33	34	35	2
61	62	63	56	31	32	37	36	1
66	65	64	55	52	51	38	39	40
67	68	69	54	53	50	49	48	41
72	71	70	77	78	81	46	47	42
73	74	75	76	79	80	45	44	43

::::: Puzzle (357) :::::

69	70	73	74	77	78	9	8	1
68	71	72	75	76	79	10	7	2
67	66	47	46	81	80	11	6	3
64	65	48	45	44	43	12	5	4
63	62	49	40	41	42	13	14	15
60	61	50	39	30	29	26	25	16
59	58	51	38	31	28	27	24	17
56	57	52	37	32	33	22	23	18
55	54	53	36	35	34	21	20	19

::::: Puzzle (358) :::::

31	30	29	6	7	8	9	10	11
32	33	28	5	4	3	2	1	12
35	34	27	26	25	24	23	14	13
36	37	38	41	42	21	22	15	16
67	68	39	40	43	20	19	18	17
66	69	72	73	44	45	46	47	48
65	70	71	74	77	78	79	50	49
64	61	60	75	76	81	80	51	52
63	62	59	58	57	56	55	54	53

::::: Puzzle (359) :::::

77	78	79	80	37	36	25	24	23
76	59	58	81	38	35	26	27	22
75	60	57	56	39	34	29	28	21
74	61	62	55	40	33	30	1	20
73	64	63	54	41	32	31	2	19
72	65	52	53	42	5	4	3	18
71	66	51	50	43	6	7	16	17
70	67	48	49	44	9	8	15	14
69	68	47	46	45	10	11	12	13

::::: Puzzle (360) :::::

21	22	23	24	25	28	29	32	33
20	17	16	15	26	27	30	31	34
19	18	13	14	7	6	37	36	35
66	65	12	9	8	5	38	41	42
67	64	11	10	3	4	39	40	43
68	63	62	61	2	1	46	45	44
69	70	71	60	59	58	47	50	51
74	73	72	79	80	57	48	49	52
75	76	77	78	81	56	55	54	53

(187)

::::: Puzzle (361) :::::

67	66	17	16	15	12	11	8	7
68	65	18	19	14	13	10	9	6
69	64	63	20	21	22	23	4	5
70	61	62	27	26	25	24	3	2
71	60	59	28	29	30	33	34	1
72	81	58	55	54	31	32	35	36
73	80	57	56	53	46	45	44	37
74	79	78	51	52	47	42	43	38
75	76	77	50	49	48	41	40	39

::::: Puzzle (362) :::::

11	12	13	34	35	36	37	46	47
10	9	14	33	32	39	38	45	48
7	8	15	30	31	40	41	44	49
6	5	16	29	28	27	42	43	50
3	4	17	22	23	26	53	52	51
2	1	18	21	24	25	54	55	56
79	78	19	20	69	68	59	58	57
80	77	74	73	70	67	60	61	62
81	76	75	72	71	66	65	64	63

::::: Puzzle (363) :::::

11	10	7	6	3	2	1	36	37
12	9	8	5	4	31	32	35	38
13	14	15	16	17	30	33	34	39
22	21	20	19	18	29	42	41	40
23	24	25	26	27	28	43	44	81
52	51	50	49	48	47	46	45	80
53	54	55	56	57	58	59	60	79
68	67	66	65	64	63	62	61	78
69	70	71	72	73	74	75	76	77

::::: Puzzle (364) :::::

13	12	11	10	7	6	3	2	1
14	23	24	9	8	5	4	37	38
15	22	25	26	29	30	35	36	39
16	21	20	27	28	31	34	41	40
17	18	19	52	51	32	33	42	43
56	55	54	53	50	49	48	47	44
57	58	59	60	61	74	75	46	45
66	65	64	63	62	73	76	77	78
67	68	69	70	71	72	81	80	79

::::: Puzzle (365) :::::

35	36	37	38	39	48	49	50	81
34	19	18	1	40	47	52	51	80
33	20	17	2	41	46	53	78	79
32	21	16	3	42	45	54	77	76
31	22	15	4	43	44	55	74	75
30	23	14	5	6	57	56	73	72
29	24	13	8	7	58	65	66	71
28	25	12	9	60	59	64	67	70
27	26	11	10	61	62	63	68	69

::::: Puzzle (366) :::::

3	4	5	8	9	12	13	16	17
2	1	6	7	10	11	14	15	18
27	26	25	24	23	22	21	20	19
28	29	30	31	46	47	48	59	60
35	34	33	32	45	50	49	58	61
36	39	40	43	44	51	52	57	62
37	38	41	42	79	80	53	56	63
74	75	76	77	78	81	54	55	64
73	72	71	70	69	68	67	66	65

::::: Puzzle (367) :::::

49	50	53	54	79	78	77	76	75
48	51	52	55	80	81	64	65	74
47	44	43	56	59	60	63	66	73
46	45	42	57	58	61	62	67	72
27	28	41	40	39	38	37	68	71
26	29	30	31	34	35	36	69	70
25	24	23	32	33	2	3	4	5
20	21	22	15	14	1	10	9	6
19	18	17	16	13	12	11	8	7

::::: Puzzle (368) :::::

39	40	41	76	77	78	79	80	81
38	43	42	75	74	73	72	71	70
37	44	45	48	49	66	67	68	69
36	35	46	47	50	65	64	63	62
33	34	27	26	51	52	55	56	61
32	29	28	25	24	53	54	57	60
31	30	17	18	23	22	1	58	59
14	15	16	19	20	21	2	3	4
13	12	11	10	9	8	7	6	5

::::: Puzzle (369) :::::

31	32	33	34	41	42	43	74	75
30	29	28	35	40	45	44	73	76
25	26	27	36	39	46	47	72	77
24	23	22	37	38	49	48	71	78
19	20	21	2	1	50	51	70	79
18	17	16	3	54	53	52	69	80
13	14	15	4	55	66	67	68	81
12	9	8	5	56	65	64	63	62
11	10	7	6	57	58	59	60	61

::::: Puzzle (370) :::::

51	50	49	16	15	14	13	12	11
52	47	48	17	18	1	2	3	10
53	46	45	44	19	22	23	4	9
54	41	42	43	20	21	24	5	8
55	40	39	38	37	36	25	6	7
56	63	64	65	34	35	26	27	28
57	62	67	66	33	32	31	30	29
58	61	68	71	72	75	76	77	78
59	60	69	70	73	74	81	80	79

::::: Puzzle (371) :::::

45	44	43	42	41	2	3	6	7
46	47	48	39	40	1	4	5	8
79	80	49	38	37	36	15	14	9
78	81	50	51	34	35	16	13	10
77	76	75	52	33	32	17	12	11
72	73	74	53	54	31	18	19	20
71	70	57	56	55	30	29	22	21
68	69	58	59	60	61	28	23	24
67	66	65	64	63	62	27	26	25

::::: Puzzle (372) :::::

63	62	57	56	55	54	53	10	9
64	61	58	49	50	51	52	11	8
65	60	59	48	47	28	27	12	7
66	67	68	45	46	29	26	13	6
71	70	69	44	43	30	25	14	5
72	81	80	41	42	31	24	15	4
73	78	79	40	33	32	23	16	3
74	77	38	39	34	21	22	17	2
75	76	37	36	35	20	19	18	1

::::: Puzzle (373) :::::

17	18	19	40	41	42	61	62	63
16	21	20	39	38	43	60	65	64
15	22	23	36	37	44	59	66	67
14	13	24	35	34	45	58	69	68
11	12	25	32	33	46	57	70	71
10	27	26	31	48	47	56	73	72
9	28	29	30	49	54	55	74	75
8	5	4	1	50	53	80	81	76
7	6	3	2	51	52	79	78	77

::::: Puzzle (374) :::::

1	10	11	12	13	28	29	30	31
2	9	16	15	14	27	34	33	32
3	8	17	24	25	26	35	36	37
4	7	18	23	42	41	40	39	38
5	6	19	22	43	48	49	50	51
78	79	20	21	44	47	54	53	52
77	80	71	70	45	46	55	58	59
76	81	72	69	66	65	56	57	60
75	74	73	68	67	64	63	62	61

::::: Puzzle (375) :::::

3	4	5	6	7	70	69	68	67
2	11	10	9	8	71	64	65	66
1	12	13	14	73	72	63	54	53
18	17	16	15	74	75	62	55	52
19	24	25	28	29	76	61	56	51
20	23	26	27	30	77	60	57	50
21	22	33	32	31	78	59	58	49
36	35	34	41	42	79	80	81	48
37	38	39	40	43	44	45	46	47

::::: Puzzle (376) :::::

31	30	29	28	25	24	1	2	3
32	37	38	27	26	23	6	5	4
33	36	39	54	55	22	7	8	9
34	35	40	53	56	21	20	11	10
45	44	41	52	57	58	19	12	13
46	43	42	51	60	59	18	17	14
47	48	49	50	61	74	75	16	15
66	65	64	63	62	73	76	77	78
67	68	69	70	71	72	81	80	79

::::: Puzzle (377) :::::

27	28	31	32	61	62	63	64	65
26	29	30	33	60	59	58	67	66
25	24	23	34	35	56	57	68	69
18	19	22	37	36	55	54	71	70
17	20	21	38	39	52	53	72	73
16	15	14	41	40	51	50	81	74
11	12	13	42	45	46	49	80	75
10	7	6	43	44	47	48	79	76
9	8	5	4	3	2	1	78	77

::::: Puzzle (378) :::::

37	36	33	32	29	28	27	26	25
38	35	34	31	30	21	22	23	24
39	44	45	46	47	20	19	4	5
40	43	66	65	48	49	18	3	6
41	42	67	64	51	50	17	2	7
70	69	68	63	52	53	16	1	8
71	72	73	62	61	54	15	14	9
80	79	74	75	60	55	56	13	10
81	78	77	76	59	58	57	12	11

::::: Puzzle (379) :::::

61	60	59	58	57	6	7	8	9
62	63	64	55	56	5	12	11	10
81	66	65	54	3	4	13	16	17
80	67	52	53	2	1	14	15	18
79	68	51	50	39	38	23	22	19
78	69	48	49	40	37	24	21	20
77	70	47	46	41	36	25	26	27
76	71	72	45	42	35	32	31	28
75	74	73	44	43	34	33	30	29

::::: Puzzle (380) :::::

13	14	15	22	23	30	31	34	35
12	11	16	21	24	29	32	33	36
1	10	17	20	25	28	43	42	37
2	9	18	19	26	27	44	41	38
3	8	51	50	47	46	45	40	39
4	7	52	49	48	75	76	77	78
5	6	53	54	73	74	81	80	79
58	57	56	55	72	71	70	69	68
59	60	61	62	63	64	65	66	67

Puzzle (381)

31	30	29	28	27	16	15	14	13
32	33	34	35	26	17	18	11	12
39	38	37	36	25	20	19	10	9
40	41	42	43	24	21	6	7	8
49	48	45	44	23	22	5	4	1
50	47	46	61	62	63	64	3	2
51	52	59	60	81	80	65	66	67
54	53	58	77	78	79	72	71	68
55	56	57	76	75	74	73	70	69

Puzzle (382)

19	18	17	12	11	64	65	66	67
20	21	16	13	10	63	70	69	68
23	22	15	14	9	62	71	72	73
24	1	2	7	8	61	60	59	74
25	26	3	6	45	46	57	58	75
28	27	4	5	44	47	56	55	76
29	30	37	38	43	48	53	54	77
32	31	36	39	42	49	52	81	78
33	34	35	40	41	50	51	80	79

Puzzle (383)

65	66	67	68	69	72	73	74	81
64	49	48	47	70	71	76	75	80
63	50	1	46	45	44	77	78	79
62	51	2	13	14	43	42	41	40
61	52	3	12	15	24	25	38	39
60	53	4	11	16	23	26	37	36
59	54	5	10	17	22	27	34	35
58	55	6	9	18	21	28	33	32
57	56	7	8	19	20	29	30	31

Puzzle (384)

41	42	49	50	51	76	75	74	73
40	43	48	1	52	77	78	79	72
39	44	47	2	53	56	57	80	71
38	45	46	3	54	55	58	81	70
37	28	27	4	5	6	59	60	69
36	29	26	19	18	7	8	61	68
35	30	25	20	17	16	9	62	67
34	31	24	21	14	15	10	63	66
33	32	23	22	13	12	11	64	65

Puzzle (385)

33	32	31	30	29	28	27	26	25
34	35	36	37	38	39	42	43	24
73	74	77	78	79	40	41	44	23
72	75	76	81	80	47	46	45	22
71	70	69	50	49	48	19	20	21
66	67	68	51	52	17	18	1	2
65	60	59	54	53	16	9	8	3
64	61	58	55	14	15	10	7	4
63	62	57	56	13	12	11	6	5

Puzzle (386)

13	12	11	10	7	6	5	4	1
14	15	16	9	8	47	48	3	2
21	20	17	40	41	46	49	50	51
22	19	18	39	42	45	56	55	52
23	32	33	38	43	44	57	54	53
24	31	34	37	60	59	58	65	66
25	30	35	36	61	62	63	64	67
26	29	74	73	72	71	70	69	68
27	28	75	76	77	78	79	80	81

Puzzle (387)

81	80	79	2	3	4	5	8	9
76	77	78	1	46	45	6	7	10
75	60	59	58	47	44	17	16	11
74	61	62	57	48	43	18	15	12
73	64	63	56	49	42	19	14	13
72	65	54	55	50	41	20	21	22
71	66	53	52	51	40	29	28	23
70	67	36	37	38	39	30	27	24
69	68	35	34	33	32	31	26	25

Puzzle (388)

23	24	27	28	29	36	37	42	43
22	25	26	31	30	35	38	41	44
21	20	19	32	33	34	39	40	45
14	15	18	1	54	53	50	49	46
13	16	17	2	55	52	51	48	47
12	5	4	3	56	57	58	59	60
11	6	81	76	75	64	63	62	61
10	7	80	77	74	65	66	67	68
9	8	79	78	73	72	71	70	69

Puzzle (389)

49	48	39	38	37	36	33	32	31
50	47	40	41	42	35	34	29	30
51	46	45	44	43	2	1	28	27
52	53	54	55	56	3	10	11	26
61	60	59	58	57	4	9	12	25
62	81	80	79	78	5	8	13	24
63	68	69	76	77	6	7	14	23
64	67	70	75	74	17	16	15	22
65	66	71	72	73	18	19	20	21

Puzzle (390)

23	22	19	18	11	10	9	6	5
24	21	20	17	12	13	8	7	4
25	26	27	16	15	14	81	80	3
30	29	28	51	52	53	54	79	2
31	36	37	50	59	58	55	78	1
32	35	38	49	60	57	56	77	76
33	34	39	48	61	66	67	74	75
42	41	40	47	62	65	68	73	72
43	44	45	46	63	64	69	70	71

Puzzle (391)

25	24	23	22	21	20	3	4	5
26	27	28	29	30	19	2	1	6
35	34	33	32	31	18	17	16	7
36	37	38	41	42	45	46	15	8
61	60	39	40	43	44	47	14	9
62	59	56	55	52	51	48	13	10
63	58	57	54	53	50	49	12	11
64	67	68	71	72	75	76	79	80
65	66	69	70	73	74	77	78	81

Puzzle (392)

13	14	15	24	25	28	29	32	33
12	11	16	23	26	27	30	31	34
9	10	17	22	39	38	37	36	35
8	7	18	21	40	43	44	45	46
5	6	19	20	41	42	51	50	47
4	3	2	1	66	65	52	49	48
77	78	79	68	67	64	53	54	55
76	81	80	69	70	63	60	59	56
75	74	73	72	71	62	61	58	57

Puzzle (393)

59	60	61	62	63	64	65	66	67
58	55	54	51	50	81	78	77	68
57	56	53	52	49	80	79	76	69
32	33	34	35	48	47	46	75	70
31	30	29	36	39	40	45	74	71
26	27	28	37	38	41	44	73	72
25	20	19	18	17	42	43	6	5
24	21	14	15	16	9	8	7	4
23	22	13	12	11	10	1	2	3

Puzzle (394)

35	34	33	28	27	22	21	16	15
36	37	32	29	26	23	20	17	14
39	38	31	30	25	24	19	18	13
40	43	44	3	2	1	8	9	12
41	42	45	4	5	6	7	10	11
48	47	46	61	62	69	70	81	80
49	50	59	60	63	68	71	78	79
52	51	58	57	64	67	72	77	76
53	54	55	56	65	66	73	74	75

Puzzle (395)

75	74	71	70	69	60	59	58	57
76	73	72	67	68	61	54	55	56
77	78	79	66	65	62	53	50	49
8	9	80	81	64	63	52	51	48
7	10	11	42	43	44	45	46	47
6	13	12	41	40	37	36	35	34
5	14	15	16	39	38	31	32	33
4	3	18	17	22	23	30	29	28
1	2	19	20	21	24	25	26	27

Puzzle (396)

65	64	63	58	57	56	55	34	33
66	67	62	59	52	53	54	35	32
69	68	61	60	51	48	47	36	31
70	71	72	73	50	49	46	37	30
5	6	75	74	81	44	45	38	29
4	7	76	77	80	43	40	39	28
3	8	9	78	79	42	41	26	27
2	11	10	15	16	19	20	25	24
1	12	13	14	17	18	21	22	23

Puzzle (397)

33	32	15	14	11	10	7	6	1
34	31	16	13	12	9	8	5	2
35	30	17	18	19	20	21	4	3
36	29	28	27	26	25	22	79	80
37	38	39	40	41	24	23	78	81
54	53	50	49	42	43	44	77	76
55	52	51	48	47	46	45	74	75
56	59	60	63	64	67	68	73	72
57	58	61	62	65	66	69	70	71

Puzzle (398)

71	72	73	74	75	36	35	34	33
70	69	68	67	76	37	38	39	32
55	56	65	66	77	78	81	40	31
54	57	64	63	62	79	80	41	30
53	58	59	60	61	44	43	42	29
52	51	50	49	48	45	26	27	28
3	4	9	10	47	46	25	24	23
2	5	8	11	14	15	18	19	22
1	6	7	12	13	16	17	20	21

Puzzle (399)

23	22	1	2	3	4	5	6	7
24	21	20	13	12	11	10	9	8
25	18	19	14	51	52	53	70	71
26	17	16	15	50	55	54	69	72
27	32	33	48	49	56	57	68	73
28	31	34	47	60	59	58	67	74
29	30	35	46	61	62	63	66	75
38	37	36	45	44	81	64	65	76
39	40	41	42	43	80	79	78	77

Puzzle (400)

11	10	7	6	5	4	79	78	77
12	9	8	1	2	3	80	81	76
13	14	41	42	43	52	53	74	75
16	15	40	39	44	51	54	73	72
17	18	37	38	45	50	55	56	71
20	19	36	35	46	49	58	57	70
21	22	33	34	47	48	59	60	69
24	23	32	31	30	63	62	61	68
25	26	27	28	29	64	65	66	67

Puzzle (401)

81	10	11	12	13	16	17	20	21
80	9	4	3	14	15	18	19	22
79	8	5	2	27	26	25	24	23
78	7	6	1	28	29	30	31	32
77	76	53	52	51	46	45	34	33
74	75	54	55	50	47	44	35	36
73	68	67	56	49	48	43	42	37
72	69	66	57	58	59	60	41	38
71	70	65	64	63	62	61	40	39

Puzzle (402)

69	68	9	8	7	6	5	4	3
70	67	10	11	12	13	22	23	2
71	66	55	54	15	14	21	24	1
72	65	56	53	16	19	20	25	26
73	64	57	52	17	18	31	30	27
74	63	58	51	46	45	32	29	28
75	62	59	50	47	44	33	36	37
76	61	60	49	48	43	34	35	38
77	78	79	80	81	42	41	40	39

Puzzle (403)

7	8	9	16	17	18	19	28	29
6	11	10	15	22	21	20	27	30
5	12	13	14	23	24	25	26	31
4	3	2	1	38	37	36	35	32
71	72	73	74	39	42	43	34	33
70	77	76	75	40	41	44	45	46
69	78	79	80	55	54	53	52	47
68	65	64	81	56	57	58	51	48
67	66	63	62	61	60	59	50	49

Puzzle (404)

43	42	29	28	27	26	25	16	15
44	41	30	31	32	23	24	17	14
45	40	37	36	33	22	19	18	13
46	39	38	35	34	21	20	11	12
47	48	49	50	51	52	81	10	9
58	57	56	55	54	53	80	1	8
59	64	65	70	71	72	79	2	7
60	63	66	69	74	73	78	3	6
61	62	67	68	75	76	77	4	5

Puzzle (405)

19	18	17	80	79	78	77	74	73
20	21	16	81	66	67	76	75	72
23	22	15	64	65	68	69	70	71
24	13	14	63	62	59	58	57	56
25	12	1	2	61	60	49	50	55
26	11	4	3	44	45	48	51	54
27	10	5	6	43	46	47	52	53
28	9	8	7	42	41	40	39	38
29	30	31	32	33	34	35	36	37

Puzzle (406)

79	78	75	74	21	20	19	18	17
80	77	76	73	22	23	24	15	16
81	70	71	72	27	26	25	14	13
68	69	46	45	28	29	30	11	12
67	66	47	44	43	42	31	10	1
64	65	48	49	50	41	32	9	2
63	62	61	52	51	40	33	8	3
58	59	60	53	38	39	34	7	4
57	56	55	54	37	36	35	6	5

Puzzle (407)

43	42	41	40	39	2	1	6	7
44	45	46	47	38	3	4	5	8
81	66	65	48	37	36	15	14	9
80	67	64	49	50	35	16	13	10
79	68	63	62	51	34	17	12	11
78	69	60	61	52	33	18	19	20
77	70	59	58	53	32	27	26	21
76	71	72	57	54	31	28	25	22
75	74	73	56	55	30	29	24	23

Puzzle (408)

35	34	29	28	27	26	7	8	9
36	33	30	23	24	25	6	5	10
37	32	31	22	21	2	3	4	11
38	39	40	41	20	1	16	15	12
75	76	43	42	19	18	17	14	13
74	77	44	45	46	47	48	57	58
73	78	79	80	51	50	49	56	59
72	69	68	81	52	53	54	55	60
71	70	67	66	65	64	63	62	61

Puzzle (409)

59	58	57	56	31	30	29	24	23
60	63	64	55	32	33	28	25	22
61	62	65	54	35	34	27	26	21
74	73	66	53	36	37	18	19	20
75	72	67	52	39	38	17	10	9
76	71	68	51	40	41	16	11	8
77	70	69	50	43	42	15	12	7
78	81	48	49	44	1	14	13	6
79	80	47	46	45	2	3	4	5

Puzzle (410)

69	70	71	72	73	74	75	76	81
68	67	66	65	64	63	62	77	80
15	14	11	10	5	4	61	78	79
16	13	12	9	6	3	60	55	54
17	18	19	8	7	2	59	56	53
22	21	20	31	32	1	58	57	52
23	28	29	30	33	44	45	46	51
24	27	36	35	34	43	42	47	50
25	26	37	38	39	40	41	48	49

Puzzle (411)

67	66	65	38	37	32	31	22	21
68	69	64	39	36	33	30	23	20
71	70	63	40	35	34	29	24	19
72	61	62	41	42	43	28	25	18
73	60	59	46	45	44	27	26	17
74	57	58	47	48	1	2	15	16
75	56	55	54	49	4	3	14	13
76	77	78	53	50	5	8	9	12
81	80	79	52	51	6	7	10	11

Puzzle (412)

39	40	45	46	79	80	81	74	73
38	41	44	47	78	77	76	75	72
37	42	43	48	49	52	53	70	71
36	35	6	7	50	51	54	69	68
33	34	5	8	9	10	55	66	67
32	3	4	15	14	11	56	65	64
31	2	17	16	13	12	57	58	63
30	1	18	19	20	21	22	59	62
29	28	27	26	25	24	23	60	61

Puzzle (413)

23	24	25	26	81	80	79	76	75
22	1	2	27	38	39	78	77	74
21	4	3	28	37	40	71	72	73
20	5	6	29	36	41	70	69	68
19	8	7	30	35	42	57	58	67
18	9	10	31	34	43	56	59	66
17	12	11	32	33	44	55	60	65
16	13	48	47	46	45	54	61	64
15	14	49	50	51	52	53	62	63

Puzzle (414)

7	6	5	42	43	46	47	50	51
8	3	4	41	44	45	48	49	52
9	2	1	40	39	38	57	56	53
10	11	32	33	34	37	58	55	54
13	12	31	30	35	36	59	60	61
14	21	22	29	66	65	64	63	62
15	20	23	28	67	68	69	70	71
16	19	24	27	76	75	74	73	72
17	18	25	26	77	78	79	80	81

Puzzle (415)

21	20	19	8	7	78	79	80	81
22	17	18	9	6	77	76	75	74
23	16	15	10	5	70	71	72	73
24	25	14	11	4	69	68	67	66
27	26	13	12	3	62	63	64	65
28	35	36	1	2	61	60	59	58
29	34	37	38	47	48	49	50	57
30	33	40	39	46	45	52	51	56
31	32	41	42	43	44	53	54	55

Puzzle (416)

15	16	17	18	19	20	21	22	23
14	13	12	7	6	5	26	25	24
63	62	11	8	1	4	27	30	31
64	61	10	9	2	3	28	29	32
65	60	59	58	53	52	35	34	33
66	67	68	57	54	51	36	37	38
81	80	69	56	55	50	41	40	39
78	79	70	71	72	49	42	43	44
77	76	75	74	73	48	47	46	45

Puzzle (417)

3	2	1	54	55	56	59	60	81
4	11	12	53	52	57	58	61	80
5	10	13	14	51	50	63	62	79
6	9	16	15	48	49	64	65	78
7	8	17	18	47	46	67	66	77
22	21	20	19	44	45	68	69	76
23	24	31	32	43	42	41	70	75
26	25	30	33	34	37	40	71	74
27	28	29	34	35	38	39	72	73

Puzzle (418)

37	38	41	42	77	76	75	64	63
36	39	40	43	78	73	74	65	62
35	34	45	44	79	72	67	66	61
32	33	46	47	80	71	68	59	60
31	30	29	48	81	70	69	58	57
26	27	28	49	50	51	52	53	56
25	20	19	18	17	8	7	54	55
24	21	14	15	16	9	6	5	4
23	22	13	12	11	10	1	2	3

Puzzle (419)

75	74	73	72	71	64	63	62	61
76	77	14	15	70	65	66	59	60
79	78	13	16	69	68	67	58	57
80	81	12	17	32	33	54	55	56
9	10	11	18	31	34	53	50	49
8	21	20	19	30	35	52	51	48
7	22	23	24	29	36	37	38	47
6	5	4	25	28	41	40	39	46
1	2	3	26	27	42	43	44	45

Puzzle (420)

77	78	55	54	53	10	11	14	15
76	79	56	57	52	9	12	13	16
75	80	81	58	51	8	19	18	17
74	61	60	59	50	7	20	21	22
73	62	47	48	49	6	25	24	23
72	63	46	43	42	5	26	27	28
71	64	45	44	41	4	3	30	29
70	65	66	39	40	1	2	31	32
69	68	67	38	37	36	35	34	33

::::: Puzzle (421) :::::

11	10	9	8	7	6	5	4	3
12	15	16	19	20	21	22	23	2
13	14	17	18	27	26	25	24	1
64	63	58	57	28	29	34	35	36
65	62	59	56	55	30	33	38	37
66	61	60	53	54	31	32	39	40
67	68	69	52	49	48	45	44	41
72	71	70	51	50	47	46	43	42
73	74	75	76	77	78	79	80	81

::::: Puzzle (422) :::::

25	24	23	22	21	20	19	14	13
26	27	28	29	30	31	18	15	12
51	50	49	34	33	32	17	16	11
52	53	48	35	36	37	38	9	10
55	54	47	46	43	42	39	8	7
56	57	58	45	44	41	40	5	6
67	66	59	60	61	76	77	4	3
68	65	64	63	62	75	78	81	2
69	70	71	72	73	74	79	80	1

::::: Puzzle (423) :::::

81	78	77	76	3	2	15	16	17
80	79	74	75	4	1	14	13	18
69	70	73	6	5	10	11	12	19
68	71	72	7	8	9	52	51	20
67	66	59	58	55	54	53	50	21
64	65	60	57	56	47	48	49	22
63	62	61	38	39	46	45	44	23
34	35	36	37	40	41	42	43	24
33	32	31	30	29	28	27	26	25

::::: Puzzle (424) :::::

35	34	33	26	25	20	19	16	15
36	31	32	27	24	21	18	17	14
37	30	29	28	23	22	11	12	13
38	1	4	5	8	9	10	53	54
39	2	3	6	7	50	51	52	55
40	43	44	47	48	49	58	57	56
41	42	45	46	61	60	59	66	67
80	79	76	75	62	63	64	65	68
81	78	77	74	73	72	71	70	69

::::: Puzzle (425) :::::

55	56	57	58	61	62	69	70	71
54	53	52	59	60	63	68	67	72
11	12	51	50	49	64	65	66	73
10	13	14	15	48	47	46	45	74
9	18	17	16	35	36	37	44	75
8	19	24	25	34	33	38	43	76
7	20	23	26	27	32	39	42	77
6	21	22	1	28	31	40	41	78
5	4	3	2	29	30	81	80	79

::::: Puzzle (426) :::::

73	74	81	80	79	42	41	40	39
72	75	76	77	78	43	2	1	38
71	70	69	46	45	44	3	4	37
66	67	68	47	8	7	6	5	36
65	64	49	48	9	10	25	26	35
62	63	50	13	12	11	24	27	34
61	52	51	14	15	16	23	28	33
60	53	54	55	18	17	22	29	32
59	58	57	56	19	20	21	30	31

::::: Puzzle (427) :::::

73	74	75	76	77	48	47	42	41
72	71	80	79	78	49	46	43	40
69	70	81	52	51	50	45	44	39
68	61	60	53	54	3	2	1	38
67	62	59	56	55	4	35	36	37
66	63	58	57	6	5	34	33	32
65	64	9	8	7	24	25	26	31
12	11	10	17	18	23	22	27	30
13	14	15	16	19	20	21	28	29

::::: Puzzle (428) :::::

81	76	75	68	67	66	65	46	45
80	77	74	69	62	63	64	47	44
79	78	73	70	61	60	49	48	43
22	23	72	71	58	59	50	51	42
21	24	25	26	57	56	55	52	41
20	13	12	27	28	29	54	53	40
19	14	11	10	9	30	31	38	39
18	15	6	7	8	1	32	37	36
17	16	5	4	3	2	33	34	35

::::: Puzzle (429) :::::

7	8	9	22	23	32	33	34	35
6	11	10	21	24	31	38	37	36
5	12	13	20	25	30	39	40	41
4	15	14	19	26	29	44	43	42
3	16	17	18	27	28	45	46	47
2	1	54	53	52	51	50	49	48
79	80	55	56	57	58	59	60	61
78	81	74	73	70	69	66	65	62
77	76	75	72	71	68	67	64	63

::::: Puzzle (430) :::::

1	24	25	30	31	32	79	80	81
2	23	26	29	34	33	78	77	76
3	22	27	28	35	54	55	74	75
4	21	20	37	36	53	56	73	72
5	18	19	38	39	52	57	70	71
6	17	16	41	40	51	58	69	68
7	14	15	42	43	50	59	60	67
8	13	12	45	44	49	62	61	66
9	10	11	46	47	48	63	64	65

::::: Puzzle (431) :::::

53	54	81	80	79	78	77	76	75
52	55	60	61	70	71	72	73	74
51	56	59	62	69	68	67	12	11
50	57	58	63	64	65	66	13	10
49	38	37	32	31	16	15	14	9
48	39	36	33	30	17	18	7	8
47	40	35	34	29	28	19	6	5
46	41	42	25	26	27	20	1	4
45	44	43	24	23	22	21	2	3

::::: Puzzle (432) :::::

75	74	71	70	69	62	61	60	59
76	73	72	67	68	63	56	57	58
77	80	81	66	65	64	55	54	53
78	79	12	13	36	37	50	51	52
1	10	11	14	35	38	49	48	47
2	9	16	15	34	39	42	43	46
3	8	17	18	33	40	41	44	45
4	7	20	19	32	31	30	29	28
5	6	21	22	23	24	25	26	27

::::: Puzzle (433) :::::

19	20	45	46	53	54	55	58	59
18	21	44	47	52	51	56	57	60
17	22	43	48	49	50	63	62	61
16	23	42	41	40	39	64	67	68
15	24	29	30	37	38	65	66	69
14	25	28	31	36	35	72	71	70
13	26	27	32	33	34	73	74	75
12	9	8	1	2	3	78	77	76
11	10	7	6	5	4	79	80	81

::::: Puzzle (434) :::::

41	40	39	38	37	36	35	30	29
42	45	46	49	50	1	34	31	28
43	44	47	48	51	2	33	32	27
66	65	54	53	52	3	4	5	26
67	64	55	56	57	8	7	6	25
68	63	62	61	58	9	16	17	24
69	74	75	60	59	10	15	18	23
70	73	76	77	78	11	14	19	22
71	72	81	80	79	12	13	20	21

::::: Puzzle (435) :::::

81	72	71	68	67	44	43	36	35
80	73	70	69	66	45	42	37	34
79	74	63	64	65	46	41	38	33
78	75	62	61	60	47	40	39	32
77	76	57	58	59	48	29	30	31
8	7	56	55	54	49	28	27	26
9	6	5	4	53	50	19	20	25
10	1	2	3	52	51	18	21	24
11	12	13	14	15	16	17	22	23

::::: Puzzle (436) :::::

3	2	81	80	79	74	73	70	69
4	1	14	15	78	75	72	71	68
5	12	13	16	77	76	65	66	67
6	11	18	17	56	57	64	63	62
7	10	19	20	55	58	59	60	61
8	9	22	21	54	53	52	51	50
25	24	23	34	35	40	41	48	49
26	29	30	33	36	39	42	47	46
27	28	31	32	37	38	43	44	45

::::: Puzzle (437) :::::

53	52	51	46	45	42	41	14	13
54	55	50	47	44	43	40	15	12
57	56	49	48	35	36	39	16	11
58	69	70	71	34	37	38	17	10
59	68	81	72	33	24	23	18	9
60	67	80	73	32	25	22	19	8
61	66	79	74	31	26	21	20	7
62	65	78	75	30	27	4	5	6
63	64	77	76	29	28	3	2	1

::::: Puzzle (438) :::::

65	64	59	58	5	6	13	14	15
66	63	60	57	4	7	12	11	16
67	62	61	56	3	8	9	10	17
68	69	54	55	2	1	34	33	18
71	70	53	52	37	36	35	32	19
72	73	50	51	38	39	30	31	20
81	74	49	48	47	40	29	22	21
80	75	76	45	46	41	28	23	24
79	78	77	44	43	42	27	26	25

::::: Puzzle (439) :::::

47	48	49	50	51	54	55	58	59
46	45	80	81	52	53	56	57	60
43	44	79	76	75	68	67	66	61
42	41	78	77	74	69	70	65	62
39	40	7	8	73	72	71	64	63
38	37	6	9	10	11	12	13	14
35	36	5	4	27	26	21	20	15
34	1	2	3	28	25	22	19	16
33	32	31	30	29	24	23	18	17

::::: Puzzle (440) :::::

75	74	73	72	71	56	55	54	53
76	67	68	69	70	57	50	51	52
77	66	65	62	61	58	49	48	47
78	81	64	63	60	59	42	43	46
79	80	17	18	19	40	41	44	45
2	1	16	15	20	39	38	37	36
3	12	13	14	21	32	33	34	35
4	11	10	9	22	31	30	29	28
5	6	7	8	23	24	25	26	27

73	72	65	64	63	60	59	58	57
74	71	66	67	62	61	54	55	56
75	70	69	68	49	50	53	10	9
76	45	46	47	48	51	52	11	8
77	44	43	42	27	26	13	12	7
78	81	40	41	28	25	14	15	6
79	80	39	30	29	24	17	16	5
36	37	38	31	22	23	18	1	4
35	34	33	32	21	20	19	2	3

63	62	61	54	53	46	45	44	43
64	59	60	55	52	47	48	81	42
65	58	57	56	51	50	49	80	41
66	69	70	73	74	77	78	79	40
67	68	71	72	75	76	33	34	39
26	27	28	29	30	31	32	35	38
25	24	23	22	3	2	1	36	37
18	19	20	21	4	5	6	7	8
17	16	15	14	13	12	11	10	9

7	8	13	14	21	22	23	24	25
6	9	12	15	20	19	28	27	26
5	10	11	16	17	18	29	32	33
4	3	2	1	52	51	30	31	34
81	56	55	54	53	50	49	48	35
80	57	58	59	62	63	46	47	36
79	74	73	60	61	64	45	38	37
78	75	72	69	68	65	44	39	40
77	76	71	70	67	66	43	42	41

13	14	31	32	61	62	63	66	67
12	15	30	33	60	59	64	65	68
11	16	29	34	35	58	57	70	69
10	17	28	27	36	55	56	71	72
9	18	25	26	37	54	53	74	73
8	19	24	39	38	51	52	75	76
7	20	23	40	41	50	49	48	77
6	21	22	1	42	45	46	47	78
5	4	3	2	43	44	81	80	79

53	54	55	56	59	60	61	62	63
52	51	50	57	58	81	80	65	64
31	32	49	48	47	78	79	66	67
30	33	42	43	46	77	74	73	68
29	34	41	44	45	76	75	72	69
28	35	40	19	18	13	12	71	70
27	36	39	20	17	14	11	8	7
26	37	38	21	16	15	10	9	6
25	24	23	22	1	2	3	4	5

61	62	63	76	77	78	79	10	9
60	65	64	75	74	81	80	11	8
59	66	69	70	73	14	13	12	7
58	67	68	71	72	15	16	5	6
57	56	43	42	33	32	17	4	1
54	55	44	41	34	31	18	3	2
53	52	45	40	35	30	19	20	21
50	51	46	39	36	29	26	25	22
49	48	47	38	37	28	27	24	23

53	52	51	6	7	8	9	10	11
54	55	50	5	4	3	2	1	12
57	56	49	48	47	18	17	16	13
58	59	60	61	46	19	20	15	14
79	80	63	62	45	44	21	22	23
78	81	64	65	42	43	26	25	24
77	76	67	66	41	28	27	32	33
74	75	68	69	40	29	30	31	34
73	72	71	70	39	38	37	36	35

67	66	63	62	61	58	57	54	53
68	65	64	81	60	59	56	55	52
69	70	79	80	1	10	11	12	51
72	71	78	3	2	9	8	13	50
73	76	77	4	5	6	7	14	49
74	75	22	21	18	17	16	15	48
25	24	23	20	19	38	39	40	47
26	29	30	33	34	37	41	42	46
27	28	31	32	35	36	43	44	45

45	46	51	52	53	70	71	72	73
44	47	50	55	54	69	68	67	74
43	48	49	56	57	58	65	66	75
42	41	28	27	60	59	64	77	76
39	40	29	26	61	62	63	78	79
38	31	30	25	24	11	10	81	80
37	32	21	22	23	12	9	2	3
36	33	20	17	16	13	8	1	4
35	34	19	18	15	14	7	6	5

75	76	77	78	79	80	81	16	17
74	73	6	5	4	1	14	15	18
71	72	7	8	3	2	13	20	19
70	69	68	9	10	11	12	21	22
65	66	67	36	35	34	29	28	23
64	57	56	37	38	33	30	27	24
63	58	55	40	39	32	31	26	25
62	59	54	41	42	43	44	45	46
61	60	53	52	51	50	49	48	47

55	54	53	52	51	16	17	22	23
56	57	58	49	50	15	18	21	24
61	60	59	48	13	14	19	20	25
62	63	64	47	12	11	10	27	26
73	72	65	46	45	8	9	28	29
74	71	66	43	44	7	6	5	30
75	70	67	42	39	38	3	4	31
76	69	68	41	40	37	2	1	32
77	78	79	80	81	36	35	34	33

7	8	9	10	19	20	21	22	23
6	13	12	11	18	31	30	29	24
5	14	15	16	17	32	33	28	25
4	3	38	37	36	35	34	27	26
1	2	39	40	41	42	43	44	45
80	79	58	57	54	53	50	49	46
81	78	59	56	55	52	51	48	47
76	77	60	61	62	63	64	65	66
75	74	73	72	71	70	69	68	67

81	80	27	26	25	24	23	22	21
78	79	28	29	30	31	32	33	20
77	44	43	40	39	36	35	34	19
76	45	42	41	38	37	16	17	18
75	46	47	52	53	54	15	14	1
74	73	48	51	56	55	12	13	2
71	72	49	50	57	58	11	10	3
70	67	66	63	62	59	8	9	4
69	68	65	64	61	60	7	6	5

45	44	43	38	37	24	23	22	21
46	47	42	39	36	25	26	19	20
49	48	41	40	35	28	27	18	17
50	51	52	33	34	29	14	15	16
55	54	53	32	31	30	13	12	11
56	57	58	71	72	81	80	9	10
61	60	59	70	73	78	79	8	7
62	65	66	69	74	77	4	5	6
63	64	67	68	75	76	3	2	1

35	36	39	40	75	74	67	66	65
34	37	38	41	76	73	68	69	64
33	32	43	42	77	72	71	70	63
30	31	44	45	78	79	80	81	62
29	28	27	46	51	52	57	58	61
22	23	26	47	50	53	56	59	60
21	24	25	48	49	54	55	4	5
20	17	16	13	12	1	2	3	6
19	18	15	14	11	10	9	8	7

79	80	81	48	47	46	45	44	43
78	61	60	49	36	37	38	39	42
77	62	59	50	35	34	33	40	41
76	63	58	51	30	31	32	17	16
75	64	57	52	29	28	19	18	15
74	65	56	53	26	27	20	21	14
73	66	55	54	25	24	23	22	13
72	67	68	5	4	3	2	1	12
71	70	69	6	7	8	9	10	11

15	16	17	18	19	22	23	26	27
14	11	10	9	20	21	24	25	28
13	12	7	8	1	2	31	30	29
78	79	6	5	4	3	32	33	34
77	80	61	60	59	48	47	46	35
76	81	62	63	58	49	44	45	36
75	74	65	64	57	50	43	42	37
72	73	66	67	56	51	52	41	38
71	70	69	68	55	54	53	40	39

31	32	33	34	35	36	37	40	41
30	27	26	25	24	1	38	39	42
29	28	21	22	23	2	3	44	43
76	75	20	19	18	17	4	45	46
77	74	73	14	15	16	5	6	47
78	71	72	13	12	9	8	7	48
79	70	65	64	11	10	51	50	49
80	69	66	63	60	59	52	53	54
81	68	67	62	61	58	57	56	55

59	58	57	56	47	46	39	38	37
60	53	54	55	48	45	40	41	36
61	52	51	50	49	44	43	42	35
62	81	80	79	78	31	32	33	34
63	64	71	72	77	30	3	4	5
66	65	70	73	76	29	2	7	6
67	68	69	74	75	28	1	8	9
22	23	24	25	26	27	14	13	10
21	20	19	18	17	16	15	12	11

5	4	3	2	1	16	17	18	19
6	7	8	11	12	15	22	21	20
65	66	9	10	13	14	23	24	25
64	67	70	71	72	73	28	27	26
63	68	69	76	75	74	29	32	33
62	79	78	77	40	39	30	31	34
61	80	55	54	41	38	37	36	35
60	81	56	53	42	43	44	45	46
59	58	57	52	51	50	49	48	47

::::: Puzzle (461) :::::

13	12	11	8	7	62	63	64	65
14	15	10	9	6	61	60	67	66
17	16	1	2	5	58	59	68	69
18	19	20	3	4	57	56	55	70
27	26	21	22	51	52	53	54	71
28	25	24	23	50	49	48	73	72
29	30	31	40	41	46	47	74	75
34	33	32	39	42	45	80	81	76
35	36	37	38	43	44	79	78	77

::::: Puzzle (462) :::::

75	74	73	72	67	66	57	56	55
76	81	80	71	68	65	58	53	54
77	78	79	70	69	64	59	52	51
10	11	12	13	14	63	60	49	50
9	18	17	16	15	62	61	48	47
8	19	20	21	22	23	44	45	46
7	2	1	26	25	24	43	42	41
6	3	28	27	32	33	36	37	40
5	4	29	30	31	34	35	38	39

::::: Puzzle (463) :::::

7	6	3	2	1	74	75	76	81
8	5	4	13	14	73	72	77	80
9	10	11	12	15	70	71	78	79
20	19	18	17	16	69	68	67	66
21	22	35	36	37	38	63	64	65
24	23	34	41	40	39	62	61	60
25	32	33	42	47	48	53	54	59
26	31	30	43	46	49	52	55	58
27	28	29	44	45	50	51	56	57

::::: Puzzle (464) :::::

39	40	41	42	53	54	55	58	59
38	37	44	43	52	51	56	57	60
35	36	45	46	49	50	63	62	61
34	23	22	47	48	1	64	81	80
33	24	21	4	3	2	65	78	79
32	25	20	5	6	7	66	77	76
31	26	19	14	13	8	67	74	75
30	27	18	15	12	9	68	73	72
29	28	17	16	11	10	69	70	71

::::: Puzzle (465) :::::

59	58	57	56	55	52	51	48	47
60	61	62	63	54	53	50	49	46
79	80	81	64	65	66	67	44	45
78	75	74	71	70	69	68	43	42
77	76	73	72	21	22	39	40	41
12	13	14	15	20	23	38	37	36
11	10	9	16	19	24	33	34	35
6	7	8	17	18	25	32	31	30
5	4	3	2	1	26	27	28	29

::::: Puzzle (466) :::::

75	74	53	52	51	50	49	22	21
76	73	54	55	46	47	48	23	20
77	72	57	56	45	42	41	24	19
78	71	58	59	44	43	40	25	18
79	70	69	60	61	38	39	26	17
80	67	68	63	62	37	36	27	16
81	66	65	64	33	34	35	28	15
2	1	6	7	32	31	30	29	14
3	4	5	8	9	10	11	12	13

::::: Puzzle (467) :::::

31	30	29	28	27	26	25	22	21
32	33	34	35	36	37	24	23	20
75	76	43	42	41	38	17	18	19
74	77	44	45	40	39	16	15	14
73	78	47	46	1	2	3	4	13
72	79	48	49	50	51	52	5	12
71	80	65	64	55	54	53	6	11
70	81	66	63	56	57	58	7	10
69	68	67	62	61	60	59	8	9

::::: Puzzle (468) :::::

55	54	49	48	47	4	5	6	7
56	53	50	45	46	3	2	1	8
57	52	51	44	43	42	41	40	9
58	81	78	77	34	35	36	39	10
59	80	79	76	33	32	37	38	11
60	61	74	75	30	31	14	13	12
63	62	73	72	29	28	15	16	17
64	67	68	71	26	27	22	21	18
65	66	69	70	25	24	23	20	19

::::: Puzzle (469) :::::

43	42	41	40	39	38	21	20	19
44	45	46	47	36	37	22	23	18
61	60	49	48	35	34	25	24	17
62	59	50	51	52	33	26	27	16
63	58	55	54	53	32	31	28	15
64	57	56	7	8	9	30	29	14
65	66	1	6	5	10	11	12	13
68	67	2	3	4	75	76	81	80
69	70	71	72	73	74	77	78	79

::::: Puzzle (470) :::::

53	54	55	56	57	60	61	62	63
52	77	76	75	58	59	68	67	64
51	78	81	74	73	72	69	66	65
50	79	80	39	38	71	70	13	12
49	48	41	40	37	16	15	14	11
46	47	42	35	36	17	18	19	10
45	44	43	34	23	22	21	20	9
30	31	32	33	24	1	4	5	8
29	28	27	26	25	2	3	6	7

::::: Puzzle (471) :::::

5	6	11	12	13	14	15	16	17
4	7	10	23	22	21	20	19	18
3	8	9	24	25	26	27	28	29
2	1	54	53	52	35	34	33	30
57	56	55	50	51	36	37	32	31
58	65	66	49	46	45	38	39	40
59	64	67	48	47	44	43	42	41
60	63	68	69	70	71	72	73	74
61	62	81	80	79	78	77	76	75

::::: Puzzle (472) :::::

67	66	41	40	39	34	33	30	29
68	65	42	43	38	35	32	31	28
69	64	45	44	37	36	25	26	27
70	63	46	47	48	23	24	19	18
71	62	59	58	49	22	21	20	17
72	61	60	57	50	1	12	13	16
73	78	79	56	51	2	11	14	15
74	77	80	55	52	3	10	9	8
75	76	81	54	53	4	5	6	7

::::: Puzzle (473) :::::

81	80	79	78	77	76	75	72	71
50	51	56	57	62	63	74	73	70
49	52	55	58	61	64	67	68	69
48	53	54	59	60	65	66	25	24
47	36	35	34	33	32	31	26	23
46	37	38	5	4	3	30	27	22
45	40	39	6	7	2	29	28	21
44	41	10	9	8	1	16	17	20
43	42	11	12	13	14	15	18	19

::::: Puzzle (474) :::::

51	50	47	46	45	44	27	26	25
52	49	48	41	42	43	28	23	24
53	54	55	40	39	30	29	22	21
58	57	56	37	38	31	32	19	20
59	60	81	36	35	34	33	18	17
62	61	80	79	78	13	14	15	16
63	64	65	66	77	12	11	4	3
70	69	68	67	76	9	10	5	2
71	72	73	74	75	8	7	6	1

::::: Puzzle (475) :::::

11	10	9	8	7	6	5	4	1
12	15	16	17	18	19	20	3	2
13	14	27	26	23	22	21	58	59
30	29	28	25	24	55	56	57	60
31	32	33	34	53	54	65	64	61
38	37	36	35	52	51	66	63	62
39	40	47	48	49	50	67	78	79
42	41	46	71	70	69	68	77	80
43	44	45	72	73	74	75	76	81

::::: Puzzle (476) :::::

77	78	79	6	7	10	11	14	15
76	81	80	5	8	9	12	13	16
75	74	3	4	21	20	19	18	17
72	73	2	1	22	23	24	25	26
71	62	61	44	43	40	39	38	27
70	63	60	45	42	41	36	37	28
69	64	59	46	47	48	35	34	29
68	65	58	55	54	49	50	33	30
67	66	57	56	53	52	51	32	31

::::: Puzzle (477) :::::

65	66	69	70	71	72	73	74	81
64	67	68	55	54	53	52	75	80
63	60	59	56	49	50	51	76	79
62	61	58	57	48	47	46	77	78
33	34	35	36	37	38	45	44	43
32	29	28	15	14	39	40	41	42
31	30	27	16	13	12	11	4	3
24	25	26	17	18	9	10	5	2
23	22	21	20	19	8	7	6	1

::::: Puzzle (478) :::::

9	8	7	6	73	72	71	70	69
10	3	4	5	74	65	66	67	68
11	2	77	76	75	64	63	62	61
12	1	78	79	56	57	58	59	60
13	14	15	80	55	50	49	48	47
18	17	16	81	54	51	44	45	46
19	20	27	28	53	52	43	42	41
22	21	26	29	32	33	36	37	40
23	24	25	30	31	34	35	38	39

::::: Puzzle (479) :::::

81	80	59	58	57	56	55	52	51
78	79	60	1	44	45	54	53	50
77	62	61	2	43	46	47	48	49
76	63	4	3	42	41	40	39	38
75	64	5	6	11	12	33	34	37
74	65	66	7	10	13	32	35	36
73	68	67	8	9	14	31	30	29
72	69	18	17	16	15	24	25	28
71	70	19	20	21	22	23	26	27

::::: Puzzle (480) :::::

37	36	35	34	33	28	27	26	1
38	39	80	79	32	29	24	25	2
41	40	81	78	31	30	23	4	3
42	57	58	77	76	75	22	5	6
43	56	59	64	65	74	21	8	7
44	55	60	63	66	73	20	9	10
45	54	61	62	67	72	19	12	11
46	53	52	51	68	71	18	13	14
47	48	49	50	69	70	17	16	15

Puzzle (481)

7	6	3	2	63	64	65	68	69
8	5	4	1	62	61	66	67	70
9	10	11	58	59	60	73	72	71
14	13	12	57	56	55	74	77	78
15	16	17	18	19	54	75	76	79
24	23	22	21	20	53	52	51	80
25	26	27	28	29	42	43	50	81
34	33	32	31	30	41	44	49	48
35	36	37	38	39	40	45	46	47

Puzzle (482)

81	48	47	46	1	2	3	4	5
80	49	50	45	38	37	36	35	6
79	52	51	44	39	32	33	34	7
78	53	54	43	40	31	16	15	8
77	56	55	42	41	30	17	14	9
76	57	58	59	60	29	18	13	10
75	74	67	66	61	28	19	12	11
72	73	68	65	62	27	20	21	22
71	70	69	64	63	26	25	24	23

Puzzle (483)

55	54	53	52	21	20	19	14	13
56	49	50	51	22	23	18	15	12
57	48	41	40	25	24	17	16	11
58	47	42	39	26	27	6	7	10
59	46	43	38	29	28	5	8	9
60	45	44	37	30	3	4	77	78
61	62	35	36	31	2	1	76	79
64	63	34	33	32	71	72	75	80
65	66	67	68	69	70	73	74	81

Puzzle (484)

41	40	31	30	29	28	27	26	25
42	39	32	1	20	21	22	23	24
43	38	33	2	19	16	15	12	11
44	37	34	3	18	17	14	13	10
45	36	35	4	5	6	7	8	9
46	47	48	49	52	53	54	55	56
81	76	75	50	51	60	59	58	57
80	77	74	71	70	61	62	63	64
79	78	73	72	69	68	67	66	65

Puzzle (485)

15	16	17	18	39	40	41	66	67
14	13	20	19	38	43	42	65	68
11	12	21	36	37	44	63	64	69
10	9	22	35	46	45	62	71	70
7	8	23	34	47	60	61	72	73
6	5	24	33	48	59	58	75	74
3	4	25	32	49	50	57	76	77
2	27	26	31	52	51	56	81	78
1	28	29	30	53	54	55	80	79

Puzzle (486)

69	68	67	66	65	2	3	6	7
70	71	72	81	64	1	4	5	8
75	74	73	80	63	62	11	10	9
76	77	78	79	60	61	12	13	14
51	52	55	56	59	30	29	28	15
50	53	54	57	58	31	26	27	16
49	48	41	40	39	32	25	24	17
46	47	42	37	38	33	22	23	18
45	44	43	36	35	34	21	20	19

Puzzle (487)

65	64	63	62	61	60	59	16	15
66	67	54	55	56	57	58	17	14
69	68	53	52	33	32	19	18	13
70	71	50	51	34	31	20	21	12
73	72	49	36	35	30	29	22	11
74	75	48	37	38	27	28	23	10
77	76	47	40	39	26	25	24	9
78	81	46	41	42	5	6	7	8
79	80	45	44	43	4	3	2	1

Puzzle (488)

67	66	65	64	63	60	59	58	57
68	81	80	79	62	61	52	53	56
69	72	73	78	77	50	51	54	55
70	71	74	75	76	49	48	45	44
17	18	19	20	25	26	47	46	43
16	13	12	21	24	27	40	41	42
15	14	11	22	23	28	39	38	37
2	1	10	9	8	29	32	33	36
3	4	5	6	7	30	31	34	35

Puzzle (489)

59	58	57	56	55	54	53	52	51
60	1	4	5	44	45	48	49	50
61	2	3	6	43	46	47	38	37
62	63	64	7	42	41	40	39	36
81	66	65	8	9	32	33	34	35
80	67	68	69	10	31	30	29	28
79	78	71	70	11	20	21	22	27
76	77	72	13	12	19	18	23	26
75	74	73	14	15	16	17	24	25

Puzzle (490)

73	72	7	8	9	10	27	28	29
74	71	6	13	12	11	26	31	30
75	70	5	14	15	16	25	32	33
76	69	4	19	18	17	24	35	34
77	68	3	20	21	22	23	36	37
78	67	2	45	44	43	40	39	38
79	66	1	46	47	42	41	52	53
80	65	62	61	48	49	50	51	54
81	64	63	60	59	58	57	56	55

Puzzle (491)

21	20	15	14	69	68	67	54	53
22	19	16	13	70	71	66	55	52
23	18	17	12	73	72	65	56	51
24	25	26	11	74	75	64	57	50
29	28	27	10	9	76	63	58	49
30	1	2	7	8	77	62	59	48
31	32	3	6	81	78	61	60	47
34	33	4	5	80	79	42	43	46
35	36	37	38	39	40	41	44	45

Puzzle (492)

57	58	59	60	61	62	81	80	79
56	55	54	45	44	63	76	77	78
51	52	53	46	43	64	75	74	73
50	49	48	47	42	65	68	69	72
7	8	9	40	41	66	67	70	71
6	11	10	39	38	37	32	31	30
5	12	13	14	15	36	33	28	29
4	3	18	17	16	35	34	27	26
1	2	19	20	21	22	23	24	25

Puzzle (493)

75	76	59	58	57	40	39	38	37
74	77	60	55	56	41	34	35	36
73	78	61	54	43	42	33	30	29
72	79	62	53	44	45	32	31	28
71	80	63	52	51	46	47	26	27
70	81	64	65	50	49	48	25	24
69	68	67	66	3	2	21	22	23
8	7	6	5	4	1	20	19	18
9	10	11	12	13	14	15	16	17

Puzzle (494)

37	36	35	34	25	24	19	18	17
38	39	40	33	26	23	20	15	16
43	42	41	32	27	22	21	14	13
44	45	46	31	28	9	10	11	12
49	48	47	30	29	8	7	64	65
50	51	52	1	4	5	6	63	66
79	78	53	2	3	58	59	62	67
80	77	54	55	56	57	60	61	68
81	76	75	74	73	72	71	70	69

Puzzle (495)

39	38	37	36	35	34	33	32	31
40	41	42	43	44	3	2	29	30
49	48	47	46	45	4	1	28	27
50	51	52	53	54	5	22	23	26
61	60	57	56	55	6	21	24	25
62	59	58	69	70	7	20	19	18
63	64	65	68	71	8	9	16	17
80	79	66	67	72	73	10	15	14
81	78	77	76	75	74	11	12	13

Puzzle (496)

3	4	7	8	9	10	11	12	13
2	5	6	81	18	17	16	15	14
1	78	79	80	19	20	21	24	25
76	77	62	61	60	59	22	23	26
75	74	63	56	57	58	29	28	27
72	73	64	55	44	43	30	31	32
71	66	65	54	45	42	41	34	33
70	67	52	53	46	47	40	35	36
69	68	51	50	49	48	39	38	37

Puzzle (497)

51	50	49	48	47	30	29	24	23
52	53	54	45	46	31	28	25	22
57	56	55	44	43	32	27	26	21
58	59	60	41	42	33	18	19	20
65	64	61	40	35	34	17	16	15
66	63	62	39	36	11	12	13	14
67	72	73	38	37	10	9	8	7
68	71	74	77	78	79	2	3	6
69	70	75	76	81	80	1	4	5

Puzzle (498)

69	70	71	74	75	78	79	48	47
68	67	72	73	76	77	80	49	46
1	66	63	62	61	60	81	50	45
2	65	64	57	58	59	52	51	44
3	4	5	56	55	54	53	42	43
8	7	6	21	22	29	30	41	40
9	10	11	20	23	28	31	38	39
14	13	12	19	24	27	32	37	36
15	16	17	18	25	26	33	34	35

Puzzle (499)

5	4	1	26	27	28	29	32	33
6	3	2	25	80	81	30	31	34
7	22	23	24	79	78	45	44	35
8	21	20	75	76	77	46	43	36
9	18	19	74	51	50	47	42	37
10	17	72	73	52	49	48	41	38
11	16	71	70	53	54	55	40	39
12	15	68	69	64	63	56	57	58
13	14	67	66	65	62	61	60	59

Puzzle (500)

61	62	63	64	65	66	67	70	71
60	59	58	57	56	55	68	69	72
19	20	51	52	53	54	43	42	73
18	21	50	49	48	45	44	41	74
17	22	29	30	47	46	39	40	75
16	23	28	31	36	37	38	77	76
15	24	27	32	35	6	5	78	81
14	25	26	33	34	7	4	79	80
13	12	11	10	9	8	3	2	1

::::: Puzzle (501) :::::

57	58	67	68	69	70	79	80	81
56	59	66	65	64	71	78	77	76
55	60	61	62	63	72	73	74	75
54	53	52	37	36	35	34	33	32
49	50	51	38	27	28	29	30	31
48	41	40	39	26	25	24	1	2
47	42	19	20	21	22	23	4	3
46	43	18	15	14	11	10	5	6
45	44	17	16	13	12	9	8	7

::::: Puzzle (502) :::::

77	78	79	80	55	54	53	48	47
76	69	68	81	56	57	52	49	46
75	70	67	62	61	58	51	50	45
74	71	66	63	60	59	42	43	44
73	72	65	64	33	34	41	40	39
28	29	30	31	32	35	36	37	38
27	26	19	18	17	16	15	14	13
24	25	20	5	6	7	8	9	12
23	22	21	4	3	2	1	10	11

::::: Puzzle (503) :::::

17	18	19	20	21	22	25	26	27
16	11	10	7	6	23	24	29	28
15	12	9	8	5	2	1	30	31
14	13	78	79	4	3	38	37	32
75	76	77	80	41	40	39	36	33
74	71	70	81	42	45	46	35	34
73	72	69	68	43	44	47	48	49
64	65	66	67	58	57	54	53	50
63	62	61	60	59	56	55	52	51

::::: Puzzle (504) :::::

53	52	39	38	37	28	27	26	25
54	51	40	41	36	29	22	23	24
55	50	43	42	35	30	21	20	19
56	49	44	45	34	31	16	17	18
57	48	47	46	33	32	15	10	9
58	59	72	73	74	75	14	11	8
61	60	71	70	69	76	13	12	7
62	65	66	67	68	77	2	3	6
63	64	81	80	79	78	1	4	5

::::: Puzzle (505) :::::

77	76	75	68	67	62	61	56	55
78	73	74	69	66	63	60	57	54
79	72	71	70	65	64	59	58	53
80	81	46	47	48	49	50	51	52
43	44	45	34	33	32	31	30	29
42	37	36	35	16	17	20	21	28
41	38	13	14	15	18	19	22	27
40	39	12	11	10	9	8	23	26
1	2	3	4	5	6	7	24	25

::::: Puzzle (506) :::::

67	66	39	38	37	36	35	34	33
68	65	40	41	42	43	24	25	32
69	64	63	46	45	44	23	26	31
70	71	62	47	48	21	22	27	30
73	72	61	50	49	20	19	28	29
74	75	60	51	52	17	18	3	4
77	76	59	54	53	16	1	2	5
78	79	58	55	14	15	10	9	6
81	80	57	56	13	12	11	8	7

::::: Puzzle (507) :::::

11	12	13	20	21	22	37	38	39
10	15	14	19	24	23	36	35	40
9	16	17	18	25	26	33	34	41
8	7	6	5	28	27	32	43	42
75	74	3	4	29	30	31	44	45
76	73	2	1	62	61	54	53	46
77	72	71	64	63	60	55	52	47
78	79	70	65	66	59	56	51	48
81	80	69	68	67	58	57	50	49

::::: Puzzle (508) :::::

67	66	63	62	51	50	49	46	45
68	65	64	61	52	53	48	47	44
69	70	59	60	55	54	39	40	43
72	71	58	57	56	37	38	41	42
73	78	79	80	81	36	35	32	31
74	77	2	1	16	17	34	33	30
75	76	3	14	15	18	27	28	29
6	5	4	13	12	19	26	25	24
7	8	9	10	11	20	21	22	23

::::: Puzzle (509) :::::

81	80	79	78	77	76	73	72	71
54	55	56	57	58	75	74	69	70
53	52	51	50	59	62	63	68	67
46	47	48	49	60	61	64	65	66
45	44	43	42	41	22	21	14	13
36	37	38	39	40	23	20	15	12
35	32	31	28	27	24	19	16	11
34	33	30	29	26	25	18	17	10
1	2	3	4	5	6	7	8	9

::::: Puzzle (510) :::::

35	36	37	38	39	50	51	60	61
34	43	42	41	40	49	52	59	62
33	44	45	46	47	48	53	58	63
32	27	26	25	24	23	54	57	64
31	28	19	20	21	22	55	56	65
30	29	18	17	16	77	78	79	66
7	8	9	10	15	76	81	80	67
6	5	4	11	14	75	72	71	68
1	2	3	12	13	74	73	70	69

::::: Puzzle (511) :::::

79	80	81	74	73	72	71	70	69
78	77	76	3	2	1	60	61	68
9	8	7	6	3	58	59	62	67
10	11	12	5	4	57	56	63	66
15	14	13	52	53	54	55	64	65
16	17	18	51	50	43	42	37	36
23	22	19	48	49	44	41	38	35
24	21	20	47	46	45	40	39	34
25	26	27	28	29	30	31	32	33

::::: Puzzle (512) :::::

81	80	79	78	77	76	75	74	73
2	1	66	67	68	69	70	71	72
3	4	65	62	61	58	57	56	55
6	5	64	63	60	59	50	51	54
7	8	9	44	45	46	49	52	53
12	11	10	43	42	47	48	35	34
13	14	15	16	41	40	39	36	33
20	19	18	17	26	27	38	37	32
21	22	23	24	25	28	29	30	31

::::: Puzzle (513) :::::

35	36	39	40	41	78	79	80	81
34	37	38	43	42	77	76	75	74
33	32	31	44	45	46	67	68	73
28	29	30	19	18	47	66	69	72
27	24	23	20	17	48	65	70	71
26	25	22	21	16	49	64	59	58
7	8	11	12	15	50	63	60	57
6	9	10	13	14	51	62	61	56
5	4	3	2	1	52	53	54	55

::::: Puzzle (514) :::::

71	72	77	78	79	14	15	16	17
70	73	76	81	80	13	20	19	18
69	74	75	10	11	12	21	24	25
68	7	8	9	2	1	22	23	26
67	6	5	4	3	40	39	38	27
66	57	56	53	52	41	42	37	28
65	58	55	54	51	44	43	36	29
64	59	60	49	50	45	34	35	30
63	62	61	48	47	46	33	32	31

::::: Puzzle (515) :::::

75	74	73	4	5	8	9	10	11
76	77	72	3	6	7	20	19	12
79	78	71	2	23	22	21	18	13
80	81	70	1	24	25	26	17	14
67	68	69	48	47	28	27	16	15
66	59	58	49	46	29	30	31	32
65	60	57	50	45	44	39	38	33
64	61	56	51	52	43	40	37	34
63	62	55	54	53	42	41	36	35

::::: Puzzle (516) :::::

43	42	17	16	15	14	13	12	11
44	41	18	19	20	21	22	23	10
45	40	39	32	31	26	25	24	9
46	37	38	33	30	27	2	1	8
47	36	35	34	29	28	3	4	7
48	49	56	57	58	59	60	5	6
51	50	55	76	75	62	61	66	67
52	53	54	77	74	63	64	65	68
81	80	79	78	73	72	71	70	69

::::: Puzzle (517) :::::

29	30	33	34	35	60	61	70	71
28	31	32	37	36	59	62	69	72
27	26	25	38	39	58	63	68	73
22	23	24	41	40	57	64	67	74
21	20	19	42	43	56	65	66	75
16	17	18	45	44	55	54	77	76
15	14	13	46	49	50	53	78	79
10	11	12	47	48	51	52	1	80
9	8	7	6	5	4	3	2	81

::::: Puzzle (518) :::::

75	74	73	72	71	70	69	52	51
76	81	64	65	66	67	68	53	50
77	80	63	60	59	58	57	54	49
78	79	62	61	42	43	56	55	48
1	10	11	40	41	44	45	46	47
2	9	12	39	38	37	36	35	34
3	8	13	20	21	22	27	28	33
4	7	14	19	18	23	26	29	32
5	6	15	16	17	24	25	30	31

::::: Puzzle (519) :::::

55	56	57	58	59	60	61	64	65
54	53	52	51	50	49	62	63	66
43	44	45	46	47	48	69	68	67
42	41	40	39	38	37	70	73	74
25	26	27	34	35	36	71	72	75
24	23	28	33	32	81	80	79	76
21	22	29	30	31	8	7	78	77
20	17	16	13	12	9	6	1	2
19	18	15	14	11	10	5	4	3

::::: Puzzle (520) :::::

71	72	73	74	75	76	1	2	3
70	67	66	63	62	77	78	79	4
69	68	65	64	61	60	81	80	5
54	55	56	57	58	59	10	9	6
53	52	51	50	49	12	11	8	7
42	43	46	47	48	13	14	15	16
41	44	45	32	31	26	25	18	17
40	37	36	33	30	27	24	19	20
39	38	35	34	29	28	23	22	21

(195)

Puzzle (521)

77	76	75	72	71	60	59	52	51
78	81	74	73	70	61	58	53	50
79	80	67	68	69	62	57	54	49
2	1	66	65	64	63	56	55	48
3	4	17	18	19	30	31	46	47
6	5	16	21	20	29	32	45	44
7	8	15	22	27	28	33	42	43
10	9	14	23	26	35	34	41	40
11	12	13	24	25	36	37	38	39

Puzzle (522)

55	56	61	62	63	64	3	4	5
54	57	60	77	78	65	2	1	6
53	58	59	76	79	66	67	8	7
52	51	50	75	80	81	68	9	10
45	46	49	74	71	70	69	12	11
44	47	48	73	72	25	24	13	14
43	38	37	32	31	26	23	16	15
42	39	36	33	30	27	22	17	18
41	40	35	34	29	28	21	20	19

Puzzle (523)

35	34	33	32	31	6	5	4	1
36	81	80	79	30	7	8	3	2
37	50	51	78	29	28	9	10	11
38	49	52	77	76	27	24	23	12
39	48	53	54	75	26	25	22	13
40	47	56	55	74	73	72	21	14
41	46	57	62	63	70	71	20	15
42	45	58	61	64	69	68	19	16
43	44	59	60	65	66	67	18	17

Puzzle (524)

27	28	29	30	31	62	63	64	65
26	25	34	33	32	61	60	67	66
23	24	35	36	55	56	59	68	69
22	21	38	37	54	57	58	71	70
19	20	39	40	53	52	51	72	73
18	15	14	41	42	43	50	75	74
17	16	13	12	45	44	49	76	81
8	9	10	11	46	47	48	77	80
7	6	5	4	3	2	1	78	79

Puzzle (525)

7	6	5	4	3	2	1	70	69
8	13	14	15	74	73	72	71	68
9	12	17	16	75	76	81	80	67
10	11	18	33	34	77	78	79	66
21	20	19	32	35	36	37	38	65
22	29	30	31	44	43	40	39	64
23	28	47	46	45	42	41	62	63
24	27	48	51	52	55	56	61	60
25	26	49	50	53	54	57	58	59

Puzzle (526)

79	78	77	76	3	4	5	6	7
80	73	74	75	2	1	10	9	8
81	72	71	22	21	20	11	12	13
68	69	70	23	24	19	18	17	14
67	66	53	52	25	26	27	16	15
64	65	54	51	44	43	28	29	30
63	62	55	50	45	42	41	32	31
60	61	56	49	46	39	40	33	34
59	58	57	48	47	38	37	36	35

Puzzle (527)

1	8	9	48	49	52	53	80	81
2	7	10	47	50	51	54	79	78
3	6	11	46	45	56	55	76	77
4	5	12	43	44	57	58	75	74
15	14	13	42	41	40	59	72	73
16	19	20	21	38	39	60	71	70
17	18	23	22	37	36	61	62	69
26	25	24	31	32	35	64	63	68
27	28	29	30	33	34	65	66	67

Puzzle (528)

21	22	27	28	29	30	73	74	75
20	23	26	33	32	31	72	71	76
19	24	25	34	35	68	69	70	77
18	17	16	37	36	67	66	65	78
11	12	15	38	39	52	53	64	79
10	13	14	41	40	51	54	63	80
9	8	1	42	49	50	55	62	81
6	7	2	43	48	47	56	61	60
5	4	3	44	45	46	57	58	59

Puzzle (529)

43	44	45	50	51	54	55	58	59
42	41	46	49	52	53	56	57	60
1	40	47	48	73	72	63	62	61
2	39	80	81	74	71	64	65	66
3	38	79	78	75	70	69	68	67
4	37	36	77	76	31	30	29	28
5	6	35	34	33	32	21	22	27
8	7	12	13	16	17	20	23	26
9	10	11	14	15	18	19	24	25

Puzzle (530)

45	46	47	48	49	50	61	62	63
44	43	42	53	52	51	60	65	64
39	40	41	54	55	56	59	66	67
38	35	34	31	30	57	58	69	68
37	36	33	32	29	74	73	70	1
24	25	26	27	28	75	72	71	2
23	22	13	12	11	76	81	80	3
20	21	14	15	10	77	78	79	4
19	18	17	16	9	8	7	6	5

Puzzle (531)

77	78	27	26	21	20	11	10	1
76	79	28	25	22	19	12	9	2
75	80	29	24	23	18	13	8	3
74	81	30	31	32	17	14	7	4
73	64	63	34	33	16	15	6	5
72	65	62	35	36	37	38	39	40
71	66	61	54	53	52	43	42	41
70	67	60	55	56	51	44	45	46
69	68	59	58	57	50	49	48	47

Puzzle (532)

45	44	43	42	41	34	33	28	27
46	47	48	49	40	35	32	29	26
53	52	51	50	39	36	31	30	25
54	57	58	59	38	37	22	23	24
55	56	61	60	17	18	21	8	7
64	63	62	15	16	19	20	9	6
65	66	67	14	13	12	11	10	5
70	69	68	75	76	81	80	3	4
71	72	73	74	77	78	79	2	1

Puzzle (533)

65	64	63	48	47	46	19	18	17
66	67	62	49	44	45	20	21	16
69	68	61	50	43	32	31	22	15
70	59	60	51	42	33	30	23	14
71	58	53	52	41	34	29	24	13
72	57	54	39	40	35	28	25	12
73	56	55	38	37	36	27	26	11
74	75	76	77	6	7	8	9	10
81	80	79	78	5	4	3	2	1

Puzzle (534)

11	10	9	8	7	6	5	4	3
12	13	14	27	28	29	30	31	2
17	16	15	26	25	34	33	32	1
18	21	22	23	24	35	36	37	38
19	20	55	54	53	52	51	40	39
58	57	56	81	80	79	50	41	42
59	64	65	70	71	78	49	48	43
60	63	66	69	72	77	76	47	44
61	62	67	68	73	74	75	46	45

Puzzle (535)

13	14	33	34	35	36	37	38	39
12	15	32	31	30	29	44	43	40
11	16	17	24	25	28	45	42	41
10	19	18	23	26	27	46	47	48
9	20	21	22	65	64	63	50	49
8	7	6	5	66	67	62	51	52
1	2	3	4	69	68	61	54	53
78	77	76	75	70	71	60	55	56
79	80	81	74	73	72	59	58	57

Puzzle (536)

1	2	23	24	25	26	29	30	31
4	3	22	21	20	27	28	33	32
5	6	13	14	19	80	81	34	35
8	7	12	15	18	79	38	37	36
9	10	11	16	17	78	39	42	43
68	69	70	71	72	77	40	41	44
67	66	65	64	73	76	47	46	45
60	61	62	63	74	75	48	49	50
59	58	57	56	55	54	53	52	51

Puzzle (537)

73	72	59	58	49	48	37	36	35
74	71	60	57	50	47	38	39	34
75	70	61	56	51	46	41	40	33
76	69	62	55	52	45	42	31	32
77	68	63	54	53	44	43	30	29
78	67	64	3	2	19	20	21	28
79	66	65	4	1	18	17	22	27
80	7	6	5	12	13	16	23	26
81	8	9	10	11	14	15	24	25

Puzzle (538)

9	10	11	12	13	14	15	16	17
8	1	2	3	22	21	20	19	18
7	6	5	4	23	24	25	26	27
62	61	58	57	52	51	40	39	28
63	60	59	56	53	50	41	38	29
64	69	70	55	54	49	42	37	30
65	68	71	72	73	48	43	36	31
66	67	78	77	74	47	44	35	32
81	80	79	76	75	46	45	34	33

Puzzle (539)

15	16	19	20	21	22	39	40	41
14	17	18	25	24	23	38	43	42
13	12	11	26	27	28	37	44	45
8	9	10	1	30	29	36	47	46
7	6	5	2	31	34	35	48	49
78	77	4	3	32	33	52	51	50
79	76	69	68	67	66	53	54	55
80	75	70	71	64	65	60	59	56
81	74	73	72	63	62	61	58	57

Puzzle (540)

75	74	73	66	65	60	59	54	53
76	77	72	67	64	61	58	55	52
79	78	71	68	63	62	57	56	51
80	81	70	69	38	39	42	43	50
33	34	35	36	37	40	41	44	49
32	1	2	3	4	5	6	45	48
31	30	23	22	9	8	7	46	47
28	29	24	21	10	11	12	13	14
27	26	25	20	19	18	17	16	15

39	38	11	10	9	8	7	6	5
40	37	12	13	14	15	18	19	4
41	36	33	32	31	16	17	20	3
42	35	34	29	30	25	24	21	2
43	44	45	28	27	26	23	22	1
48	47	46	81	80	79	78	77	76
49	50	51	62	63	64	69	70	75
54	53	52	61	60	65	68	71	74
55	56	57	58	59	66	67	72	73

71	70	69	64	63	56	55	50	49
72	73	68	65	62	57	54	51	48
75	74	67	66	61	58	53	52	47
76	79	80	81	60	59	44	45	46
77	78	25	26	27	28	43	42	41
22	23	24	1	2	29	32	33	40
21	14	13	12	3	30	31	34	39
20	15	16	11	4	5	6	35	38
19	18	17	10	9	8	7	36	37

81	80	79	78	77	76	75	58	57
68	69	70	71	72	73	74	59	56
67	66	65	64	63	62	61	60	55
42	43	44	45	46	47	50	51	54
41	38	37	36	35	48	49	52	53
40	39	32	33	34	27	26	25	24
3	4	31	30	29	28	21	22	23
2	5	8	9	12	13	20	19	18
1	6	7	10	11	14	15	16	17

39	38	37	36	35	34	33	32	31
40	41	42	43	44	27	28	29	30
75	76	81	46	45	26	25	24	23
74	77	80	47	48	49	20	21	22
73	78	79	52	51	50	19	16	15
72	65	64	53	54	55	18	17	14
71	66	63	58	57	56	7	8	13
70	67	62	59	4	5	6	9	12
69	68	61	60	3	2	1	10	11

1	2	3	4	77	78	79	80	81
8	7	6	5	76	75	74	73	72
9	20	21	26	27	28	61	62	71
10	19	22	25	30	29	60	63	70
11	18	23	24	31	32	59	64	69
12	17	16	35	34	33	58	65	68
13	14	15	36	37	38	57	66	67
44	43	42	41	40	39	56	55	54
45	46	47	48	49	50	51	52	53

57	56	53	52	51	26	25	14	13
58	55	54	49	50	27	24	15	12
59	60	61	48	47	28	23	16	11
68	67	62	45	46	29	22	17	10
69	66	63	44	31	30	21	18	9
70	65	64	43	32	33	20	19	8
71	72	73	42	41	34	35	6	7
76	75	74	81	40	37	36	5	4
77	78	79	80	39	38	1	2	3

1	2	3	6	7	8	9	10	11
36	35	4	5	16	15	14	13	12
37	34	31	30	17	18	19	20	21
38	33	32	29	28	27	24	23	22
39	40	41	50	51	26	25	56	57
44	43	42	49	52	53	54	55	58
45	46	47	48	63	62	61	60	59
80	79	76	75	64	65	66	67	68
81	78	77	74	73	72	71	70	69

53	54	55	62	63	66	67	68	69
52	57	56	61	64	65	80	81	70
51	58	59	60	1	2	79	78	71
50	27	26	25	24	3	4	77	72
49	28	29	30	23	22	5	76	73
48	41	40	31	32	21	6	75	74
47	42	39	34	33	20	7	8	9
46	43	38	35	18	19	14	13	10
45	44	37	36	17	16	15	12	11

55	56	57	60	61	62	63	64	65
54	81	58	59	70	69	68	67	66
53	80	79	78	71	72	73	18	17
52	51	50	77	76	75	74	19	16
47	48	49	28	27	22	21	20	15
46	45	44	29	26	23	12	13	14
41	42	43	30	25	24	11	8	7
40	37	36	31	32	1	10	9	6
39	38	35	34	33	2	3	4	5

27	26	25	20	19	18	17	16	15
28	29	24	21	8	9	12	13	14
31	30	23	22	7	10	11	78	77
32	33	40	41	6	3	2	79	76
35	34	39	42	5	4	1	80	75
36	37	38	43	44	63	64	81	74
53	52	49	48	45	62	65	66	73
54	51	50	47	46	61	68	67	72
55	56	57	58	59	60	69	70	71

21	22	27	28	49	50	53	54	55
20	23	26	29	48	51	52	57	56
19	24	25	30	47	46	45	58	59
18	17	16	31	38	39	44	61	60
7	8	15	32	37	40	43	62	63
6	9	14	33	36	41	42	65	64
5	10	13	34	35	78	79	66	67
4	11	12	75	76	77	80	81	68
3	2	1	74	73	72	71	70	69

69	68	67	10	11	12	13	20	21
70	71	66	9	8	7	14	19	22
73	72	65	2	1	6	15	18	23
74	81	64	3	4	5	16	17	24
75	80	63	62	61	40	39	26	25
76	79	58	59	60	41	38	27	28
77	78	57	56	55	42	37	30	29
50	51	52	53	54	43	36	31	32
49	48	47	46	45	44	35	34	33

11	10	9	8	7	6	5	4	3
12	13	14	15	16	17	24	25	2
53	52	49	48	19	18	23	26	1
54	51	50	47	20	21	22	27	28
55	60	61	46	43	42	31	30	29
56	59	62	45	44	41	32	33	34
57	58	63	64	65	40	39	38	35
70	69	68	67	66	77	78	37	36
71	72	73	74	75	76	79	80	81

77	78	79	80	81	70	69	8	9
76	75	74	73	72	71	68	7	10
59	60	61	62	65	66	67	6	11
58	57	56	63	64	1	4	5	12
53	54	55	34	33	2	3	14	13
52	51	50	35	32	29	28	15	16
45	46	49	36	31	30	27	26	17
44	47	48	37	38	23	24	25	18
43	42	41	40	39	22	21	20	19

31	32	33	34	55	56	57	60	61
30	29	28	35	54	53	58	59	62
23	24	27	36	51	52	65	64	63
22	25	26	37	50	49	66	73	74
21	20	19	38	47	48	67	72	75
12	13	18	39	46	45	68	71	76
11	14	17	40	43	44	69	70	77
10	15	16	41	42	1	2	81	78
9	8	7	6	5	4	3	80	79

79	78	77	76	75	74	73	72	71
80	53	54	55	60	61	64	65	70
81	52	51	56	59	62	63	66	69
46	47	50	57	58	21	20	67	68
45	48	49	30	29	22	19	12	11
44	37	36	31	28	23	18	13	10
43	38	35	32	27	24	17	14	9
42	39	34	33	26	25	16	15	8
41	40	1	2	3	4	5	6	7

23	24	67	68	69	70	71	76	77
22	25	66	65	64	63	72	75	78
21	26	37	38	61	62	73	74	79
20	27	36	39	60	59	58	57	80
19	28	35	40	45	46	47	56	81
18	29	34	41	44	49	48	55	54
17	30	33	42	43	50	51	52	53
16	31	32	11	10	7	6	1	2
15	14	13	12	9	8	5	4	3

15	16	17	18	19	68	69	72	73
14	13	22	21	20	67	70	71	74
11	12	23	24	25	66	65	64	75
10	29	28	27	26	59	60	63	76
9	30	33	34	57	58	61	62	77
8	31	32	35	56	55	54	53	78
7	6	37	36	43	44	45	52	79
4	5	38	39	42	47	46	51	80
3	2	1	40	41	48	49	50	81

17	18	19	20	23	24	25	26	27
16	15	14	21	22	31	30	29	28
57	56	13	12	11	32	35	36	37
58	55	8	9	10	33	34	39	38
59	54	7	6	3	2	1	40	41
60	53	52	5	4	45	44	43	42
61	62	51	48	47	46	75	76	77
64	63	50	49	70	71	74	79	78
65	66	67	68	69	72	73	80	81

81	58	57	28	27	26	21	20	1
80	59	56	29	30	25	22	19	2
79	60	55	32	31	24	23	18	3
78	61	54	33	34	35	36	17	4
77	62	53	50	49	48	37	16	5
76	63	52	51	46	47	38	15	6
75	64	65	66	45	40	39	14	7
74	71	70	67	44	41	12	13	8
73	72	69	68	43	42	11	10	9

Puzzle (561)

51	50	43	42	41	40	39	38	37
52	49	44	75	74	73	72	71	36
53	48	45	76	79	80	69	70	35
54	47	46	77	78	81	68	33	34
55	58	59	62	63	66	67	32	31
56	57	60	61	64	65	22	23	30
1	2	3	14	15	16	21	24	29
6	5	4	13	12	17	20	25	28
7	8	9	10	11	18	19	26	27

Puzzle (562)

51	52	53	64	65	66	73	74	81
50	55	54	63	62	67	72	75	80
49	56	59	60	61	68	71	76	79
48	57	58	1	2	69	70	77	78
47	46	5	4	3	10	11	12	13
44	45	6	7	8	9	16	15	14
43	38	37	30	29	28	17	18	19
42	39	36	31	32	27	24	23	20
41	40	35	34	33	26	25	22	21

Puzzle (563)

81	74	73	72	71	18	17	10	9
80	75	68	69	70	19	16	11	8
79	76	67	66	21	20	15	12	7
78	77	64	65	22	23	14	13	6
55	56	63	62	25	24	3	4	5
54	57	58	61	26	1	2	35	36
53	52	59	60	27	30	31	34	37
50	51	46	45	28	29	32	33	38
49	48	47	44	43	42	41	40	39

Puzzle (564)

81	12	13	14	15	18	19	22	23
80	11	6	5	16	17	20	21	24
79	10	7	4	3	28	27	26	25
78	9	8	1	2	29	30	33	34
77	68	67	56	55	54	31	32	35
76	69	66	57	52	53	44	43	36
75	70	65	58	51	50	45	42	37
74	71	64	59	60	49	46	41	38
73	72	63	62	61	48	47	40	39

Puzzle (565)

11	10	7	6	5	4	1	80	79
12	9	8	31	32	3	2	81	78
13	26	27	30	33	56	57	76	77
14	25	28	29	34	55	58	75	74
15	24	37	36	35	54	59	72	73
16	23	38	45	46	53	60	71	70
17	22	39	44	47	52	61	62	69
18	21	40	43	48	51	64	63	68
19	20	41	42	49	50	65	66	67

Puzzle (566)

57	58	63	64	69	70	75	76	81
56	59	62	65	68	71	74	77	80
55	60	61	66	67	72	73	78	79
54	53	52	49	48	47	46	45	44
3	2	51	50	39	40	41	42	43
4	1	14	15	38	35	34	31	30
5	12	13	16	37	36	33	32	29
6	11	10	17	20	21	24	25	28
7	8	9	18	19	22	23	26	27

Puzzle (567)

13	12	11	10	7	6	5	4	1
14	29	30	9	8	49	50	3	2
15	28	31	42	43	48	51	56	57
16	27	32	41	44	47	52	55	58
17	26	33	40	45	46	53	54	59
18	25	34	39	38	63	62	61	60
19	24	35	36	37	64	65	66	81
20	23	72	71	70	69	68	67	80
21	22	73	74	75	76	77	78	79

Puzzle (568)

43	44	45	46	47	56	57	58	59
42	41	40	49	48	55	62	61	60
35	36	39	50	53	54	63	80	79
34	37	38	51	52	65	64	81	78
33	32	31	30	29	66	67	68	77
24	25	26	27	28	71	70	69	76
23	22	21	20	19	72	73	74	75
14	15	16	17	18	7	6	5	4
13	12	11	10	9	8	1	2	3

Puzzle (569)

61	60	41	40	37	36	31	30	29
62	59	42	39	38	35	32	27	28
63	58	43	46	47	34	33	26	25
64	57	44	45	48	49	22	23	24
65	56	55	54	53	50	21	18	17
66	81	80	79	52	51	20	19	16
67	68	77	78	1	2	3	14	15
70	69	76	75	6	5	4	13	12
71	72	73	74	7	8	9	10	11

Puzzle (570)

77	76	75	74	73	72	71	70	69
78	79	80	81	64	65	66	67	68
47	48	49	50	63	62	61	60	59
46	45	44	51	54	55	56	57	58
41	42	43	52	53	20	19	18	17
40	39	38	25	24	21	14	15	16
35	36	37	26	23	22	13	2	1
34	31	30	27	10	11	12	3	4
33	32	29	28	9	8	7	6	5

Puzzle (571)

19	18	17	16	15	2	3	4	5
20	21	22	23	14	1	10	9	6
27	26	25	24	13	12	11	8	7
28	29	30	47	48	51	52	67	68
33	32	31	46	49	50	53	66	69
34	41	42	45	56	55	54	65	70
35	40	43	44	57	60	61	64	71
36	39	80	81	58	59	62	63	72
37	38	79	78	77	76	75	74	73

Puzzle (572)

15	16	17	26	27	30	31	34	35
14	13	18	25	28	29	32	33	36
11	12	19	24	41	40	39	38	37
10	9	20	23	42	45	46	59	60
7	8	21	22	43	44	47	58	61
6	5	4	51	50	49	48	57	62
1	2	3	52	53	54	55	56	63
78	77	76	75	72	71	68	67	64
79	80	81	74	73	70	69	66	65

Puzzle (573)

1	8	9	10	11	12	13	14	15
2	7	22	21	20	19	18	17	16
3	6	23	24	25	26	69	70	71
4	5	30	29	28	27	68	67	72
41	40	31	32	33	64	65	66	73
42	39	38	35	34	63	62	75	74
43	44	37	36	55	56	61	76	77
46	45	50	51	54	57	60	81	78
47	48	49	52	53	58	59	80	79

Puzzle (574)

69	70	71	34	33	32	23	22	21
68	73	72	35	30	31	24	19	20
67	74	75	36	29	28	25	18	17
66	77	76	37	38	27	26	15	16
65	78	51	50	39	40	41	14	13
64	79	52	49	46	45	42	11	12
63	80	53	48	47	44	43	10	9
62	81	54	55	56	5	6	7	8
61	60	59	58	57	4	3	2	1

Puzzle (575)

81	76	75	14	13	12	11	10	9
80	77	74	15	2	3	6	7	8
79	78	73	16	1	4	5	28	29
62	63	72	17	18	19	26	27	30
61	64	71	70	69	20	25	24	31
60	65	66	67	68	21	22	23	32
59	54	53	52	45	44	43	34	33
58	55	50	51	46	41	42	35	36
57	56	49	48	47	40	39	38	37

Puzzle (576)

53	52	49	48	45	44	39	38	37
54	51	50	47	46	43	40	35	36
55	58	59	62	63	42	41	34	33
56	57	60	61	64	3	2	1	32
69	68	67	66	65	4	5	30	31
70	73	74	81	80	79	6	29	28
71	72	75	76	77	78	7	26	27
14	13	12	11	10	9	8	25	24
15	16	17	18	19	20	21	22	23

Puzzle (577)

37	36	19	18	17	16	13	12	1
38	35	20	21	22	15	14	11	2
39	34	25	24	23	8	9	10	3
40	33	26	27	28	7	6	5	4
41	32	31	30	29	66	67	68	69
42	49	50	57	58	65	72	71	70
43	48	51	56	59	64	73	78	79
44	47	52	55	60	63	74	77	80
45	46	53	54	61	62	75	76	81

Puzzle (578)

69	68	65	64	61	60	55	54	53
70	67	66	63	62	59	56	51	52
71	72	73	74	75	58	57	50	49
4	3	2	1	76	77	78	47	48
5	6	7	8	27	28	79	46	45
14	13	10	9	26	29	80	81	44
15	12	11	24	25	30	37	38	43
16	19	20	23	32	31	36	39	42
17	18	21	22	33	34	35	40	41

Puzzle (579)

37	36	35	24	23	22	21	18	17
38	39	34	25	26	27	20	19	16
41	40	33	32	31	28	13	14	15
42	45	46	47	30	29	12	11	10
43	44	49	48	5	6	7	8	9
52	51	50	3	4	69	70	71	72
53	54	55	2	1	68	81	74	73
58	57	56	63	64	67	80	75	76
59	60	61	62	65	66	79	78	77

Puzzle (580)

57	58	59	60	61	62	63	76	75
56	55	54	53	52	65	64	77	74
47	48	49	50	51	66	79	78	73
46	45	44	43	42	67	80	81	72
37	38	39	40	41	68	69	70	71
36	29	28	25	24	1	2	3	4
35	30	27	26	23	22	21	6	5
34	31	16	17	18	19	20	7	8
33	32	15	14	13	12	11	10	9

::::: Puzzle (581) :::::

71	70	69	68	67	66	65	64	63
72	75	76	81	80	59	60	61	62
73	74	77	78	79	58	57	54	53
6	5	2	1	30	31	56	55	52
7	4	3	28	29	32	37	38	51
8	17	18	27	26	33	36	39	50
9	16	19	20	25	34	35	40	49
10	15	14	21	24	43	42	41	48
11	12	13	22	23	44	45	46	47

::::: Puzzle (582) :::::

61	62	63	64	65	68	69	14	15
60	59	80	81	66	67	70	13	16
57	58	79	78	73	72	71	12	17
56	51	50	77	74	7	8	11	18
55	52	49	76	75	6	9	10	19
54	53	48	45	44	5	4	3	20
35	36	47	46	43	42	1	2	21
34	37	38	39	40	41	26	25	22
33	32	31	30	29	28	27	24	23

::::: Puzzle (583) :::::

17	16	15	14	13	12	11	10	9
18	1	2	3	4	5	6	7	8
19	20	21	22	23	50	51	58	59
30	29	26	25	24	49	52	57	60
31	28	27	42	43	48	53	56	61
32	35	36	41	44	47	54	55	62
33	34	37	40	45	46	65	64	63
80	81	38	39	74	73	66	67	68
79	78	77	76	75	72	71	70	69

::::: Puzzle (584) :::::

75	74	73	72	71	70	59	58	57
76	77	66	67	68	69	60	55	56
79	78	65	64	63	62	61	54	53
80	81	44	45	46	47	48	49	52
41	42	43	34	33	16	15	50	51
40	37	36	35	32	17	14	9	8
39	38	29	30	31	18	13	10	7
26	27	28	21	20	19	12	11	6
25	24	23	22	1	2	3	4	5

::::: Puzzle (585) :::::

15	14	13	12	11	10	9	80	81
16	17	18	39	40	41	8	79	78
21	20	19	38	37	42	7	6	77
22	29	30	35	36	43	4	5	76
23	28	31	34	45	44	3	2	75
24	27	32	33	46	47	48	1	74
25	26	57	56	55	54	49	50	73
60	59	58	65	66	53	52	51	72
61	62	63	64	67	68	69	70	71

::::: Puzzle (586) :::::

81	80	79	78	77	76	75	14	15
62	63	66	67	72	73	74	13	16
61	64	65	68	71	10	11	12	17
60	57	56	69	70	9	20	19	18
59	58	55	54	7	8	21	22	23
48	49	50	53	6	5	26	25	24
47	46	51	52	3	4	27	28	29
44	45	40	39	2	1	34	33	30
43	42	41	38	37	36	35	32	31

::::: Puzzle (587) :::::

73	74	75	76	77	8	9	10	11
72	71	70	81	78	7	6	13	12
65	66	69	80	79	4	5	14	15
64	67	68	1	2	3	20	19	16
63	62	43	42	41	22	21	18	17
60	61	44	45	40	23	24	25	26
59	58	47	46	39	38	29	28	27
56	57	48	49	50	37	30	31	32
55	54	53	52	51	36	35	34	33

::::: Puzzle (588) :::::

5	6	7	14	15	16	17	18	19
4	9	8	13	24	23	22	21	20
3	10	11	12	25	26	27	46	47
2	1	32	31	30	29	28	45	48
79	80	33	36	37	40	41	44	49
78	81	34	35	38	39	42	43	50
77	76	75	66	65	58	57	56	51
72	73	74	67	64	59	60	55	52
71	70	69	68	63	62	61	54	53

::::: Puzzle (589) :::::

53	54	57	58	61	62	67	68	69
52	55	56	59	60	63	66	71	70
51	50	49	2	3	64	65	72	81
46	47	48	1	4	5	6	73	80
45	34	33	32	13	12	7	74	79
44	35	36	31	14	11	8	75	78
43	38	37	30	15	10	9	76	77
42	39	28	29	16	17	18	19	20
41	40	27	26	25	24	23	22	21

::::: Puzzle (590) :::::

53	54	55	56	57	58	65	66	67
52	51	50	49	48	59	64	63	68
43	44	45	46	47	60	61	62	69
42	41	40	39	38	37	36	71	70
29	30	31	32	33	34	35	72	73
28	25	24	23	22	21	76	75	74
27	26	17	18	19	20	77	78	79
14	15	16	9	8	5	4	1	80
13	12	11	10	7	6	3	2	81

::::: Puzzle (591) :::::

45	44	41	40	39	28	27	22	21
46	43	42	37	38	29	26	23	20
47	50	51	36	35	30	25	24	19
48	49	52	53	34	31	16	17	18
63	62	55	54	33	32	15	14	13
64	61	56	7	8	9	10	11	12
65	60	57	6	5	4	81	80	79
66	59	58	71	72	3	2	1	78
67	68	69	70	73	74	75	76	77

::::: Puzzle (592) :::::

81	2	3	6	7	10	11	12	13
80	1	4	5	8	9	16	15	14
79	78	45	44	39	38	17	18	19
76	77	46	43	40	37	22	21	20
75	48	47	42	41	36	23	24	25
74	49	50	51	52	35	34	33	26
73	72	55	54	53	60	61	32	27
70	71	56	57	58	59	62	31	28
69	68	67	66	65	64	63	30	29

::::: Puzzle (593) :::::

33	34	35	36	37	38	39	40	41
32	25	24	23	48	47	46	45	42
31	26	27	22	49	50	51	44	43
30	29	28	21	80	81	52	53	54
1	10	11	20	79	68	67	56	55
2	9	12	19	78	69	66	57	58
3	8	13	18	77	70	65	64	59
4	7	14	17	76	71	72	63	60
5	6	15	16	75	74	73	62	61

::::: Puzzle (594) :::::

1	2	3	4	5	6	9	10	11
38	37	36	31	30	7	8	13	12
39	40	35	32	29	26	25	14	15
42	41	34	33	28	27	24	17	16
43	44	45	46	47	48	23	18	19
54	53	52	51	50	49	22	21	20
55	58	59	60	61	64	65	68	69
56	57	78	77	62	63	66	67	70
81	80	79	76	75	74	73	72	71

::::: Puzzle (595) :::::

17	16	15	14	13	12	11	10	1
18	19	20	21	22	7	8	9	2
27	26	25	24	23	6	5	4	3
28	31	32	35	36	39	40	43	44
29	30	33	34	37	38	41	42	45
54	53	52	51	50	49	48	47	46
55	56	57	58	59	60	61	62	63
72	71	70	69	68	67	66	65	64
73	74	75	76	77	78	79	80	81

::::: Puzzle (596) :::::

63	62	33	32	31	30	29	28	27
64	61	34	35	40	41	24	25	26
65	60	59	36	39	42	23	22	21
66	57	58	37	38	43	18	19	20
67	56	53	52	45	44	17	16	15
68	55	54	51	46	47	12	13	14
69	74	75	50	49	48	11	10	9
70	73	76	81	80	1	4	5	8
71	72	77	78	79	2	3	6	7

::::: Puzzle (597) :::::

57	58	59	60	61	62	63	64	65
56	53	52	51	2	3	6	7	66
55	54	49	50	1	4	5	8	67
46	47	48	13	12	11	10	9	68
45	44	43	14	15	16	17	70	69
38	39	42	21	20	19	18	71	72
37	40	41	22	23	24	79	78	73
36	33	32	29	28	25	80	77	74
35	34	31	30	27	26	81	76	75

::::: Puzzle (598) :::::

41	40	37	36	33	32	31	18	17
42	39	38	35	34	29	30	19	16
43	44	45	46	47	28	27	20	15
52	51	50	49	48	25	26	21	14
53	54	55	56	57	24	23	22	13
62	61	60	59	58	7	8	9	12
63	64	71	72	5	6	1	10	11
66	65	70	73	4	3	2	79	80
67	68	69	74	75	76	77	78	81

::::: Puzzle (599) :::::

79	78	77	76	75	74	73	72	71
80	81	34	35	38	39	60	61	70
31	32	33	36	37	40	59	62	69
30	29	28	27	26	41	58	63	68
3	2	23	24	25	42	57	64	67
4	1	22	21	20	43	56	65	66
5	6	17	18	19	44	55	54	53
8	7	16	15	14	45	48	49	52
9	10	11	12	13	46	47	50	51

::::: Puzzle (600) :::::

81	72	71	70	57	56	55	54	53
80	73	68	69	58	49	50	51	52
79	74	67	66	59	48	43	42	41
78	75	64	65	60	47	44	39	40
77	76	63	62	61	46	45	38	37
14	15	16	17	18	19	20	35	36
13	12	11	10	23	22	21	34	33
6	7	8	9	24	25	28	29	32
5	4	3	2	1	26	27	30	31

(199)

::::: Puzzle (601) :::::

```
15 14  9  8  3  2  1 56 57
16 13 10  7  4 53 54 55 58
17 12 11  6  5 52 61 60 59
18 23 24 47 48 51 62 65 66
19 22 25 46 49 50 63 64 67
20 21 26 45 44 43 42 69 68
29 28 27 38 39 40 41 70 71
30 33 34 37 76 75 74 73 72
31 32 35 36 77 78 79 80 81
```

::::: Puzzle (602) :::::

```
65 66 67 68 69 70 71 72 73
64 81 80 79 78 77 76 75 74
63 62 61 58 57 54 53 38 37
 4  3 60 59 56 55 52 39 36
 5  2 47 48 49 50 51 40 35
 6  1 46 45 44 43 42 41 34
 7 26 27 28 29 30 31 32 33
 8 25 24 23 22 21 20 19 18
 9 10 11 12 13 14 15 16 17
```

::::: Puzzle (603) :::::

```
33 32 23 22 21 20 19 10  9
34 31 24 25 16 17 18 11  8
35 30 27 26 15 14 13 12  7
36 29 28  1  2  3  4  5  6
37 38 79 80 73 72 71 64 63
40 39 78 81 74 69 70 65 62
41 42 77 76 75 68 67 66 61
44 43 48 49 52 53 56 57 60
45 46 47 50 51 54 55 58 59
```

::::: Puzzle (604) :::::

```
63 62 13 14 15 16 17 20 21
64 61 12 11 10  9 18 19 22
65 60 59  6  7  8  1 24 23
66 57 58  5  4  3  2 25 26
67 56 55 54 33 32 31 30 27
68 51 52 53 34 35 36 29 28
69 50 47 46 43 42 37 38 81
70 49 48 45 44 41 40 39 80
71 72 73 74 75 76 77 78 79
```

::::: Puzzle (605) :::::

```
77 76 75 74 73 64 63 58 57
78 81 70 71 72 65 62 59 56
79 80 69 68 67 66 61 60 55
12 11 10 49 50 51 52 53 54
13 14  9 48 45 44 37 36 35
16 15  8 47 46 43 38 39 34
17  6  7  2  1 42 41 40 33
18  5  4  3 24 25 28 29 32
19 20 21 22 23 26 27 30 31
```

::::: Puzzle (606) :::::

```
15 16 19 20 23 24 25 78 79
14 17 18 21 22  1 26 77 80
13 10  9  6  5  2 27 76 81
12 11  8  7  4  3 28 75 74
35 34 33 32 31 30 29 72 73
36 39 40 41 58 59 60 71 70
37 38 43 42 57 56 61 62 69
46 45 44 51 52 55 64 63 68
47 48 49 50 53 54 65 66 67
```

::::: Puzzle (607) :::::

```
37 38 39 40 41 62 63 64 65
36 35 34 43 42 61 60 59 66
31 32 33 44 49 50 51 58 67
30 29 28 45 48 53 52 57 68
23 24 27 46 47 54 55 56 69
22 25 26  1  4  5 76 75 70
21 16 15  2  3  6 77 74 71
20 17 14 11 10  7 78 73 72
19 18 13 12  9  8 79 80 81
```

::::: Puzzle (608) :::::

```
81 72 71 70  7  6  5  4  3
80 73 74 69  8  9 10 11  2
79 76 75 68 67 66 65 12  1
78 77 58 59 60 63 64 13 14
51 52 57 56 61 62 19 18 15
50 53 54 55 36 35 20 17 16
49 48 47 38 37 34 21 22 23
44 45 46 39 32 33 28 27 24
43 42 41 40 31 30 29 26 25
```

::::: Puzzle (609) :::::

```
67 66 65 64 63 62 61 58 57
68 69 70 71 76 77 60 59 56
11 12 13 72 75 78 81 54 55
10 15 14 73 74 79 80 53 52
 9 16 17 18 31 32 49 50 51
 8  1 20 19 30 33 48 47 46
 7  2 21 28 29 34 35 44 45
 6  3 22 27 26 37 36 43 42
 5  4 23 24 25 38 39 40 41
```

::::: Puzzle (610) :::::

```
73 72 31 30 29 28 27 22 21
74 71 32 33 34  1 26 23 20
75 70 37 36 35  2 25 24 19
76 69 38 39 40  3  6  7 18
77 68 43 42 41  4  5  8 17
78 67 44 45 46 47 48  9 16
79 66 65 52 51 50 49 10 15
80 63 64 53 54 55 56 11 14
81 62 61 60 59 58 57 12 13
```

::::: Puzzle (611) :::::

```
81 78 77 76  1  2  3  4  5
80 79 74 75 40 39 36 35  6
71 72 73 42 41 38 37 34  7
70 69 44 43 30 31 32 33  8
67 68 45 46 29 28 19 18  9
66 59 58 47 48 27 20 17 10
65 60 57 50 49 26 21 16 11
64 61 56 51 52 25 22 15 12
63 62 55 54 53 24 23 14 13
```

::::: Puzzle (612) :::::

```
81 52 51 50 49 48 47 46 45
80 53 54 39 40 41 42 43 44
79 78 55 38  1  2  3  4  5
76 77 56 37 30 29 26 25  6
75 74 57 36 31 28 27 24  7
72 73 58 35 32 21 22 23  8
71 60 59 34 33 20 15 14  9
70 61 62 63 64 19 16 13 10
69 68 67 66 65 18 17 12 11
```

::::: Puzzle (613) :::::

```
57 56 53 52 51 44 43 20 19
58 55 54 49 50 45 42 21 18
59 60 61 48 47 46 41 22 17
64 63 62 37 38 39 40 23 16
65 66 81 36 35 28 27 24 15
68 67 80 33 34 29 26 25 14
69 70 79 32 31 30 11 12 13
72 71 78 77  2  1 10  9  8
73 74 75 76  3  4  5  6  7
```

::::: Puzzle (614) :::::

```
77 76  7  6  5  4  3  2  1
78 75  8  9 10 11 12 13 14
79 74 71 70 19 18 17 16 15
80 73 72 69 20 21 22 23 24
81 64 65 68 29 28 27 26 25
62 63 66 67 30 31 32 35 36
61 56 55 54 47 46 33 34 37
60 57 52 53 48 45 42 41 38
59 58 51 50 49 44 43 40 39
```

::::: Puzzle (615) :::::

```
35 34 33 32 27 26 25 24 23
36 37 38 31 28 19 20 21 22
49 48 39 30 29 18 13 12 11
50 47 40 41 42 17 14  9 10
51 46 45 44 43 16 15  8  7
52 55 56 59 60 61  2  1  6
53 54 57 58 63 62  3  4  5
68 67 66 65 64 75 76 77 78
69 70 71 72 73 74 81 80 79
```

::::: Puzzle (616) :::::

```
81 56 55 54 53 50 49 46 45
80 57 58  1 52 51 48 47 44
79 78 59  2  7  8 29 30 43
76 77 60  3  6  9 28 31 42
75 74 61  4  5 10 27 32 41
72 73 62 13 12 11 26 33 40
71 70 63 14 15 16 25 34 39
68 69 64 19 18 17 24 35 38
67 66 65 20 21 22 23 36 37
```

::::: Puzzle (617) :::::

```
23 24 75 76 77 78 79 80 81
22 25 74 71 70 69 60 59 58
21 26 73 72 67 68 61 62 57
20 27 28 29 66 65 64 63 56
19 18 17 30 33 34 37 38 55
14 15 16 31 32 35 36 39 54
13  8  7  2  1 42 41 40 53
12  9  6  3 44 43 48 49 52
11 10  5  4 45 46 47 50 51
```

::::: Puzzle (618) :::::

```
15 14 13 12 11 62 63 64 65
16 17 18 19 10 61 60 67 66
27 26 25 20  9  8 59 68 69
28 29 24 21  6  7 58 57 70
31 30 23 22  5 54 55 56 71
32 33 34  3  4 53 52 51 72
37 36 35  2 47 48 49 50 73
38 41 42  1 46 77 76 75 74
39 40 43 44 45 78 79 80 81
```

::::: Puzzle (619) :::::

```
33 34 39 40 41 54 55 64 65
32 35 38 43 42 53 56 63 66
31 36 37 44 51 52 57 62 67
30 29 28 45 50 49 58 61 68
23 24 27 46 47 48 59 60 69
22 25 26 81 80 79 78 77 70
21 20 19 16 15 14 13 76 71
 2  3 18 17  8  9 12 75 72
 1  4  5  6  7 10 11 74 73
```

::::: Puzzle (620) :::::

```
11 12 77 76 75 74 73 72 71
10 13 78 79 80 81 68 69 70
 9 14 23 24 65 66 67 50 49
 8 15 22 25 64 63 62 51 48
 7 16 21 26 59 60 61 52 47
 6 17 20 27 58 57 56 53 46
 5 18 19 28 29 30 55 54 45
 4  1 34 33 32 31 40 41 44
 3  2 35 36 37 38 39 42 43
```

::::: *Puzzle (621)* :::::

81	4	5	6	7	10	11	12	13
80	3	2	1	8	9	16	15	14
79	78	59	58	19	18	17	24	25
76	77	60	57	20	21	22	23	26
75	74	61	56	47	46	37	36	27
72	73	62	55	48	45	38	35	28
71	64	63	54	49	44	39	34	29
70	65	66	53	50	43	40	33	30
69	68	67	52	51	42	41	32	31

::::: *Puzzle (622)* :::::

63	62	39	38	37	34	33	2	1
64	61	40	41	36	35	32	3	4
65	60	59	42	43	44	31	6	5
66	67	58	55	54	45	30	7	8
69	68	57	56	53	46	29	10	9
70	71	72	51	52	47	28	11	12
81	74	73	50	49	48	27	14	13
80	75	76	23	24	25	26	15	16
79	78	77	22	21	20	19	18	17

::::: *Puzzle (623)* :::::

51	52	53	58	59	68	69	70	71
50	49	54	57	60	67	66	65	72
47	48	55	56	61	62	63	64	73
46	43	42	41	40	39	38	37	74
45	44	31	32	33	34	35	36	75
8	9	30	29	28	27	26	25	76
7	10	11	12	17	18	23	24	77
6	1	2	13	16	19	22	81	78
5	4	3	14	15	20	21	80	79

::::: *Puzzle (624)* :::::

59	60	71	72	73	74	75	2	3
58	61	70	69	68	67	76	1	4
57	62	63	64	65	66	77	78	5
56	53	52	51	50	81	80	79	6
55	54	45	46	49	18	17	16	7
42	43	44	47	48	19	20	15	8
41	40	39	38	27	26	21	14	9
34	35	36	37	28	25	22	13	10
33	32	31	30	29	24	23	12	11

::::: *Puzzle (625)* :::::

25	24	23	22	21	20	19	18	17
26	27	28	29	30	3	2	1	16
39	38	37	36	31	4	9	10	15
40	41	42	35	32	5	8	11	14
45	44	43	34	33	6	7	12	13
46	47	48	49	50	77	76	73	72
55	54	53	52	51	78	75	74	71
56	59	60	81	80	79	66	67	70
57	58	61	62	63	64	65	68	69

::::: *Puzzle (626)* :::::

41	42	43	48	49	50	51	52	53
40	39	44	47	78	79	80	81	54
1	38	45	46	77	76	69	68	55
2	37	36	35	34	75	70	67	56
3	14	15	32	33	74	71	66	57
4	13	16	31	30	73	72	65	58
5	12	17	18	29	28	27	64	59
6	11	10	19	22	23	26	63	60
7	8	9	20	21	24	25	62	61

::::: *Puzzle (627)* :::::

9	10	17	18	29	30	31	36	37
8	11	16	19	28	27	32	35	38
7	12	15	20	25	26	33	34	39
6	13	14	21	24	43	42	41	40
5	4	3	22	23	44	71	72	73
56	55	2	1	46	45	70	75	74
57	54	53	52	47	48	69	76	77
58	61	62	51	50	49	68	79	78
59	60	63	64	65	66	67	80	81

::::: *Puzzle (628)* :::::

51	52	53	54	55	56	59	60	61
50	49	48	47	46	57	58	63	62
19	20	25	26	45	42	41	64	65
18	21	24	27	44	43	40	67	66
17	22	23	28	29	38	39	68	81
16	15	14	13	30	37	70	69	80
1	10	11	12	31	36	71	78	79
2	9	8	7	32	35	72	77	76
3	4	5	6	33	34	73	74	75

::::: *Puzzle (629)* :::::

17	16	13	12	11	10	9	8	7
18	15	14	1	2	3	4	5	6
19	20	27	28	29	36	37	38	39
22	21	26	31	30	35	42	41	40
23	24	25	32	33	34	43	44	45
78	77	66	65	62	61	50	49	46
79	76	67	64	63	60	51	48	47
80	75	68	69	70	59	52	53	54
81	74	73	72	71	58	57	56	55

::::: *Puzzle (630)* :::::

5	6	7	8	9	10	11	12	13
4	3	36	35	34	33	32	31	14
1	2	37	78	77	76	29	30	15
42	41	38	79	74	75	28	27	16
43	40	39	80	73	72	71	26	17
44	45	46	81	62	63	70	25	18
49	48	47	60	61	64	69	24	19
50	53	54	59	58	65	68	23	20
51	52	55	56	57	66	67	22	21

::::: *Puzzle (631)* :::::

75	76	77	78	79	2	3	4	5
74	73	60	59	80	1	10	9	6
71	72	61	58	81	12	11	8	7
70	69	62	57	56	13	14	15	16
67	68	63	54	55	30	29	18	17
66	65	64	53	52	31	28	19	20
47	48	49	50	51	32	27	26	21
46	43	42	39	38	33	34	25	22
45	44	41	40	37	36	35	24	23

::::: *Puzzle (632)* :::::

49	48	47	46	45	44	43	38	37
50	55	56	9	10	11	42	39	36
51	54	57	8	7	12	41	40	35
52	53	58	59	6	13	14	15	34
63	62	61	60	5	4	17	16	33
64	65	66	67	2	3	18	31	32
79	78	69	68	1	20	19	30	29
80	77	70	71	72	21	24	25	28
81	76	75	74	73	22	23	26	27

::::: *Puzzle (633)* :::::

37	38	41	42	51	52	53	54	55
36	39	40	43	50	59	58	57	56
35	34	33	44	49	60	61	62	63
22	23	32	45	48	67	66	65	64
21	24	31	46	47	68	69	70	71
20	25	30	29	76	75	74	73	72
19	26	27	28	77	2	3	6	7
18	81	80	79	78	1	4	5	8
17	16	15	14	13	12	11	10	9

::::: *Puzzle (634)* :::::

79	80	81	70	69	68	67	66	65
78	75	74	71	54	55	56	57	64
77	76	73	72	53	52	59	58	63
40	41	42	49	50	51	60	61	62
39	38	43	48	47	16	15	6	5
36	37	44	45	46	17	14	7	4
35	30	29	24	23	18	13	8	3
34	31	28	25	22	19	12	9	2
33	32	27	26	21	20	11	10	1

::::: *Puzzle (635)* :::::

13	12	11	10	9	8	7	6	5
14	15	16	17	18	19	2	3	4
25	24	23	22	21	20	1	34	35
26	27	28	29	30	31	32	33	36
49	48	47	46	43	42	41	40	37
50	51	52	45	44	57	58	39	38
69	68	53	54	55	56	59	60	81
70	67	66	65	64	63	62	61	80
71	72	73	74	75	76	77	78	79

::::: *Puzzle (636)* :::::

71	70	69	68	65	64	63	62	61
72	75	76	67	66	81	58	59	60
73	74	77	78	79	80	57	56	55
40	41	42	43	46	47	50	51	54
39	38	37	44	45	48	49	52	53
34	35	36	23	22	21	20	19	18
33	32	25	24	13	14	15	16	17
30	31	26	11	12	7	6	1	2
29	28	27	10	9	8	5	4	3

::::: *Puzzle (637)* :::::

61	60	59	58	55	54	53	18	17
62	65	66	57	56	51	52	19	16
63	64	67	42	43	50	49	20	15
70	69	68	41	44	45	48	21	14
71	34	35	40	39	46	47	22	13
72	33	36	37	38	27	26	23	12
73	32	31	30	29	28	25	24	11
74	75	76	77	4	5	6	7	10
81	80	79	78	3	2	1	8	9

::::: *Puzzle (638)* :::::

1	4	5	6	7	8	9	10	11
2	3	24	23	22	21	16	15	12
27	26	25	46	47	20	17	14	13
28	41	42	45	48	19	18	75	76
29	40	43	44	49	72	73	74	77
30	39	52	51	50	71	70	69	78
31	38	53	54	55	56	57	68	79
32	37	36	61	60	59	58	67	80
33	34	35	62	63	64	65	66	81

::::: *Puzzle (639)* :::::

51	52	67	68	69	70	71	80	79
50	53	66	65	64	63	72	81	78
49	54	57	58	61	62	73	74	77
48	55	56	59	60	39	38	75	76
47	44	43	42	41	40	37	36	35
46	45	12	13	30	31	32	33	34
7	8	11	14	29	28	27	26	25
6	9	10	15	16	17	20	21	24
5	4	3	2	1	18	19	22	23

::::: *Puzzle (640)* :::::

35	36	37	46	47	48	49	50	51
34	33	38	45	44	43	54	53	52
31	32	39	40	41	42	55	56	57
30	3	4	5	6	7	62	61	58
29	2	1	14	13	8	63	60	59
28	19	18	15	12	9	64	65	66
27	20	17	16	11	10	69	68	67
26	21	22	79	78	77	70	71	72
25	24	23	80	81	76	75	74	73

::::: Puzzle (641) :::::

1	80	79	78	77	74	73	70	69
2	81	36	37	76	75	72	71	68
3	4	35	38	41	42	51	52	67
6	5	34	39	40	43	50	53	66
7	8	33	32	31	44	49	54	65
10	9	26	27	30	45	48	55	64
11	12	25	28	29	46	47	56	63
14	13	24	23	22	21	58	57	62
15	16	17	18	19	20	59	60	61

::::: Puzzle (642) :::::

45	46	47	48	49	50	51	60	61
44	43	42	41	40	53	52	59	62
35	36	37	38	39	54	55	58	63
34	31	30	29	80	81	56	57	64
33	32	27	28	79	78	77	66	65
24	25	26	1	2	3	76	67	68
23	22	21	12	11	4	75	74	69
18	19	20	13	10	5	6	73	70
17	16	15	14	9	8	7	72	71

::::: Puzzle (643) :::::

59	60	61	62	81	80	79	78	77
58	57	56	63	66	67	72	73	76
51	52	55	64	65	68	71	74	75
50	53	54	45	44	69	70	33	32
49	48	47	46	43	40	39	34	31
8	7	6	5	42	41	38	35	30
9	10	11	4	3	2	37	36	29
14	13	12	19	20	1	24	25	28
15	16	17	18	21	22	23	26	27

::::: Puzzle (644) :::::

7	8	11	12	13	80	79	76	75
6	9	10	1	14	81	78	77	74
5	4	3	2	15	16	17	72	73
24	23	22	21	20	19	18	71	70
25	26	27	44	45	54	55	68	69
30	29	28	43	46	53	56	67	66
31	32	33	42	47	52	57	64	65
36	35	34	41	48	51	58	63	62
37	38	39	40	49	50	59	60	61

::::: Puzzle (645) :::::

41	40	39	6	7	12	13	18	19
42	37	38	5	8	11	14	17	20
43	36	35	4	9	10	15	16	21
44	33	34	3	2	1	24	23	22
45	32	31	30	27	26	25	68	67
46	79	80	29	28	71	70	69	66
47	78	81	74	73	72	59	60	65
48	77	76	75	54	55	58	61	64
49	50	51	52	53	56	57	62	63

::::: Puzzle (646) :::::

73	74	75	76	77	78	79	80	81
72	71	64	63	62	61	36	35	34
69	70	65	58	59	60	37	32	33
68	67	66	57	56	39	38	31	30
51	52	53	54	55	40	25	26	29
50	47	46	45	44	41	24	27	28
49	48	5	4	43	42	23	22	21
8	7	6	3	2	1	16	17	20
9	10	11	12	13	14	15	18	19

::::: Puzzle (647) :::::

27	28	33	34	35	36	37	40	41
26	29	32	49	48	47	38	39	42
25	30	31	50	51	46	45	44	43
24	23	20	19	52	57	58	75	76
1	22	21	18	53	56	59	74	77
2	15	16	17	54	55	60	73	78
3	14	13	12	63	62	61	72	79
4	7	8	11	64	67	68	71	80
5	6	9	10	65	66	69	70	81

::::: Puzzle (648) :::::

37	38	39	40	41	42	45	46	47
36	35	34	33	32	43	44	49	48
7	6	5	4	31	80	79	50	51
8	9	10	3	30	81	78	53	52
13	12	11	2	29	76	77	54	55
14	23	24	1	28	75	60	59	56
15	22	25	26	27	74	61	58	57
16	21	20	71	72	73	62	63	64
17	18	19	70	69	68	67	66	65

::::: Puzzle (649) :::::

15	16	17	18	19	20	25	26	27
14	13	12	11	10	21	24	29	28
49	48	7	8	9	22	23	30	31
50	47	6	5	4	3	2	1	32
51	46	45	44	43	42	41	40	33
52	53	54	55	56	57	58	39	34
69	68	67	66	63	62	59	38	35
70	73	74	65	64	61	60	37	36
71	72	75	76	77	78	79	80	81

::::: Puzzle (650) :::::

55	54	49	48	41	40	39	36	35
56	53	50	47	42	43	38	37	34
57	52	51	46	45	44	75	76	33
58	61	62	63	64	73	74	77	32
59	60	67	66	65	72	81	78	31
16	17	68	69	70	71	80	79	30
15	18	19	20	21	22	23	24	29
14	11	10	7	6	3	2	25	28
13	12	9	8	5	4	1	26	27

::::: Puzzle (651) :::::

71	72	73	74	9	10	11	18	19
70	77	76	75	8	7	12	17	20
69	78	79	2	3	6	13	16	21
68	81	80	1	4	5	14	15	22
67	66	47	46	45	44	25	24	23
64	65	48	49	50	43	26	27	28
63	58	57	52	51	42	31	30	29
62	59	56	53	40	41	32	33	34
61	60	55	54	39	38	37	36	35

::::: Puzzle (652) :::::

1	4	5	8	9	52	53	56	57
2	3	6	7	10	51	54	55	58
15	14	13	12	11	50	61	60	59
16	17	18	45	46	49	62	67	68
21	20	19	44	47	48	63	66	69
22	29	30	43	42	41	64	65	70
23	28	31	32	39	40	73	72	71
24	27	34	33	38	75	74	81	80
25	26	35	36	37	76	77	78	79

::::: Puzzle (653) :::::

81	4	5	6	13	14	19	20	21
80	3	8	7	12	15	18	23	22
79	2	9	10	11	16	17	24	25
78	1	64	63	56	55	28	27	26
77	66	65	62	57	54	29	32	33
76	67	68	61	58	53	30	31	34
75	70	69	60	59	52	37	36	35
74	71	48	49	50	51	38	39	40
73	72	47	46	45	44	43	42	41

::::: Puzzle (654) :::::

49	48	47	46	45	42	41	40	39
50	51	52	81	44	43	34	35	38
55	54	53	80	1	32	33	36	37
56	57	78	79	2	31	30	29	28
59	58	77	76	3	24	25	26	27
60	61	62	75	4	23	22	21	20
65	64	63	74	5	12	13	14	19
66	69	70	73	6	11	10	15	18
67	68	71	72	7	8	9	16	17

::::: Puzzle (655) :::::

3	4	5	8	9	10	17	18	19
2	1	6	7	12	11	16	21	20
79	78	75	74	13	14	15	22	23
80	77	76	73	28	27	26	25	24
81	70	71	72	29	30	31	32	33
68	69	58	57	38	37	36	35	34
67	60	59	56	39	40	41	44	45
66	61	62	55	52	51	42	43	46
65	64	63	54	53	50	49	48	47

::::: Puzzle (656) :::::

7	8	9	10	11	12	17	18	19
6	5	34	33	32	13	16	21	20
3	4	35	36	31	14	15	22	23
2	1	38	37	30	29	28	27	24
79	78	39	40	51	52	53	26	25
80	77	42	41	50	49	54	57	58
81	76	43	46	47	48	55	56	59
74	75	44	45	68	67	64	63	60
73	72	71	70	69	66	65	62	61

::::: Puzzle (657) :::::

25	24	23	22	21	12	11	2	3
26	29	30	19	20	13	10	1	4
27	28	31	18	15	14	9	8	5
34	33	32	17	16	63	64	7	6
35	36	49	50	51	62	65	78	79
38	37	48	53	52	61	66	77	80
39	40	47	54	59	60	67	76	81
42	41	46	55	58	69	68	75	74
43	44	45	56	57	70	71	72	73

::::: Puzzle (658) :::::

65	64	59	58	57	56	55	54	53
66	63	60	81	34	35	50	51	52
67	62	61	80	33	36	49	48	47
68	69	70	79	32	37	38	45	46
73	72	71	78	31	30	39	44	43
74	75	76	77	28	29	40	41	42
1	8	9	10	27	24	23	22	21
2	7	6	11	26	25	16	17	20
3	4	5	12	13	14	15	18	19

::::: Puzzle (659) :::::

41	40	35	34	33	32	31	2	1
42	39	36	27	28	29	30	3	4
43	38	37	26	23	22	21	20	5
44	47	48	25	24	17	18	19	6
45	46	49	50	51	16	15	8	7
78	79	80	81	52	53	14	9	10
77	76	69	68	55	54	13	12	11
74	75	70	67	56	57	58	59	60
73	72	71	66	65	64	63	62	61

::::: Puzzle (660) :::::

81	80	79	78	77	76	75	74	73
64	65	66	67	68	69	70	71	72
63	62	61	50	49	46	45	42	41
58	59	60	51	48	47	44	43	40
57	56	55	52	33	34	35	36	39
8	7	54	53	32	29	28	37	38
9	6	5	4	31	30	27	26	25
10	1	2	3	16	17	20	21	24
11	12	13	14	15	18	19	22	23

Puzzle (661)

79	78	77	68	67	66	65	64	63
80	75	76	69	58	59	60	61	62
81	74	73	70	57	56	55	52	51
32	33	72	71	38	39	54	53	50
31	34	35	36	37	40	41	42	49
30	29	28	27	26	25	44	43	48
1	8	9	10	23	24	45	46	47
2	7	6	11	22	21	20	19	18
3	4	5	12	13	14	15	16	17

Puzzle (662)

1	18	19	28	29	32	33	44	45
2	17	20	27	30	31	34	43	46
3	16	21	26	37	36	35	42	47
4	15	22	25	38	39	40	41	48
5	14	23	24	55	54	51	50	49
6	13	58	57	56	53	52	65	66
7	12	59	60	61	62	63	64	67
8	11	74	73	72	71	70	69	68
9	10	75	76	77	78	79	80	81

Puzzle (663)

53	52	31	30	29	28	27	12	11
54	51	32	33	34	25	26	13	10
55	50	43	42	35	24	23	14	9
56	49	44	41	36	21	22	15	8
57	48	45	40	37	20	17	16	7
58	47	46	39	38	19	18	5	6
59	60	67	68	73	74	81	4	3
62	61	66	69	72	75	80	79	2
63	64	65	70	71	76	77	78	1

Puzzle (664)

31	30	29	22	21	20	79	80	81
32	33	28	23	18	19	78	77	76
35	34	27	24	17	12	11	10	75
36	37	26	25	16	13	8	9	74
39	38	1	2	15	14	7	72	73
40	43	44	3	4	5	6	71	70
41	42	45	46	59	60	61	68	69
50	49	48	47	58	57	62	67	66
51	52	53	54	55	56	63	64	65

Puzzle (665)

61	62	65	66	67	68	79	80	81
60	63	64	1	70	69	78	77	76
59	58	3	2	71	72	73	74	75
56	57	4	13	14	15	16	17	18
55	54	5	12	11	22	21	20	19
52	53	6	7	10	23	24	25	26
51	46	45	8	9	30	29	28	27
50	47	44	41	40	31	32	33	34
49	48	43	42	39	38	37	36	35

Puzzle (666)

9	8	3	2	53	54	63	64	81
10	7	4	1	52	55	62	65	80
11	6	5	50	51	56	61	66	79
12	25	26	49	48	57	60	67	78
13	24	27	28	47	58	59	68	77
14	23	22	29	46	45	44	69	76
15	20	21	30	37	38	43	70	75
16	19	32	31	36	39	42	71	74
17	18	33	34	35	40	41	72	73

Puzzle (667)

65	66	71	72	5	6	7	8	9
64	67	70	73	4	3	2	1	10
63	68	69	74	75	76	79	80	11
62	61	60	39	38	77	78	81	12
57	58	59	40	37	32	31	30	13
56	55	54	41	36	33	28	29	14
51	52	53	42	35	34	27	26	15
50	47	46	43	22	23	24	25	16
49	48	45	44	21	20	19	18	17

Puzzle (668)

57	56	55	54	53	52	31	30	29
58	61	62	49	50	51	32	33	28
59	60	63	48	47	46	35	34	27
78	79	64	65	44	45	36	37	26
77	80	81	66	43	42	41	38	25
76	69	68	67	12	13	40	39	24
75	70	9	10	11	14	15	22	23
74	71	8	5	4	1	16	21	20
73	72	7	6	3	2	17	18	19

Puzzle (669)

15	16	17	18	23	24	25	26	27
14	13	12	19	22	31	30	29	28
7	8	11	20	21	32	33	76	75
6	9	10	37	36	35	34	77	74
5	4	3	38	57	58	59	78	73
46	45	2	39	56	61	60	79	72
47	44	1	40	55	62	63	80	71
48	43	42	41	54	65	64	81	70
49	50	51	52	53	66	67	68	69

Puzzle (670)

61	62	65	66	69	70	73	74	75
60	63	64	67	68	71	72	77	76
59	58	57	56	55	14	13	78	81
50	51	52	53	54	15	12	79	80
49	46	45	28	27	16	11	10	1
48	47	44	29	26	17	18	9	2
39	40	43	30	25	24	19	8	3
38	41	42	31	32	23	20	7	4
37	36	35	34	33	22	21	6	5

Puzzle (671)

45	46	47	48	49	50	51	52	53
44	41	40	39	38	3	2	1	54
43	42	33	34	37	4	57	56	55
30	31	32	35	36	5	58	65	66
29	28	27	12	11	6	59	64	67
24	25	26	13	10	7	60	63	68
23	22	15	14	9	8	61	62	69
20	21	16	75	74	73	72	71	70
19	18	17	76	77	78	79	80	81

Puzzle (672)

3	2	11	12	13	14	15	16	17
4	1	10	9	26	25	22	21	18
5	6	7	8	27	24	23	20	19
78	79	80	81	28	29	30	31	32
77	72	71	70	69	36	35	34	33
76	73	66	67	68	37	38	39	40
75	74	65	64	53	52	43	42	41
60	61	62	63	54	51	44	45	46
59	58	57	56	55	50	49	48	47

Puzzle (673)

81	78	77	74	73	72	71	18	17
80	79	76	75	66	67	70	19	16
59	60	61	62	65	68	69	20	15
58	57	56	63	64	23	22	21	14
51	52	55	38	37	24	25	12	13
50	53	54	39	36	27	26	11	10
49	48	41	40	35	28	7	8	9
46	47	42	33	34	29	6	5	4
45	44	43	32	31	30	1	2	3

Puzzle (674)

33	32	19	18	15	14	13	12	11
34	31	20	17	16	5	6	7	10
35	30	21	22	23	4	1	8	9
36	29	26	25	24	3	2	75	76
37	28	27	70	71	72	73	74	77
38	45	46	69	68	67	66	65	78
39	44	47	48	61	62	63	64	79
40	43	50	49	60	59	58	57	80
41	42	51	52	53	54	55	56	81

Puzzle (675)

43	42	41	40	35	34	33	14	13
44	45	46	39	36	31	32	15	12
49	48	47	38	37	30	29	16	11
50	51	52	53	54	27	28	17	10
59	58	57	56	55	26	25	18	9
60	63	64	65	66	67	24	19	8
61	62	73	72	71	68	23	20	7
76	75	74	81	70	69	22	21	6
77	78	79	80	1	2	3	4	5

Puzzle (676)

81	78	77	74	73	70	69	68	67
80	79	76	75	72	71	54	55	66
35	36	37	38	39	52	53	56	65
34	33	32	31	40	51	50	57	64
23	24	25	30	41	48	49	58	63
22	21	26	29	42	47	46	59	62
19	20	27	28	43	44	45	60	61
18	17	16	15	14	13	12	11	10
1	2	3	4	5	6	7	8	9

Puzzle (677)

61	60	55	54	37	36	35	34	33
62	59	56	53	38	39	40	41	32
63	58	57	52	47	46	43	42	31
64	65	66	51	48	45	44	29	30
69	68	67	50	49	22	23	28	27
70	71	72	17	18	21	24	25	26
75	74	73	16	19	20	1	2	3
76	77	78	15	12	11	8	7	4
81	80	79	14	13	10	9	6	5

Puzzle (678)

81	76	75	74	73	72	71	38	37
80	77	64	65	68	69	70	39	36
79	78	63	66	67	56	55	40	35
2	1	62	61	58	57	54	41	34
3	8	9	60	59	52	53	42	33
4	7	10	11	12	51	50	43	32
5	6	17	16	13	48	49	44	31
20	19	18	15	14	47	46	45	30
21	22	23	24	25	26	27	28	29

Puzzle (679)

7	8	11	12	27	28	29	42	43
6	9	10	13	26	31	30	41	44
5	18	17	14	25	32	33	40	45
4	19	16	15	24	35	34	39	46
3	20	21	22	23	36	37	38	47
2	57	56	55	52	51	50	49	48
1	58	59	54	53	64	65	68	69
80	81	60	61	62	63	66	67	70
79	78	77	76	75	74	73	72	71

Puzzle (680)

21	22	23	48	49	56	57	58	59
20	25	24	47	50	55	54	61	60
19	26	45	46	51	52	53	62	63
18	27	44	43	42	41	40	81	64
17	28	29	30	31	32	39	80	65
16	15	14	1	34	33	38	79	66
11	12	13	2	35	36	37	78	67
10	9	6	3	74	75	76	77	68
9	8	5	4	73	72	71	70	69

Puzzle (681)

81	80	79	50	49	4	5	6	7
76	77	78	51	48	3	2	9	8
75	74	53	52	47	46	1	10	11
72	73	54	55	56	45	18	17	12
71	66	65	64	57	44	19	16	13
70	67	62	63	58	43	20	15	14
69	68	61	60	59	42	21	24	25
36	37	38	39	40	41	22	23	26
35	34	33	32	31	30	29	28	27

Puzzle (682)

39	40	41	42	45	46	51	52	53
38	37	36	43	44	47	50	55	54
33	34	35	22	21	48	49	56	57
32	31	24	23	20	19	18	59	58
29	30	25	14	15	16	17	60	61
28	27	26	13	2	3	4	63	62
79	78	11	12	1	6	5	64	65
80	77	10	9	8	7	70	69	66
81	76	75	74	73	72	71	68	67

Puzzle (683)

77	78	59	58	57	56	55	52	51
76	79	60	61	30	31	54	53	50
75	80	81	62	29	32	33	48	49
74	65	64	63	28	27	34	47	46
73	66	11	12	25	26	35	36	45
72	67	10	13	24	23	22	37	44
71	68	9	14	15	16	21	38	43
70	69	8	7	6	17	20	39	42
1	2	3	4	5	18	19	40	41

Puzzle (684)

55	54	49	48	47	8	9	12	13
56	53	50	45	46	7	10	11	14
57	52	51	44	43	6	17	16	15
58	59	60	61	42	5	18	21	22
65	64	63	62	41	4	19	20	23
66	69	70	39	40	3	2	1	24
67	68	71	38	37	36	31	30	25
74	73	72	79	80	35	32	29	26
75	76	77	78	81	34	33	28	27

Puzzle (685)

19	18	17	10	9	8	5	4	1
20	21	16	11	12	7	6	3	2
23	22	15	14	13	30	31	32	33
24	25	26	27	28	29	38	37	34
45	44	43	42	41	40	39	36	35
46	53	54	57	58	59	60	61	62
47	52	55	56	67	66	65	64	63
48	51	70	69	68	75	76	77	78
49	50	71	72	73	74	81	80	79

Puzzle (686)

79	80	67	66	65	64	29	28	27
78	81	68	61	62	63	30	25	26
77	76	69	60	35	34	31	24	23
74	75	70	59	36	33	32	21	22
73	72	71	58	37	18	19	20	1
54	55	56	57	38	17	16	15	2
53	52	51	50	39	12	13	14	3
46	47	48	49	40	11	8	7	4
45	44	43	42	41	10	9	6	5

Puzzle (687)

31	32	35	36	37	38	39	40	41
30	33	34	65	64	63	46	45	42
29	80	81	66	67	62	47	44	43
28	79	78	69	68	61	48	49	50
27	26	77	70	71	60	55	54	51
24	25	76	75	72	59	56	53	52
23	20	19	74	73	58	57	12	11
22	21	18	17	16	15	14	13	10
1	2	3	4	5	6	7	8	9

Puzzle (688)

13	12	11	10	9	8	7	6	5
14	19	20	25	26	1	2	3	4
15	18	21	24	27	32	33	34	35
16	17	22	23	28	31	80	81	36
65	66	69	70	29	30	79	78	37
64	67	68	71	72	73	74	77	38
63	58	57	56	55	54	75	76	39
62	59	50	51	52	53	44	43	40
61	60	49	48	47	46	45	42	41

Puzzle (689)

11	10	9	8	7	6	23	24	25
12	1	2	3	4	5	22	27	26
13	14	15	16	19	20	21	28	29
50	49	48	17	18	39	38	31	30
51	52	47	44	43	40	37	32	33
54	53	46	45	42	41	36	35	34
55	60	61	64	65	66	67	68	69
56	59	62	63	78	77	74	73	70
57	58	81	80	79	76	75	72	71

Puzzle (690)

11	12	13	14	15	16	17	18	19
10	27	26	25	24	23	22	21	20
9	28	29	34	35	40	41	46	47
8	7	30	33	36	39	42	45	48
5	6	31	32	37	38	43	44	49
4	61	60	59	56	55	52	51	50
3	62	81	58	57	54	53	74	73
2	63	80	79	78	77	76	75	72
1	64	65	66	67	68	69	70	71

Puzzle (691)

81	76	75	74	73	72	71	12	11
80	77	64	65	66	69	70	13	10
79	78	63	62	67	68	15	14	9
58	59	60	61	22	21	16	17	8
57	56	55	54	23	20	19	18	7
48	49	52	53	24	25	26	27	6
47	50	51	38	37	36	29	28	5
46	43	42	39	34	35	30	1	4
45	44	41	40	33	32	31	2	3

Puzzle (692)

21	20	19	18	17	16	15	12	11
22	23	24	1	4	5	14	13	10
27	26	25	2	3	6	7	8	9
28	29	30	31	32	33	34	75	76
49	48	41	40	37	36	35	74	77
50	47	42	39	38	65	66	73	78
51	46	43	58	59	64	67	72	79
52	45	44	57	60	63	68	71	80
53	54	55	56	61	62	69	70	81

Puzzle (693)

59	58	57	48	47	40	39	38	37
60	61	56	49	46	41	42	35	36
63	62	55	50	45	44	43	34	33
64	65	54	51	24	25	28	29	32
67	66	53	52	23	26	27	30	31
68	69	70	21	22	17	16	15	14
81	72	71	20	19	18	11	12	13
80	73	74	75	2	3	10	9	8
79	78	77	76	1	4	5	6	7

Puzzle (694)

61	60	57	56	17	16	15	2	1
62	59	58	55	18	19	14	3	4
63	64	53	54	21	20	13	12	5
66	65	52	51	22	23	10	11	6
67	68	49	50	25	24	9	8	7
70	69	48	47	26	27	28	31	32
71	76	77	46	45	44	29	30	33
72	75	78	81	42	43	38	37	34
73	74	79	80	41	40	39	36	35

Puzzle (695)

81	64	63	58	57	56	55	54	53
80	65	62	59	46	47	48	49	52
79	66	61	60	45	2	3	50	51
78	67	42	43	44	1	4	5	6
77	68	41	40	25	24	9	8	7
76	69	38	39	26	23	10	11	12
75	70	37	36	27	22	21	14	13
74	71	34	35	28	29	20	15	16
73	72	33	32	31	30	19	18	17

Puzzle (696)

55	54	53	48	47	40	39	36	35
56	57	52	49	46	41	38	37	34
59	58	51	50	45	42	31	32	33
60	1	2	3	44	43	30	29	28
61	62	63	4	5	6	23	24	27
70	69	64	65	8	7	22	25	26
71	68	67	66	9	10	21	20	19
72	73	74	75	76	11	14	15	18
81	80	79	78	77	12	13	16	17

Puzzle (697)

37	36	31	30	25	24	5	4	3
38	35	32	29	26	23	6	7	2
39	34	33	28	27	22	9	8	1
40	51	52	63	64	21	10	11	12
41	50	53	62	65	20	19	18	13
42	49	54	61	66	67	68	17	14
43	48	55	60	71	70	69	16	15
44	47	56	59	72	75	76	81	80
45	46	57	58	73	74	77	78	79

Puzzle (698)

51	50	49	48	47	46	45	38	37
52	1	4	5	6	43	44	39	36
53	2	3	8	7	42	41	40	35
54	55	10	9	14	15	22	23	34
57	56	11	12	13	16	21	24	33
58	65	66	81	80	17	20	25	32
59	64	67	78	79	18	19	26	31
60	63	68	77	76	75	74	27	30
61	62	69	70	71	72	73	28	29

Puzzle (699)

29	28	27	26	25	20	19	12	11
30	31	32	33	24	21	18	13	10
37	36	35	34	23	22	17	14	9
38	39	40	41	42	43	16	15	8
57	56	53	52	45	44	5	6	7
58	55	54	51	46	47	4	77	78
59	60	61	50	49	48	3	76	79
64	63	62	69	70	1	2	75	80
65	66	67	68	71	72	73	74	81

Puzzle (700)

15	14	13	12	11	10	1	2	3
16	17	18	19	20	9	8	7	4
25	24	23	22	21	34	35	6	5
26	27	28	31	32	33	36	37	38
55	54	29	30	49	48	41	40	39
56	53	52	51	50	47	42	77	78
57	58	65	66	67	46	43	76	79
60	59	64	69	68	45	44	75	80
61	62	63	70	71	72	73	74	81

Puzzle (701)

57	56	53	52	51	50	49	42	41
58	55	54	81	80	47	48	43	40
59	72	73	78	79	46	45	44	39
60	71	74	77	12	11	6	5	38
61	70	75	76	13	10	7	4	37
62	69	16	15	14	9	8	3	36
63	68	17	18	19	20	21	2	35
64	67	26	25	24	23	22	1	34
65	66	27	28	29	30	31	32	33

Puzzle (702)

33	34	35	68	69	70	71	72	73
32	37	36	67	66	65	64	63	74
31	38	45	46	57	58	61	62	75
30	39	44	47	56	59	60	77	76
29	40	43	48	55	54	53	78	81
28	41	42	49	50	51	52	79	80
27	26	19	18	13	12	11	10	1
24	25	20	17	14	7	8	9	2
23	22	21	16	15	6	5	4	3

Puzzle (703)

31	32	33	52	53	54	63	64	65
30	35	34	51	50	55	62	81	66
29	36	43	44	49	56	61	80	67
28	37	42	45	48	57	60	79	68
27	38	41	46	47	58	59	78	69
26	39	40	15	14	13	12	77	70
25	20	19	16	9	10	11	76	71
24	21	18	17	8	7	6	75	72
23	22	1	2	3	4	5	74	73

Puzzle (704)

73	74	75	76	77	78	79	80	81
72	71	62	61	60	59	48	47	46
69	70	63	56	57	58	49	44	45
68	65	64	55	54	51	50	43	42
67	66	21	22	53	52	39	40	41
18	19	20	23	24	25	38	37	36
17	12	11	10	27	26	31	32	35
16	13	8	9	28	29	30	33	34
15	14	7	6	5	4	3	2	1

Puzzle (705)

17	18	19	78	79	80	65	64	63
16	1	20	77	76	81	66	67	62
15	2	21	22	75	72	71	68	61
14	3	24	23	74	73	70	69	60
13	4	25	26	27	48	49	50	59
12	5	30	29	28	47	46	51	58
11	6	31	32	39	40	45	52	57
10	7	34	33	38	41	44	53	56
9	8	35	36	37	42	43	54	55

Puzzle (706)

79	80	61	60	59	48	47	46	45
78	81	62	57	58	49	50	51	44
77	64	63	56	55	54	53	52	43
76	65	8	9	36	37	38	39	42
75	66	7	10	35	32	31	40	41
74	67	6	11	34	33	30	29	28
73	68	5	12	13	18	19	20	27
72	69	4	1	14	17	22	21	26
71	70	3	2	15	16	23	24	25

Puzzle (707)

79	80	81	64	63	62	1	4	5
78	69	68	65	60	61	2	3	6
77	70	67	66	59	26	25	24	7
76	71	56	57	58	27	22	23	8
75	72	55	40	39	28	21	20	9
74	73	54	41	38	29	18	19	10
51	52	53	42	37	30	17	16	11
50	47	46	43	36	31	32	15	12
49	48	45	44	35	34	33	14	13

Puzzle (708)

49	48	3	2	1	10	11	14	15
50	47	4	5	6	9	12	13	16
51	46	43	42	7	8	35	34	17
52	45	44	41	40	37	36	33	18
53	62	63	64	39	38	81	32	19
54	61	66	65	76	77	80	31	20
55	60	67	68	75	78	79	30	21
56	59	70	69	74	27	28	29	22
57	58	71	72	73	26	25	24	23

Puzzle (709)

81	80	79	78	77	74	73	70	69
52	53	56	57	76	75	72	71	68
51	54	55	58	59	60	63	64	67
50	49	8	9	10	61	62	65	66
47	48	7	6	11	14	15	18	19
46	1	2	5	12	13	16	17	20
45	44	3	4	33	32	23	22	21
42	43	38	37	34	31	24	25	26
41	40	39	36	35	30	29	28	27

Puzzle (710)

53	52	45	44	43	12	11	10	9
54	51	46	41	42	13	14	15	8
55	50	47	40	27	26	17	16	7
56	49	48	39	28	25	18	19	6
57	58	59	38	29	24	21	20	5
66	65	60	37	30	23	22	3	4
67	64	61	36	31	32	1	2	81
68	63	62	35	34	33	76	77	80
69	70	71	72	73	74	75	78	79

Puzzle (711)

3	2	1	14	15	18	19	46	47
4	5	12	13	16	17	20	45	48
7	6	11	24	23	22	21	44	49
8	9	10	25	36	37	42	43	50
29	28	27	26	35	38	41	52	51
30	31	32	33	34	39	40	53	54
65	64	63	62	61	60	57	56	55
66	69	70	73	74	59	58	79	80
67	68	71	72	75	76	77	78	81

Puzzle (712)

43	44	45	46	49	50	79	80	81
42	39	38	47	48	51	78	77	76
41	40	37	36	35	52	61	62	75
24	25	26	33	34	53	60	63	74
23	22	27	32	31	54	59	64	73
20	21	28	29	30	55	58	65	72
19	18	17	16	15	56	57	66	71
10	11	12	13	14	3	2	67	70
9	8	7	6	5	4	1	68	69

Puzzle (713)

13	14	15	28	29	36	37	42	43
12	17	16	27	30	35	38	41	44
11	18	19	26	31	34	39	40	45
10	21	20	25	32	33	50	49	46
9	22	23	24	81	52	51	48	47
8	7	78	79	80	53	54	55	56
1	6	77	76	61	60	59	58	57
2	5	74	75	62	63	64	65	66
3	4	73	72	71	70	69	68	67

Puzzle (714)

67	68	81	80	79	6	7	14	15
66	69	72	73	78	5	8	13	16
65	70	71	74	77	4	9	12	17
64	63	62	75	76	3	10	11	18
59	60	61	46	45	2	21	20	19
58	51	50	47	44	1	22	25	26
57	52	49	48	43	42	23	24	27
56	53	38	39	40	41	32	31	28
55	54	37	36	35	34	33	30	29

Puzzle (715)

5	4	3	2	1	12	13	22	23
6	7	8	9	10	11	14	21	24
67	66	59	58	57	16	15	20	25
68	65	60	55	56	17	18	19	26
69	64	61	54	53	52	33	32	27
70	63	62	49	50	51	34	31	28
71	80	79	48	47	36	35	30	29
72	81	78	77	46	37	38	39	40
73	74	75	76	45	44	43	42	41

Puzzle (716)

3	4	33	34	39	40	45	46	47
2	5	32	35	38	41	44	49	48
1	6	31	36	37	42	43	50	51
8	7	30	29	64	63	62	53	52
9	18	19	28	65	66	61	54	55
10	17	20	27	68	67	60	59	56
11	16	21	26	69	74	75	58	57
12	15	22	25	70	73	76	77	78
13	14	23	24	71	72	81	80	79

Puzzle (717)

39	38	37	36	35	28	27	26	25
40	1	2	33	34	29	22	23	24
41	4	3	32	31	30	21	20	19
42	5	6	7	10	11	14	15	18
43	44	45	8	9	12	13	16	17
80	81	46	47	48	49	50	51	52
79	78	69	68	67	56	55	54	53
76	77	70	71	66	57	58	59	60
75	74	73	72	65	64	63	62	61

Puzzle (718)

13	12	11	10	9	8	7	6	5
14	15	16	17	30	31	32	1	4
21	20	19	18	29	34	33	2	3
22	23	24	25	28	35	36	37	38
79	78	77	26	27	44	43	42	39
80	75	76	61	60	45	46	41	40
81	74	63	62	59	58	47	48	49
72	73	64	65	66	57	54	53	50
71	70	69	68	67	56	55	52	51

Puzzle (719)

61	62	63	64	65	66	67	68	69
60	59	58	57	46	45	44	71	70
53	54	55	56	47	42	43	72	73
52	51	50	49	48	41	76	75	74
25	26	27	38	39	40	77	78	1
24	23	28	37	36	81	80	79	2
21	22	29	30	35	34	5	4	3
20	17	16	31	32	33	6	7	8
19	18	15	14	13	12	11	10	9

Puzzle (720)

1	14	15	16	75	76	77	78	79
2	13	18	17	74	73	72	71	80
3	12	19	20	21	68	69	70	81
4	11	24	23	22	67	66	65	64
5	10	25	26	27	56	57	58	63
6	9	30	29	28	55	54	59	62
7	8	31	32	43	44	53	60	61
36	35	34	33	42	45	52	51	50
37	38	39	40	41	46	47	48	49

Puzzle (721)

61	62	63	64	65	66	71	72	73
60	57	56	55	54	67	70	75	74
59	58	27	28	53	68	69	76	77
12	13	26	29	52	51	50	81	78
11	14	25	30	33	34	49	80	79
10	15	24	31	32	35	48	45	44
9	16	23	22	21	36	47	46	43
8	17	18	19	20	37	38	39	42
7	6	5	4	3	2	1	40	41

Puzzle (722)

29	28	27	26	25	24	23	22	21
30	31	32	33	34	35	36	37	20
55	54	53	48	47	44	43	38	19
56	57	52	49	46	45	42	39	18
59	58	51	50	71	72	41	40	17
60	67	68	69	70	73	74	75	16
61	66	81	80	79	78	77	76	15
62	65	4	3	2	1	10	11	14
63	64	5	6	7	8	9	12	13

Puzzle (723)

75	76	77	78	39	38	37	32	31
74	81	80	79	40	41	36	33	30
73	70	69	52	51	42	35	34	29
72	71	68	53	50	43	44	45	28
65	66	67	54	49	48	47	46	27
64	63	62	55	56	57	24	25	26
7	8	61	60	59	58	23	22	21
6	9	10	11	12	13	16	17	20
5	4	3	2	1	14	15	18	19

Puzzle (724)

81	78	77	74	73	72	43	42	41
80	79	76	75	70	71	44	39	40
65	66	67	68	69	46	45	38	37
64	63	62	49	48	47	34	35	36
59	60	61	50	51	52	33	32	31
58	57	56	55	54	53	26	27	30
3	4	9	10	11	24	25	28	29
2	5	8	13	12	23	22	21	20
1	6	7	14	15	16	17	18	19

Puzzle (725)

63	62	61	58	57	56	55	54	53
64	65	60	59	44	45	48	49	52
81	66	3	2	43	46	47	50	51
80	67	4	1	42	41	40	39	38
79	68	5	6	21	22	23	24	37
78	69	8	7	20	19	26	25	36
77	70	9	10	17	18	27	34	35
76	71	72	11	16	15	28	33	32
75	74	73	12	13	14	29	30	31

Puzzle (726)

17	18	45	46	47	52	53	54	55
16	19	44	43	48	51	58	57	56
15	20	41	42	49	50	59	60	61
14	21	40	39	38	37	64	63	62
13	22	29	30	35	36	65	66	67
12	23	28	31	34	71	70	69	68
11	24	27	32	33	72	73	78	79
10	25	26	5	4	3	74	77	80
9	8	7	6	1	2	75	76	81

Puzzle (727)

81	78	77	72	71	70	69	68	67
80	79	76	73	62	63	64	65	66
47	48	75	74	61	60	59	22	21
46	49	52	53	56	57	58	23	20
45	50	51	54	55	26	25	24	19
44	41	40	29	28	27	16	17	18
43	42	39	30	1	14	15	10	9
36	37	38	31	2	13	12	11	8
35	34	33	32	3	4	5	6	7

Puzzle (728)

75	76	77	78	79	54	53	46	45
74	73	72	71	80	55	52	47	44
67	68	69	70	81	56	51	48	43
66	61	60	59	58	57	50	49	42
65	62	15	16	21	22	39	40	41
64	63	14	17	20	23	38	37	36
3	4	13	18	19	24	29	30	35
2	5	12	11	10	25	28	31	34
1	6	7	8	9	26	27	32	33

Puzzle (729)

61	60	59	50	49	48	47	30	29
62	63	58	51	44	45	46	31	28
65	64	57	52	43	34	33	32	27
66	67	56	53	42	35	24	25	26
69	68	55	54	41	36	23	22	21
70	71	74	75	40	37	18	19	20
81	72	73	76	39	38	17	16	15
80	79	78	77	6	7	10	11	14
1	2	3	4	5	8	9	12	13

Puzzle (730)

15	14	13	12	11	10	9	8	7
16	25	26	27	2	3	4	5	6
17	24	29	28	1	34	35	38	39
18	23	30	31	32	33	36	37	40
19	22	47	46	45	44	43	42	41
20	21	48	49	50	81	80	79	78
59	58	55	54	51	70	71	72	77
60	57	56	53	52	69	68	73	76
61	62	63	64	65	66	67	74	75

Puzzle (731)

65	64	63	62	61	8	7	4	3
66	53	54	55	60	9	6	5	2
67	52	51	56	59	10	11	12	1
68	49	50	57	58	35	34	13	14
69	48	43	42	37	36	33	16	15
70	47	44	41	38	31	32	17	18
71	46	45	40	39	30	29	20	19
72	73	74	75	76	27	28	21	22
81	80	79	78	77	26	25	24	23

Puzzle (732)

73	72	61	60	47	46	45	44	43
74	71	62	59	48	39	40	41	42
75	70	63	58	49	38	33	32	31
76	69	64	57	50	37	34	29	30
77	68	65	56	51	36	35	28	27
78	67	66	55	52	23	24	25	26
79	80	81	54	53	22	21	18	17
6	5	4	3	2	1	20	19	16
7	8	9	10	11	12	13	14	15

Puzzle (733)

45	44	41	40	39	38	37	36	35
46	43	42	27	28	29	32	33	34
47	48	49	26	25	30	31	74	75
54	53	50	23	24	7	6	73	76
55	52	51	22	21	8	5	72	77
56	17	18	19	20	9	4	71	78
57	16	13	12	11	10	3	70	79
58	15	14	63	64	1	2	69	80
59	60	61	62	65	66	67	68	81

Puzzle (734)

75	76	77	2	3	6	7	8	9
74	73	78	1	4	5	14	13	10
71	72	79	80	17	16	15	12	11
70	69	68	81	18	19	20	21	22
65	66	67	28	27	26	25	24	23
64	61	60	29	32	33	36	37	38
63	62	59	30	31	34	35	40	39
56	57	58	51	50	47	46	41	42
55	54	53	52	49	48	45	44	43

Puzzle (735)

33	32	31	30	29	28	5	4	3
34	35	36	23	24	27	6	7	2
39	38	37	22	25	26	9	8	1
40	41	42	21	20	19	10	11	12
77	76	43	44	45	18	17	16	13
78	75	74	47	46	51	52	15	14
79	72	73	48	49	50	53	54	55
80	71	68	67	64	63	60	59	56
81	70	69	66	65	62	61	58	57

Puzzle (736)

3	2	1	32	33	36	37	42	43
4	5	30	31	34	35	38	41	44
7	6	29	28	27	26	39	40	45
8	21	22	23	24	25	48	47	46
9	20	79	80	69	68	49	50	51
10	19	78	81	70	67	60	59	52
11	18	77	76	71	66	61	58	53
12	17	16	75	72	65	62	57	54
13	14	15	74	73	64	63	56	55

Puzzle (737)

81	80	79	78	77	22	23	26	27
72	73	74	75	76	21	24	25	28
71	12	13	14	15	20	19	30	29
70	11	10	9	16	17	18	31	32
69	2	1	8	53	52	51	34	33
68	3	4	7	54	49	50	35	36
67	66	5	6	55	48	39	38	37
64	65	60	59	56	47	40	41	42
63	62	61	58	57	46	45	44	43

Puzzle (738)

69	70	71	72	73	74	77	78	79
68	67	66	63	62	75	76	81	80
43	44	65	64	61	60	1	2	3
42	45	50	51	58	59	6	5	4
41	46	49	52	57	56	7	8	9
40	47	48	53	54	55	18	17	10
39	38	31	30	21	20	19	16	11
36	37	32	29	22	23	24	15	12
35	34	33	28	27	26	25	14	13

Puzzle (739)

57	56	51	50	17	18	19	20	21
58	55	52	49	16	15	14	13	22
59	54	53	48	47	10	11	12	23
60	61	62	63	46	9	8	7	24
69	68	65	64	45	2	3	6	25
70	67	66	43	44	1	4	5	26
71	72	73	42	41	30	29	28	27
76	75	74	81	40	31	32	33	34
77	78	79	80	39	38	37	36	35

Puzzle (740)

7	8	51	52	53	54	55	56	57
6	9	50	49	48	61	60	59	58
5	10	33	34	47	62	63	72	73
4	11	32	35	46	45	64	71	74
3	12	31	36	37	44	65	70	75
2	13	30	39	38	43	66	69	76
1	14	29	40	41	42	67	68	77
16	15	28	27	26	25	24	81	78
17	18	19	20	21	22	23	80	79

::::: Puzzle (741) :::::

55	54	5	6	7	8	9	10	11
56	53	4	3	2	15	14	13	12
57	52	47	46	1	16	17	20	21
58	51	48	45	42	41	18	19	22
59	50	49	44	43	40	35	34	23
60	61	62	63	64	39	36	33	24
81	76	75	66	65	38	37	32	25
80	77	74	67	68	69	30	31	26
79	78	73	72	71	70	29	28	27

::::: Puzzle (742) :::::

35	36	37	48	49	50	51	52	53
34	33	38	47	46	45	56	55	54
31	32	39	40	43	44	57	58	59
30	29	28	41	42	63	62	61	60
25	26	27	20	19	64	65	78	77
24	23	22	21	18	17	66	79	76
9	10	11	12	15	16	67	80	75
8	5	4	13	14	69	68	81	74
7	6	3	2	1	70	71	72	73

::::: Puzzle (743) :::::

45	46	47	54	55	56	57	58	59
44	43	48	53	52	81	78	77	60
41	42	49	50	51	80	79	76	61
40	39	38	37	36	1	2	75	62
31	32	33	34	35	4	3	74	63
30	23	22	9	8	5	72	73	64
29	24	21	10	7	6	71	70	65
28	25	20	11	12	13	14	69	66
27	26	19	18	17	16	15	68	67

::::: Puzzle (744) :::::

47	46	45	44	43	42	41	38	37
48	49	50	15	16	17	40	39	36
53	52	51	14	13	18	19	34	35
54	1	4	5	12	11	20	33	32
55	2	3	6	9	10	21	30	31
56	57	58	7	8	23	22	29	28
81	60	59	64	65	24	25	26	27
80	61	62	63	66	67	68	69	70
79	78	77	76	75	74	73	72	71

::::: Puzzle (745) :::::

9	8	3	2	31	32	75	76	77
10	7	4	1	30	33	74	79	78
11	6	5	28	29	34	73	80	81
12	23	24	27	36	35	72	71	70
13	22	25	26	37	58	59	60	69
14	21	40	39	38	57	56	61	68
15	20	41	42	43	54	55	62	67
16	19	46	45	44	53	52	63	66
17	18	47	48	49	50	51	64	65

::::: Puzzle (746) :::::

61	62	63	64	65	66	67	74	75
60	45	44	35	34	69	68	73	76
59	46	43	36	33	70	71	72	77
58	47	42	37	32	31	30	29	78
57	48	41	38	21	22	27	28	79
56	49	40	39	20	23	26	1	80
55	50	17	18	19	24	25	2	81
54	51	16	13	12	9	8	3	4
53	52	15	14	11	10	7	6	5

::::: Puzzle (747) :::::

37	36	35	34	25	24	23	22	21
38	43	44	33	26	17	18	19	20
39	42	45	32	27	16	15	14	13
40	41	46	31	28	9	10	11	12
49	48	47	30	29	8	7	6	5
50	51	52	53	54	1	2	3	4
63	62	59	58	55	80	79	78	77
64	61	60	57	56	81	72	73	76
65	66	67	68	69	70	71	74	75

::::: Puzzle (748) :::::

1	28	29	30	35	36	41	42	43
2	27	26	31	34	37	40	45	44
3	24	25	32	33	38	39	46	47
4	23	22	21	56	55	52	51	48
5	18	19	20	57	54	53	50	49
6	17	16	15	58	59	60	61	62
7	12	13	14	75	74	65	64	63
8	11	78	77	76	73	66	67	68
9	10	79	80	81	72	71	70	69

::::: Puzzle (749) :::::

45	46	49	50	53	54	55	56	57
44	47	48	51	52	61	60	59	58
43	42	41	40	39	62	65	66	67
12	11	36	37	38	63	64	69	68
13	10	35	34	33	32	31	70	71
14	9	6	5	2	1	30	73	72
15	8	7	4	3	28	29	74	75
16	19	20	23	24	27	78	77	76
17	18	21	22	25	26	79	80	81

::::: Puzzle (750) :::::

53	54	81	80	79	78	77	20	19
52	55	56	71	72	75	76	21	18
51	58	57	70	73	74	23	22	17
50	59	60	69	68	67	24	25	16
49	48	61	64	65	66	27	26	15
46	47	62	63	30	29	28	13	14
45	44	43	42	31	10	11	12	1
38	39	40	41	32	9	6	5	2
37	36	35	34	33	8	7	4	3

::::: Puzzle (751) :::::

17	16	15	14	13	12	11	8	7
18	19	20	21	22	23	10	9	6
43	42	41	36	35	24	25	26	5
44	45	40	37	34	31	30	27	4
47	46	39	38	33	32	29	28	3
48	49	50	53	54	57	58	1	2
71	70	51	52	55	56	59	60	61
72	69	68	67	66	65	64	63	62
73	74	75	76	77	78	79	80	81

::::: Puzzle (752) :::::

27	26	25	24	23	22	21	20	19
28	1	6	7	10	11	14	15	18
29	2	5	8	9	12	13	16	17
30	3	4	53	54	55	56	57	58
31	32	51	52	73	72	71	70	59
34	33	50	81	74	75	76	69	60
35	36	49	80	79	78	77	68	61
38	37	48	47	46	45	66	67	62
39	40	41	42	43	44	65	64	63

::::: Puzzle (753) :::::

81	70	69	62	61	60	59	58	57
80	71	68	63	52	53	54	55	56
79	72	67	64	51	50	49	48	47
78	73	66	65	42	43	44	45	46
77	74	21	22	41	40	39	38	37
76	75	20	23	26	27	32	33	36
17	18	19	24	25	28	31	34	35
16	13	12	9	8	29	30	3	2
15	14	11	10	7	6	5	4	1

::::: Puzzle (754) :::::

55	56	57	60	61	62	63	20	19
54	53	58	59	66	65	64	21	18
51	52	71	70	67	26	25	22	17
50	49	72	69	68	27	24	23	16
47	48	73	74	75	28	13	14	15
46	45	78	77	76	29	12	11	10
43	44	79	36	35	30	31	8	9
42	81	80	37	34	33	32	7	6
41	40	39	38	1	2	3	4	5

::::: Puzzle (755) :::::

23	24	25	26	27	28	39	40	41
22	21	20	19	30	29	38	43	42
9	10	17	18	31	36	37	44	45
8	11	16	15	32	35	48	47	46
7	12	13	14	33	34	49	50	51
6	5	60	59	58	57	56	55	52
3	4	61	80	79	78	77	54	53
2	63	62	81	68	69	76	75	74
1	64	65	66	67	70	71	72	73

::::: Puzzle (756) :::::

81	78	77	76	75	64	63	58	57
80	79	72	73	74	65	62	59	56
9	8	71	68	67	66	61	60	55
10	7	70	69	50	51	52	53	54
11	6	5	4	49	48	47	46	45
12	1	2	3	26	27	42	43	44
13	18	19	24	25	28	41	40	39
14	17	20	23	30	29	34	35	38
15	16	21	22	31	32	33	36	37

::::: Puzzle (757) :::::

19	18	15	14	9	8	7	6	1
20	17	16	13	10	71	70	5	2
21	24	25	12	11	72	69	4	3
22	23	26	27	74	73	68	67	66
31	30	29	28	75	76	77	64	65
32	33	34	35	36	79	78	63	62
43	42	41	40	37	80	59	60	61
44	47	48	39	38	81	58	57	56
45	46	49	50	51	52	53	54	55

::::: Puzzle (758) :::::

61	60	59	58	57	54	53	52	51
62	63	64	65	56	55	46	47	50
73	72	71	66	43	44	45	48	49
74	75	70	67	42	41	40	37	36
77	76	69	68	29	30	39	38	35
78	79	26	27	28	31	32	33	34
81	80	25	22	21	18	17	14	13
2	1	24	23	20	19	16	15	12
3	4	5	6	7	8	9	10	11

::::: Puzzle (759) :::::

27	28	43	44	47	48	49	64	65
26	29	42	45	46	51	50	63	66
25	30	41	40	39	52	53	62	67
24	31	34	35	38	55	54	61	68
23	32	33	36	37	56	57	60	69
22	15	14	11	10	9	58	59	70
21	16	13	12	7	8	73	72	71
20	17	4	5	6	75	74	81	80
19	18	3	2	1	76	77	78	79

::::: Puzzle (760) :::::

11	10	9	8	7	4	3	32	33
12	13	14	15	6	5	2	31	34
19	18	17	16	25	26	1	30	35
20	21	22	23	24	27	28	29	36
75	76	77	78	79	80	81	38	37
74	71	70	67	66	51	50	39	40
73	72	69	68	65	52	49	42	41
60	61	62	63	64	53	48	43	44
59	58	57	56	55	54	47	46	45

::::: Puzzle (761) :::::

5	4	3	2	1	58	59	60	61
6	13	14	15	16	57	56	63	62
7	12	23	22	17	18	55	64	65
8	11	24	21	20	19	54	67	66
9	10	25	38	39	52	53	68	81
28	27	26	37	40	51	70	69	80
29	34	35	36	41	50	71	78	79
30	33	44	43	42	49	72	77	76
31	32	45	46	47	48	73	74	75

::::: Puzzle (762) :::::

81	78	77	76	75	72	71	70	69
80	79	34	35	74	73	66	67	68
1	32	33	36	37	38	65	64	63
2	31	30	29	28	39	60	61	62
3	24	25	26	27	40	59	58	57
4	23	22	21	20	41	42	55	56
5	16	17	18	19	44	43	54	53
6	15	14	13	12	45	48	49	52
7	8	9	10	11	46	47	50	51

::::: Puzzle (763) :::::

39	40	45	46	49	50	51	52	53
38	41	44	47	48	57	56	55	54
37	42	43	68	67	58	59	60	61
36	35	70	69	66	65	64	63	62
33	34	71	74	75	22	21	18	17
32	81	72	73	76	23	20	19	16
31	80	79	78	77	24	13	14	15
30	29	28	27	26	25	12	11	10
1	2	3	4	5	6	7	8	9

::::: Puzzle (764) :::::

61	60	59	58	19	18	15	14	1
62	81	56	57	20	17	16	13	2
63	80	55	54	21	22	23	12	3
64	79	78	53	52	25	24	11	4
65	76	77	50	51	26	27	10	5
66	75	74	49	48	29	28	9	6
67	72	73	46	47	30	31	8	7
68	71	44	45	40	39	32	33	34
69	70	43	42	41	38	37	36	35

::::: Puzzle (765) :::::

17	16	9	8	7	6	5	66	67
18	15	10	11	2	3	4	65	68
19	14	13	12	1	60	61	64	69
20	21	22	23	24	59	62	63	70
29	28	27	26	25	58	77	76	71
30	33	34	55	56	57	78	75	72
31	32	35	54	81	80	79	74	73
38	37	36	53	52	51	50	49	48
39	40	41	42	43	44	45	46	47

::::: Puzzle (766) :::::

67	68	69	70	73	74	79	80	81
66	65	64	71	72	75	78	3	4
61	62	63	44	43	76	77	2	5
60	49	48	45	42	23	22	1	6
59	50	47	46	41	24	21	20	7
58	51	38	39	40	25	18	19	8
57	52	37	32	31	26	17	16	9
56	53	36	33	30	27	14	15	10
55	54	35	34	29	28	13	12	11

::::: Puzzle (767) :::::

81	80	79	78	77	60	59	58	57
70	71	74	75	76	61	54	55	56
69	72	73	64	63	62	53	52	51
68	67	66	65	44	45	48	49	50
39	40	41	42	43	46	47	8	9
38	1	2	3	4	5	6	7	10
37	36	17	16	15	14	13	12	11
34	35	18	19	20	21	22	23	24
33	32	31	30	29	28	27	26	25

::::: Puzzle (768) :::::

67	68	11	12	15	16	27	28	29
66	69	10	13	14	17	26	25	30
65	70	9	8	7	18	19	24	31
64	71	76	77	6	5	20	23	32
63	72	75	78	79	4	21	22	33
62	73	74	81	80	3	38	37	34
61	54	53	52	1	2	39	36	35
60	55	56	51	48	47	40	41	42
59	58	57	50	49	46	45	44	43

::::: Puzzle (769) :::::

15	14	13	12	11	10	9	4	3
16	41	42	43	44	45	8	5	2
17	40	39	38	47	46	7	6	1
18	29	30	37	48	49	50	51	52
19	28	31	36	63	62	59	58	53
20	27	32	35	64	61	60	57	54
21	26	33	34	65	66	67	56	55
22	25	72	71	70	69	68	79	80
23	24	73	74	75	76	77	78	81

::::: Puzzle (770) :::::

23	22	21	20	19	18	17	16	15
24	25	26	29	30	33	34	35	14
53	52	27	28	31	32	37	36	13
54	51	50	49	40	39	38	1	12
55	56	57	48	41	42	43	2	11
60	59	58	47	46	45	44	3	10
61	62	69	70	71	72	81	4	9
64	63	68	75	74	73	80	5	8
65	66	67	76	77	78	79	6	7

::::: Puzzle (771) :::::

79	80	27	26	11	10	9	8	1
78	81	28	25	12	13	14	7	2
77	76	29	24	19	18	15	6	3
74	75	30	23	20	17	16	5	4
73	72	31	22	21	38	39	40	41
70	71	32	33	36	37	44	43	42
69	64	63	34	35	46	45	50	51
68	65	62	59	58	47	48	49	52
67	66	61	60	57	56	55	54	53

::::: Puzzle (772) :::::

65	64	63	52	51	40	39	38	37
66	67	62	53	50	41	34	35	36
69	68	61	54	49	42	33	32	31
70	71	60	55	48	43	28	29	30
73	72	59	56	47	44	27	26	25
74	75	58	57	46	45	22	23	24
77	76	5	6	9	10	21	18	17
78	79	4	7	8	11	20	19	16
81	80	3	2	1	12	13	14	15

::::: Puzzle (773) :::::

33	34	41	42	43	48	49	50	51
32	35	40	39	44	47	54	53	52
31	36	37	38	45	46	55	56	57
30	29	28	27	26	61	60	59	58
1	14	15	16	25	62	81	80	79
2	13	12	17	24	63	70	71	78
3	10	11	18	23	64	69	72	77
4	9	8	19	22	65	68	73	76
5	6	7	20	21	66	67	74	75

::::: Puzzle (774) :::::

5	4	3	2	1	12	13	16	17
6	7	8	9	10	11	14	15	18
29	28	27	26	25	24	23	22	19
30	31	32	33	34	37	38	21	20
53	52	51	50	35	36	39	76	77
54	57	58	49	42	41	40	75	78
55	56	59	48	43	44	73	74	79
62	61	60	47	46	45	72	71	80
63	64	65	66	67	68	69	70	81

::::: Puzzle (775) :::::

31	32	33	42	43	44	45	48	49
30	29	34	41	40	39	46	47	50
27	28	35	36	37	38	53	52	51
26	25	24	23	22	21	54	59	60
7	8	9	14	15	20	55	58	61
6	5	10	13	16	19	56	57	62
3	4	11	12	17	18	69	68	63
2	79	78	77	74	73	70	67	64
1	80	81	76	75	72	71	66	65

::::: Puzzle (776) :::::

29	30	39	40	55	56	59	60	61
28	31	38	41	54	57	58	63	62
27	32	37	42	53	52	51	64	65
26	33	36	43	46	47	50	67	66
25	34	35	44	45	48	49	68	69
24	21	20	19	18	17	72	71	70
23	22	9	10	11	16	73	74	75
6	7	8	1	12	15	78	77	76
5	4	3	2	13	14	79	80	81

::::: Puzzle (777) :::::

41	42	55	56	61	62	63	66	67
40	43	54	57	60	81	64	65	68
39	44	53	58	59	80	73	72	69
38	45	52	51	78	79	74	71	70
37	46	49	50	77	76	75	24	23
36	47	48	31	30	27	26	25	22
35	34	33	32	29	28	19	20	21
4	5	6	7	10	11	18	17	16
3	2	1	8	9	12	13	14	15

::::: Puzzle (778) :::::

1	4	5	6	7	8	9	10	11
2	3	24	23	22	21	20	13	12
27	26	25	76	75	74	19	14	15
28	79	78	77	72	73	18	17	16
29	80	41	42	71	70	69	68	67
30	81	40	43	60	61	62	63	66
31	38	39	44	59	58	57	64	65
32	37	36	45	48	49	56	55	54
33	34	35	46	47	50	51	52	53

::::: Puzzle (779) :::::

17	18	21	22	23	28	29	32	33
16	19	20	1	24	27	30	31	34
15	14	13	2	25	26	43	42	35
10	11	12	3	4	45	44	41	36
9	8	7	6	5	46	47	40	37
54	53	52	51	50	49	48	39	38
55	56	57	58	69	70	81	80	79
62	61	60	59	68	71	74	75	78
63	64	65	66	67	72	73	76	77

::::: Puzzle (780) :::::

17	18	19	20	21	42	43	48	49
16	25	24	23	22	41	44	47	50
15	26	29	30	31	40	45	46	51
14	27	28	33	32	39	54	53	52
13	12	11	34	37	38	55	56	57
2	1	10	35	36	61	60	59	58
3	8	9	64	63	62	81	80	79
4	7	66	65	70	71	74	75	78
5	6	67	68	69	72	73	76	77

Puzzle (781)

1	2	3	4	5	6	45	46	47
12	11	10	9	8	7	44	49	48
13	28	29	30	39	40	43	50	81
14	27	32	31	38	41	42	51	80
15	26	33	34	37	54	53	52	79
16	25	24	35	36	55	70	71	78
17	22	23	58	57	56	69	72	77
18	21	60	59	64	65	68	73	76
19	20	61	62	63	66	67	74	75

Puzzle (782)

63	64	65	66	67	68	69	70	81
62	61	60	1	2	3	4	71	80
53	54	59	58	7	6	5	72	79
52	55	56	57	8	9	10	73	78
51	38	37	36	13	12	11	74	77
50	39	40	35	14	15	16	75	76
49	48	41	34	29	28	17	18	19
46	47	42	33	30	27	24	23	20
45	44	43	32	31	26	25	22	21

Puzzle (783)

71	72	75	76	79	80	81	2	1
70	73	74	77	78	57	56	3	4
69	64	63	60	59	58	55	6	5
68	65	62	61	50	51	54	7	8
67	66	47	48	49	52	53	10	9
38	39	46	45	44	21	20	11	12
37	40	41	42	43	22	19	18	13
36	33	32	29	28	23	24	17	14
35	34	31	30	27	26	25	16	15

Puzzle (784)

73	74	75	8	9	14	15	18	19
72	77	76	7	10	13	16	17	20
71	78	79	6	11	12	23	22	21
70	81	80	5	4	1	24	25	26
69	60	59	58	3	2	29	28	27
68	61	56	57	46	45	30	31	32
67	62	55	54	47	44	39	38	33
66	63	52	53	48	43	40	37	34
65	64	51	50	49	42	41	36	35

Puzzle (785)

75	76	77	78	13	12	7	6	5
74	81	80	79	14	11	8	3	4
73	72	71	16	15	10	9	2	1
64	65	70	17	18	19	20	21	22
63	66	69	28	27	26	25	24	23
62	67	68	29	30	31	32	33	34
61	60	53	52	47	46	45	44	35
58	59	54	51	48	41	42	43	36
57	56	55	50	49	40	39	38	37

Puzzle (786)

9	8	7	6	5	4	3	2	1
10	11	18	19	20	21	36	37	38
13	12	17	24	23	22	35	34	39
14	15	16	25	26	31	32	33	40
53	52	51	50	27	30	43	42	41
54	57	58	49	28	29	44	81	80
55	56	59	48	47	46	45	78	79
62	61	60	67	68	71	72	77	76
63	64	65	66	69	70	73	74	75

Puzzle (787)

69	68	67	66	65	64	63	62	61
70	73	74	55	56	57	58	59	60
71	72	75	54	53	38	37	36	35
6	7	76	51	52	39	32	33	34
5	8	77	50	49	40	31	30	29
4	9	78	47	48	41	26	27	28
3	10	79	46	45	42	25	22	21
2	11	80	81	44	43	24	23	20
1	12	13	14	15	16	17	18	19

Puzzle (788)

1	2	3	60	61	64	65	70	71
6	5	4	59	62	63	66	69	72
7	8	57	58	51	50	67	68	73
10	9	56	55	52	49	76	75	74
11	14	15	54	53	48	77	78	81
12	13	16	29	30	47	46	79	80
19	18	17	28	31	32	45	44	43
20	23	24	27	34	33	38	39	42
21	22	25	26	35	36	37	40	41

Puzzle (789)

67	66	65	64	7	6	5	4	3
68	61	62	63	8	9	10	1	2
69	60	59	58	57	56	11	12	13
70	71	52	53	54	55	16	15	14
73	72	51	50	49	48	17	18	19
74	81	44	45	46	47	24	23	20
75	80	43	42	27	26	25	22	21
76	79	40	41	28	29	30	31	32
77	78	39	38	37	36	35	34	33

Puzzle (790)

9	8	7	6	5	4	3	80	81
10	31	32	35	36	1	2	79	78
11	30	33	34	37	38	71	72	77
12	29	28	43	42	39	70	73	76
13	26	27	44	41	40	69	74	75
14	25	24	45	48	49	68	67	66
15	22	23	46	47	50	63	64	65
16	21	20	53	52	51	62	61	60
17	18	19	54	55	56	57	58	59

Puzzle (791)

25	24	21	20	67	66	65	64	63
26	23	22	19	68	69	70	71	62
27	28	17	18	11	10	73	72	61
30	29	16	15	12	9	74	75	60
31	32	33	14	13	8	7	76	59
40	39	34	35	4	5	6	77	58
41	38	37	36	3	2	79	78	57
42	45	46	49	50	1	80	81	56
43	44	47	48	51	52	53	54	55

Puzzle (792)

29	30	31	40	41	46	47	52	53
28	33	32	39	42	45	48	51	54
27	34	37	38	43	44	49	50	55
26	35	36	79	80	65	64	63	56
25	74	75	78	81	66	61	62	57
24	73	76	77	68	67	60	59	58
23	72	71	70	69	2	3	4	5
22	19	18	15	14	1	10	9	6
21	20	17	16	13	12	11	8	7

Puzzle (793)

81	76	75	72	71	68	67	66	65
80	77	74	73	70	69	60	61	64
79	78	55	56	57	58	59	62	63
2	1	54	53	52	51	50	49	48
3	32	33	34	35	36	45	46	47
4	31	30	29	28	37	44	43	42
5	10	11	26	27	38	39	40	41
6	9	12	25	24	23	22	21	20
7	8	13	14	15	16	17	18	19

Puzzle (794)

17	16	11	10	9	8	7	80	81
18	15	12	3	4	5	6	79	78
19	14	13	2	1	74	75	76	77
20	69	70	71	72	73	62	61	60
21	68	67	66	65	64	63	58	59
22	23	42	43	44	45	46	57	56
25	24	41	40	39	38	47	54	55
26	29	30	33	34	37	48	53	52
27	28	31	32	35	36	49	50	51

Puzzle (795)

75	74	73	60	59	58	51	50	49
76	71	72	61	56	57	52	47	48
77	70	63	62	55	54	53	46	45
78	69	64	65	40	41	42	43	44
79	68	67	66	39	38	37	8	7
80	81	30	31	34	35	36	9	6
25	26	29	32	33	14	13	10	5
24	27	28	19	18	15	12	11	4
23	22	21	20	17	16	1	2	3

Puzzle (796)

45	44	41	40	9	8	7	4	3
46	43	42	39	10	11	6	5	2
47	56	57	38	37	12	13	14	1
48	55	58	59	36	35	34	15	16
49	54	53	60	61	32	33	18	17
50	51	52	63	62	31	30	19	20
79	80	81	64	65	66	29	22	21
78	75	74	71	70	67	28	23	24
77	76	73	72	69	68	27	26	25

Puzzle (797)

71	72	81	80	79	78	5	4	3
70	73	74	75	76	77	6	7	2
69	60	59	38	37	36	35	8	1
68	61	58	39	40	41	34	9	10
67	62	57	44	43	42	33	32	11
66	63	56	45	28	29	30	31	12
65	64	55	46	27	22	21	14	13
52	53	54	47	26	23	20	15	16
51	50	49	48	25	24	19	18	17

Puzzle (798)

63	62	61	60	59	58	57	56	55
64	65	40	41	42	45	46	53	54
67	66	39	38	43	44	47	52	51
68	69	36	37	32	31	48	49	50
71	70	35	34	33	30	29	28	27
72	19	20	21	22	23	24	25	26
73	18	17	16	15	12	11	8	7
74	81	80	79	14	13	10	9	6
75	76	77	78	1	2	3	4	5

Puzzle (799)

17	18	31	32	69	70	77	78	79
16	19	30	33	68	71	76	75	80
15	20	29	34	67	72	73	74	81
14	21	28	35	66	65	64	63	62
13	22	27	36	39	40	59	60	61
12	23	26	37	38	41	58	57	56
11	24	25	2	1	42	53	54	55
10	7	6	3	44	43	52	51	50
9	8	5	4	45	46	47	48	49

Puzzle (800)

81	76	75	72	71	70	69	66	65
80	77	74	73	50	51	68	67	64
79	78	45	46	49	52	61	62	63
42	43	44	47	48	53	60	59	58
41	38	37	32	31	54	55	56	57
40	39	36	33	30	29	28	27	26
3	4	35	34	21	22	23	24	25
2	5	8	9	20	19	18	17	16
1	6	7	10	11	12	13	14	15

::::: Puzzle (801) :::::

17	16	13	12	11	10	79	78	77
18	15	14	1	8	9	80	81	76
19	20	21	2	7	62	63	74	75
26	25	22	3	6	61	64	73	72
27	24	23	4	5	60	65	66	71
28	29	30	31	32	59	58	67	70
39	38	35	34	33	56	57	68	69
40	37	36	45	46	55	54	53	52
41	42	43	44	47	48	49	50	51

::::: Puzzle (802) :::::

27	26	25	24	17	16	15	12	11
28	31	32	23	18	1	14	13	10
29	30	33	22	19	2	3	4	9
38	37	34	21	20	59	60	5	8
39	36	35	50	51	58	61	6	7
40	43	44	49	52	57	62	65	66
41	42	45	48	53	56	63	64	67
80	79	46	47	54	55	72	71	68
81	78	77	76	75	74	73	70	69

::::: Puzzle (803) :::::

11	12	15	16	17	18	19	20	21
10	13	14	27	26	25	24	23	22
9	8	1	28	33	34	35	36	37
6	7	2	29	32	41	40	39	38
5	4	3	30	31	42	43	48	49
74	73	72	71	62	61	44	47	50
75	76	69	70	63	60	45	46	51
78	77	68	67	64	59	56	55	52
79	80	81	66	65	58	57	54	53

::::: Puzzle (804) :::::

25	26	27	62	63	64	67	68	69
24	29	28	61	60	65	66	71	70
23	30	37	38	59	58	57	72	73
22	31	36	39	44	45	56	55	74
21	32	35	40	43	46	53	54	75
20	33	34	41	42	47	52	51	76
19	14	13	8	7	48	49	50	77
18	15	12	9	6	3	2	79	78
17	16	11	10	5	4	1	80	81

::::: Puzzle (805) :::::

35	34	17	16	15	14	3	2	1
36	33	18	19	12	13	4	5	6
37	32	21	20	11	10	9	8	7
38	31	22	23	24	25	78	77	76
39	30	29	28	27	26	79	80	75
40	41	42	43	44	65	66	81	74
49	48	47	46	45	64	67	68	73
50	53	54	57	58	63	62	69	72
51	52	55	56	59	60	61	70	71

::::: Puzzle (806) :::::

45	44	39	38	33	32	25	24	23
46	43	40	37	34	31	26	27	22
47	42	41	36	35	30	29	28	21
48	1	2	3	4	5	6	19	20
49	50	51	52	53	54	7	18	17
80	79	58	57	56	55	8	9	16
81	78	59	60	61	64	65	10	15
76	77	72	71	62	63	66	11	14
75	74	73	70	69	68	67	12	13

::::: Puzzle (807) :::::

43	44	45	46	47	50	51	56	57
42	41	78	77	48	49	52	55	58
39	40	79	76	71	70	53	54	59
38	81	80	75	72	69	66	65	60
37	36	35	74	73	68	67	64	61
4	3	34	33	32	25	24	63	62
5	2	1	30	31	26	23	20	19
6	9	10	29	28	27	22	21	18
7	8	11	12	13	14	15	16	17

::::: Puzzle (808) :::::

71	70	69	68	67	66	65	64	63
72	73	74	75	76	81	58	59	62
7	6	5	4	77	80	57	60	61
8	1	2	3	78	79	56	55	54
9	20	21	22	23	50	51	52	53
10	19	18	25	24	49	48	47	46
11	16	17	26	37	38	39	40	45
12	15	28	27	36	35	34	41	44
13	14	29	30	31	32	33	42	43

::::: Puzzle (809) :::::

71	70	69	68	67	66	65	64	63
72	73	74	75	76	77	78	81	62
37	38	39	40	49	50	79	80	61
36	35	34	41	48	51	52	53	60
29	30	33	42	47	46	1	54	59
28	31	32	43	44	45	2	55	58
27	26	25	16	15	4	3	56	57
22	23	24	17	14	5	6	7	8
21	20	19	18	13	12	11	10	9

::::: Puzzle (810) :::::

29	30	31	32	35	36	39	40	41
28	27	26	33	34	37	38	43	42
11	12	25	24	23	22	21	44	45
10	13	14	15	16	17	20	47	46
9	6	5	2	1	18	19	48	49
8	7	4	3	54	53	52	51	50
59	58	57	56	55	70	71	74	75
60	63	64	67	68	69	72	73	76
61	62	65	66	81	80	79	78	77

::::: Puzzle (811) :::::

75	74	73	72	71	68	67	44	43
76	77	78	79	70	69	66	45	42
57	58	81	80	63	64	65	46	41
56	59	60	61	62	49	48	47	40
55	54	53	52	51	50	35	36	39
12	13	14	15	18	19	34	37	38
11	6	5	16	17	20	33	30	29
10	7	4	3	22	21	32	31	28
9	8	1	2	23	24	25	26	27

::::: Puzzle (812) :::::

11	10	9	8	7	6	5	32	33
12	17	18	21	22	3	4	31	34
13	16	19	20	23	2	29	30	35
14	15	60	59	24	1	28	37	36
65	64	61	58	25	26	27	38	39
66	63	62	57	56	55	44	43	40
67	68	69	70	71	54	45	42	41
76	75	74	73	72	53	46	47	48
77	78	79	80	81	52	51	50	49

::::: Puzzle (813) :::::

7	8	9	10	11	12	13	14	15
6	5	4	3	2	1	18	17	16
35	34	31	30	27	26	19	20	21
36	33	32	29	28	25	24	23	22
37	38	39	42	43	44	45	48	49
78	77	40	41	64	63	46	47	50
79	76	71	70	65	62	57	56	51
80	75	72	69	66	61	58	55	52
81	74	73	68	67	60	59	54	53

::::: Puzzle (814) :::::

35	36	41	42	43	44	45	48	49
34	37	40	1	80	81	46	47	50
33	38	39	2	79	74	73	72	51
32	5	4	3	78	75	70	71	52
31	6	9	10	77	76	69	68	53
30	7	8	11	12	13	66	67	54
29	24	23	22	15	14	65	64	55
28	25	20	21	16	61	62	63	56
27	26	19	18	17	60	59	58	57

::::: Puzzle (815) :::::

53	54	57	58	65	66	67	68	69
52	55	56	59	64	63	72	71	70
51	50	49	60	61	62	73	74	75
34	35	48	81	80	79	78	77	76
33	36	47	46	45	44	43	8	7
32	37	38	39	40	41	42	9	6
31	26	25	24	17	16	11	10	5
30	27	22	23	18	15	12	3	4
29	28	21	20	19	14	13	2	1

::::: Puzzle (816) :::::

55	54	53	48	47	46	45	28	27
56	57	52	49	42	43	44	29	26
59	58	51	50	41	40	31	30	25
60	61	62	37	38	39	32	23	24
67	66	63	36	35	34	33	22	21
68	65	64	3	2	1	18	19	20
69	70	71	4	5	6	17	16	15
80	79	72	73	74	7	10	11	14
81	78	77	76	75	8	9	12	13

::::: Puzzle (817) :::::

17	16	13	12	9	8	75	76	77
18	15	14	11	10	7	74	73	78
19	20	21	2	1	6	71	72	79
24	23	22	3	4	5	70	69	80
25	26	33	34	35	66	67	68	81
28	27	32	37	36	65	64	63	62
29	30	31	38	49	50	51	52	61
42	41	40	39	48	55	54	53	60
43	44	45	46	47	56	57	58	59

::::: Puzzle (818) :::::

81	76	75	60	59	52	51	50	49
80	77	74	61	58	53	54	47	48
79	78	73	62	57	56	55	46	45
70	71	72	63	64	37	38	39	44
69	68	67	66	65	36	35	40	43
6	7	12	13	14	33	34	41	42
5	8	11	16	15	32	31	30	29
4	9	10	17	20	21	24	25	28
3	2	1	18	19	22	23	26	27

::::: Puzzle (819) :::::

11	10	7	6	3	2	77	78	79
12	9	8	5	4	1	76	75	80
13	14	15	16	17	18	19	74	81
26	25	24	23	22	21	20	73	72
27	28	39	40	41	42	59	60	71
30	29	38	45	44	43	58	61	70
31	36	37	46	47	56	57	62	69
32	35	50	49	48	55	64	63	68
33	34	51	52	53	54	65	66	67

::::: Puzzle (820) :::::

1	8	9	16	17	18	81	80	79
2	7	10	15	20	19	60	61	78
3	6	11	14	21	22	59	62	77
4	5	12	13	24	23	58	63	76
29	28	27	26	25	56	57	64	75
30	37	38	39	54	55	66	65	74
31	36	41	40	53	52	67	68	73
32	35	42	45	46	51	50	69	72
33	34	43	44	47	48	49	70	71

(210)

Puzzle (821)

25	26	29	30	31	32	67	68	69
24	27	28	35	34	33	66	65	70
23	22	21	36	37	38	63	64	71
14	15	20	41	40	39	62	61	72
13	16	19	42	43	58	59	60	73
12	17	18	45	44	57	56	55	74
11	10	9	46	47	52	53	54	75
2	3	8	7	48	51	80	81	76
1	4	5	6	49	50	79	78	77

Puzzle (822)

9	8	7	6	5	4	1	80	81
10	11	12	13	14	3	2	79	78
25	24	23	22	15	16	75	76	77
26	31	32	21	20	17	74	73	72
27	30	33	34	19	18	69	70	71
28	29	36	35	52	53	68	67	66
43	42	37	38	51	54	59	60	65
44	41	40	39	50	55	58	61	64
45	46	47	48	49	56	57	62	63

Puzzle (823)

71	72	75	76	77	78	79	80	81
70	73	74	65	64	61	60	59	58
69	68	67	66	63	62	53	54	57
36	37	38	43	44	51	52	55	56
35	34	39	42	45	50	49	4	3
32	33	40	41	46	47	48	5	2
31	26	25	20	19	18	17	6	1
30	27	24	21	14	15	16	7	8
29	28	23	22	13	12	11	10	9

Puzzle (824)

25	26	31	32	37	38	43	44	45
24	27	30	33	36	39	42	47	46
23	28	29	34	35	40	41	48	49
22	21	20	19	56	55	52	51	50
1	16	17	18	57	54	53	64	65
2	15	14	13	58	59	60	63	66
3	10	11	12	73	72	61	62	67
4	9	8	75	74	71	70	69	68
5	6	7	76	77	78	79	80	81

Puzzle (825)

69	70	71	6	5	4	3	2	1
68	73	72	7	8	9	10	11	12
67	74	75	26	25	24	23	14	13
66	77	76	27	28	21	22	15	16
65	78	79	30	29	20	19	18	17
64	81	80	31	32	33	34	35	36
63	62	55	54	53	46	45	38	37
60	61	56	51	52	47	44	39	40
59	58	57	50	49	48	43	42	41

Puzzle (826)

23	22	21	20	19	18	1	2	3
24	29	30	31	32	17	6	5	4
25	28	35	34	33	16	7	8	9
26	27	36	37	38	15	12	11	10
43	42	41	40	39	14	13	70	71
44	47	48	49	50	67	68	69	72
45	46	55	54	51	66	75	74	73
58	57	56	53	52	65	76	81	80
59	60	61	62	63	64	77	78	79

Puzzle (827)

29	28	25	24	21	20	17	16	15
30	27	26	23	22	19	18	13	14
31	34	35	36	37	40	41	12	11
32	33	74	73	38	39	42	9	10
79	78	75	72	71	44	43	8	7
80	77	76	69	70	45	46	47	6
81	66	67	68	55	54	49	48	5
64	65	60	59	56	53	50	1	4
63	62	61	58	57	52	51	2	3

Puzzle (828)

67	66	65	64	59	58	53	52	51
68	69	70	63	60	57	54	49	50
73	72	71	62	61	56	55	48	47
74	75	76	81	80	43	44	45	46
31	32	77	78	79	42	41	4	5
30	33	34	35	36	37	40	3	6
29	22	21	20	19	38	39	2	7
28	23	24	17	18	13	12	1	8
27	26	25	16	15	14	11	10	9

Puzzle (829)

59	58	55	54	33	32	31	14	13
60	57	56	53	34	29	30	15	12
61	62	63	52	35	28	17	16	11
68	67	64	51	36	27	18	19	10
69	66	65	50	37	26	21	20	9
70	73	74	49	38	25	22	7	8
71	72	75	48	39	24	23	6	1
80	79	76	47	40	41	42	5	2
81	78	77	46	45	44	43	4	3

Puzzle (830)

15	16	39	40	45	46	65	66	67
14	17	38	41	44	47	64	63	68
13	18	37	42	43	48	61	62	69
12	19	36	35	34	49	60	59	70
11	20	27	28	33	50	57	58	71
10	21	26	29	32	51	56	55	72
9	22	25	30	31	52	53	54	73
8	23	24	3	2	1	78	77	74
7	6	5	4	81	80	79	76	75

Puzzle (831)

49	48	45	44	37	36	27	26	25
50	47	46	43	38	35	28	23	24
51	52	53	42	39	34	29	22	21
58	57	54	41	40	33	30	19	20
59	56	55	80	81	32	31	18	17
60	67	68	79	78	11	12	13	16
61	66	69	70	77	10	9	14	15
62	65	72	71	76	7	8	3	2
63	64	73	74	75	6	5	4	1

Puzzle (832)

11	10	7	6	69	68	67	66	65
12	9	8	5	70	71	72	73	64
13	18	19	4	3	80	81	74	63
14	17	20	1	2	79	78	75	62
15	16	21	22	43	44	77	76	61
28	27	26	23	42	45	52	53	60
29	30	25	24	41	46	51	54	59
32	31	36	37	40	47	50	55	58
33	34	35	38	39	48	49	56	57

Puzzle (833)

3	2	1	16	17	18	19	20	21
4	11	12	15	28	27	26	25	22
5	10	13	14	29	70	71	24	23
6	9	32	31	30	69	72	75	76
7	8	33	34	35	68	73	74	77
40	39	38	37	36	67	66	79	78
41	46	47	48	55	56	65	80	81
42	45	50	49	54	57	64	63	62
43	44	51	52	53	58	59	60	61

Puzzle (834)

5	6	7	8	9	12	13	16	17
4	3	30	29	10	11	14	15	18
1	2	31	28	27	26	25	24	19
42	41	32	33	34	63	64	23	20
43	40	37	36	35	62	65	22	21
44	39	38	55	56	61	66	67	68
45	50	51	54	57	60	71	70	69
46	49	52	53	58	59	72	73	74
47	48	81	80	79	78	77	76	75

Puzzle (835)

35	36	37	38	49	50	51	52	53
34	33	40	39	48	81	56	55	54
1	32	41	42	47	80	57	58	59
2	31	30	43	46	79	72	71	60
3	28	29	44	45	78	73	70	61
4	27	26	25	24	77	74	69	62
5	12	13	14	23	76	75	68	63
6	11	10	15	22	21	20	67	64
7	8	9	16	17	18	19	66	65

Puzzle (836)

49	48	47	44	43	40	39	36	35
50	51	46	45	42	41	38	37	34
81	52	15	16	17	20	21	32	33
80	53	14	13	18	19	22	31	30
79	54	1	12	11	10	23	24	29
78	55	2	3	4	9	8	25	28
77	56	57	58	5	6	7	26	27
76	73	72	59	60	61	62	63	64
75	74	71	70	69	68	67	66	65

Puzzle (837)

17	18	19	20	21	22	23	24	25
16	15	14	13	12	11	30	29	26
73	72	71	8	9	10	31	28	27
74	69	70	7	6	5	32	33	34
75	68	61	60	3	4	37	36	35
76	67	62	59	2	1	38	39	40
77	66	63	58	57	48	47	46	41
78	65	64	55	56	49	50	45	42
79	80	81	54	53	52	51	44	43

Puzzle (838)

65	64	59	58	55	54	51	50	49
66	63	60	57	56	53	52	81	48
67	62	61	72	73	76	77	80	47
68	69	70	71	74	75	78	79	46
11	10	9	8	29	30	31	32	45
12	13	6	7	28	27	34	33	44
15	14	5	4	25	26	35	42	43
16	1	2	3	24	23	36	41	40
17	18	19	20	21	22	37	38	39

Puzzle (839)

65	64	61	60	39	38	25	24	23
66	63	62	59	40	37	26	27	22
67	56	57	58	41	36	29	28	21
68	55	52	51	42	35	30	31	20
69	54	53	50	43	34	33	32	19
70	81	80	49	44	45	12	13	18
71	78	79	48	47	46	11	14	17
72	77	76	7	8	9	10	15	16
73	74	75	6	5	4	3	2	1

Puzzle (840)

43	42	35	34	33	32	13	12	11
44	41	36	29	30	31	14	15	10
45	40	37	28	27	20	19	16	9
46	39	38	25	26	21	18	17	8
47	52	53	24	23	22	1	2	7
48	51	54	55	56	59	60	3	6
49	50	77	78	57	58	61	4	5
74	75	76	79	80	81	62	63	64
73	72	71	70	69	68	67	66	65

::::: Puzzle (841) :::::

31	32	33	34	35	42	43	46	47
30	21	20	37	36	41	44	45	48
29	22	19	38	39	40	51	50	49
28	23	18	17	16	15	52	53	54
27	24	11	12	13	14	3	2	55
26	25	10	9	8	5	4	1	56
77	76	73	72	7	6	59	58	57
78	75	74	71	68	67	60	61	62
79	80	81	70	69	66	65	64	63

::::: Puzzle (842) :::::

33	34	35	36	37	38	43	44	45
32	31	30	29	28	39	42	47	46
23	24	25	26	27	40	41	48	49
22	19	18	17	16	15	2	1	50
21	20	11	12	13	14	3	4	51
68	67	10	9	8	7	6	5	52
69	66	63	62	59	58	55	54	53
70	65	64	61	60	57	56	81	80
71	72	73	74	75	76	77	78	79

::::: Puzzle (843) :::::

73	74	75	76	79	80	81	4	3
72	71	70	77	78	55	54	5	2
67	68	69	58	57	56	53	6	1
66	63	62	59	50	51	52	7	8
65	64	61	60	49	48	19	18	9
42	43	44	45	46	47	20	17	10
41	36	35	30	29	28	21	16	11
40	37	34	31	26	27	22	15	12
39	38	33	32	25	24	23	14	13

::::: Puzzle (844) :::::

1	6	7	10	11	14	15	16	17
2	5	8	9	12	13	28	27	18
3	4	33	32	31	30	29	26	19
36	35	34	43	44	45	24	25	20
37	40	41	42	47	46	23	22	21
38	39	50	49	48	69	70	71	72
53	52	51	62	63	68	75	74	73
54	57	58	61	64	67	76	81	80
55	56	59	60	65	66	77	78	79

::::: Puzzle (845) :::::

41	40	39	38	37	36	35	18	17
42	43	30	31	32	33	34	19	16
45	44	29	28	27	24	23	20	15
46	81	80	79	26	25	22	21	14
47	48	49	78	9	10	11	12	13
52	51	50	77	8	7	6	5	4
53	54	75	76	71	70	69	68	3
56	55	74	73	72	63	64	67	2
57	58	59	60	61	62	65	66	1

::::: Puzzle (846) :::::

15	16	25	26	33	34	35	36	37
14	17	24	27	32	41	40	39	38
13	18	23	28	31	42	43	58	59
12	19	22	29	30	45	44	57	60
11	20	21	48	47	46	55	56	61
10	7	6	49	50	51	54	63	62
9	8	5	4	3	52	53	64	65
80	79	76	75	2	1	70	69	66
81	78	77	74	73	72	71	68	67

::::: Puzzle (847) :::::

63	62	61	58	57	56	3	2	1
64	65	60	59	54	55	4	5	6
67	66	81	52	53	28	27	8	7
68	79	80	51	50	29	26	9	10
69	78	47	48	49	30	25	24	11
70	77	46	45	44	31	22	23	12
71	76	41	42	43	32	21	14	13
72	75	40	37	36	33	20	15	16
73	74	39	38	35	34	19	18	17

::::: Puzzle (848) :::::

13	14	15	16	17	18	41	42	43
12	23	22	21	20	19	40	39	44
11	24	29	30	35	36	37	38	45
10	25	28	31	34	49	48	47	46
9	26	27	32	33	50	51	70	69
8	7	56	55	54	53	52	71	68
5	6	57	80	79	76	75	72	67
4	1	58	81	78	77	74	73	66
3	2	59	60	61	62	63	64	65

::::: Puzzle (849) :::::

81	80	79	78	77	76	75	74	73
56	57	58	59	68	69	70	71	72
55	54	53	60	67	66	65	16	15
50	51	52	61	62	63	64	17	14
49	46	45	24	23	22	21	18	13
48	47	44	25	26	27	20	19	12
41	42	43	30	29	28	9	10	11
40	37	36	31	32	7	8	1	2
39	38	35	34	33	6	5	4	3

::::: Puzzle (850) :::::

13	14	15	16	17	18	19	20	21
12	29	28	27	26	25	24	23	22
11	30	31	32	33	34	35	60	61
10	41	40	39	38	37	36	59	62
9	42	43	50	51	54	55	58	63
8	45	44	49	52	53	56	57	64
7	46	47	48	69	68	67	66	65
6	3	2	81	70	71	72	73	74
5	4	1	80	79	78	77	76	75

::::: Puzzle (851) :::::

41	42	43	44	45	48	49	52	53
40	81	80	79	46	47	50	51	54
39	76	77	78	67	66	57	56	55
38	75	72	71	68	65	58	59	60
37	74	73	70	69	64	63	62	61
36	1	2	3	4	5	6	7	8
35	30	29	28	13	12	11	10	9
34	31	26	27	14	15	16	17	18
33	32	25	24	23	22	21	20	19

::::: Puzzle (852) :::::

41	42	43	44	45	54	55	58	59
40	39	38	37	46	53	56	57	60
33	34	35	36	47	52	63	62	61
32	31	30	29	48	51	64	65	66
11	12	27	28	49	50	69	68	67
10	13	26	25	24	23	70	73	74
9	14	17	18	21	22	71	72	75
8	15	16	19	20	1	78	77	76
7	6	5	4	3	2	79	80	81

::::: Puzzle (853) :::::

5	6	9	10	11	12	13	14	15
4	7	8	21	20	19	18	17	16
3	2	1	22	23	42	43	44	45
28	27	26	25	24	41	48	47	46
29	32	33	36	37	40	49	50	51
30	31	34	35	38	39	54	53	52
81	76	75	70	69	56	55	60	61
80	77	74	71	68	57	58	59	62
79	78	73	72	67	66	65	64	63

::::: Puzzle (854) :::::

57	56	55	54	53	14	13	12	1
58	81	80	51	52	15	10	11	2
59	60	79	50	17	16	9	8	3
62	61	78	49	18	19	20	7	4
63	76	77	48	23	22	21	6	5
64	75	74	47	24	25	26	27	28
65	66	73	46	41	40	35	34	29
68	67	72	45	42	39	36	33	30
69	70	71	44	43	38	37	32	31

::::: Puzzle (855) :::::

13	12	11	72	73	74	75	76	81
14	9	10	71	70	69	68	77	80
15	8	5	4	65	66	67	78	79
16	7	6	3	64	63	58	57	56
17	26	27	2	1	62	59	54	55
18	25	28	35	36	61	60	53	52
19	24	29	34	37	42	43	50	51
20	23	30	33	38	41	44	49	48
21	22	31	32	39	40	45	46	47

::::: Puzzle (856) :::::

31	30	23	22	21	18	17	16	15
32	29	24	25	20	19	12	13	14
33	28	27	26	9	10	11	66	67
34	35	36	7	8	1	2	65	68
41	40	37	6	5	4	3	64	69
42	39	38	57	58	61	62	63	70
43	44	55	56	59	60	75	74	71
46	45	54	53	52	77	76	73	72
47	48	49	50	51	78	79	80	81

::::: Puzzle (857) :::::

69	68	67	66	63	62	59	58	57
70	71	72	65	64	61	60	55	56
13	12	73	74	75	76	77	54	53
14	11	10	9	6	5	78	81	52
15	16	17	8	7	4	79	80	51
20	19	18	31	32	3	2	1	50
21	22	29	30	33	34	35	48	49
24	23	28	27	38	37	36	47	46
25	26	27	40	41	42	43	44	45

::::: Puzzle (858) :::::

67	68	71	72	75	76	77	78	79
66	69	70	73	74	59	58	81	80
65	64	63	62	61	60	57	56	55
40	41	42	43	44	45	46	53	54
39	38	37	36	35	34	47	52	51
28	29	30	31	32	33	48	49	50
27	26	17	16	15	14	13	12	1
24	25	18	19	8	9	10	11	2
23	22	21	20	7	6	5	4	3

::::: Puzzle (859) :::::

27	26	25	24	15	14	13	12	11
28	29	30	23	16	17	8	9	10
35	34	31	22	19	18	7	6	5
36	33	32	21	20	51	52	1	4
37	40	41	46	47	50	53	2	3
38	39	42	45	48	49	54	55	56
69	68	43	44	63	62	61	60	57
70	67	66	65	64	77	78	59	58
71	72	73	74	75	76	79	80	81

::::: Puzzle (860) :::::

3	2	1	80	79	78	77	76	75
4	5	6	81	52	53	56	57	74
11	10	7	50	51	54	55	58	73
12	9	8	49	48	47	60	59	72
13	14	21	22	45	46	61	62	71
16	15	20	23	44	43	42	63	70
17	18	19	24	39	40	41	64	69
28	27	26	25	38	37	36	65	68
29	30	31	32	33	34	35	66	67

(212)

::::: Puzzle (861) :::::

75	74	73	72	71	70	69	68	67
76	77	78	79	62	63	64	65	66
51	52	81	80	61	60	13	12	11
50	53	54	55	58	59	14	9	10
49	46	45	56	57	16	15	8	7
48	47	44	31	30	17	18	5	6
41	42	43	32	29	20	19	4	3
40	37	36	33	28	21	22	23	2
39	38	35	34	27	26	25	24	1

::::: Puzzle (862) :::::

29	28	27	26	25	24	3	4	5
30	31	32	21	22	23	2	1	6
35	34	33	20	19	18	17	16	7
36	39	40	41	42	13	14	15	8
37	38	45	44	43	12	11	10	9
74	73	46	47	48	49	50	51	52
75	72	71	70	61	60	59	58	53
76	81	80	69	62	63	64	57	54
77	78	79	68	67	66	65	56	55

::::: Puzzle (863) :::::

23	22	21	20	19	18	15	14	1
24	25	76	75	74	17	16	13	2
27	26	77	78	73	72	71	12	3
28	81	80	79	68	69	70	11	4
29	38	39	40	67	66	65	10	5
30	37	42	41	62	63	64	9	6
31	36	43	44	61	60	59	8	7
32	35	46	45	50	51	58	57	56
33	34	47	48	49	52	53	54	55

::::: Puzzle (864) :::::

19	20	23	24	59	60	61	62	63
18	21	22	25	58	57	66	65	64
17	16	15	26	55	56	67	70	71
8	9	14	27	54	53	68	69	72
7	10	13	28	29	52	51	74	73
6	11	12	1	30	49	50	75	76
5	4	3	2	31	48	47	46	77
36	35	34	33	32	43	44	45	78
37	38	39	40	41	42	81	80	79

::::: Puzzle (865) :::::

9	10	17	18	71	72	73	74	75
8	11	16	19	70	69	68	77	76
7	12	15	20	65	66	67	78	79
6	13	14	21	64	63	62	61	80
5	24	23	22	47	48	49	60	81
4	25	26	27	46	45	50	59	58
3	30	29	28	43	44	51	52	57
2	31	34	35	42	41	40	53	56
1	32	33	36	37	38	39	54	55

::::: Puzzle (866) :::::

23	24	25	36	37	74	75	76	81
22	21	26	35	38	73	72	77	80
19	20	27	34	39	40	71	78	79
18	29	28	33	42	41	70	69	68
17	30	31	32	43	52	53	66	67
16	1	2	3	44	51	54	65	64
15	14	5	4	45	50	55	62	63
12	13	6	7	46	49	56	61	60
11	10	9	8	47	48	57	58	59

::::: Puzzle (867) :::::

15	14	13	12	9	8	1	2	3
16	17	18	11	10	7	6	5	4
23	22	19	78	77	76	75	74	73
24	21	20	79	80	81	70	71	72
25	26	27	52	53	54	69	68	67
30	29	28	51	50	55	58	59	66
31	32	47	48	49	56	57	60	65
34	33	46	45	44	43	42	61	64
35	36	37	38	39	40	41	62	63

::::: Puzzle (868) :::::

63	62	61	56	55	8	9	16	17
64	81	60	57	54	7	10	15	18
65	80	59	58	53	6	11	14	19
66	79	78	51	52	5	12	13	20
67	76	77	50	3	4	23	22	21
68	75	48	49	2	1	24	25	26
69	74	47	46	39	38	29	28	27
70	73	44	45	40	37	30	31	32
71	72	43	42	41	36	35	34	33

::::: Puzzle (869) :::::

57	56	51	50	21	20	19	12	11
58	55	52	49	22	17	18	13	10
59	54	53	48	23	16	15	14	9
60	61	46	47	24	25	26	27	8
63	62	45	44	39	38	29	28	7
64	65	66	43	40	37	30	31	6
69	68	67	42	41	36	35	32	5
70	71	72	73	74	75	34	33	4
81	80	79	78	77	76	1	2	3

::::: Puzzle (870) :::::

45	46	47	48	77	76	75	74	73
44	43	42	49	78	79	80	81	72
39	40	41	50	51	52	55	56	71
38	37	36	33	32	53	54	57	70
19	20	35	34	31	30	1	58	69
18	21	24	25	28	29	2	59	68
17	22	23	26	27	4	3	60	67
16	13	12	9	8	5	62	61	66
15	14	11	10	7	6	63	64	65

::::: Puzzle (871) :::::

3	2	1	68	69	72	73	74	75
4	5	6	67	70	71	80	81	76
11	10	7	66	63	62	79	78	77
12	9	8	65	64	61	60	59	58
13	22	23	24	37	38	41	42	57
14	21	26	25	36	39	40	43	56
15	20	27	28	35	46	45	44	55
16	19	30	29	34	47	50	51	54
17	18	31	32	33	48	49	52	53

::::: Puzzle (872) :::::

23	22	81	80	79	78	77	72	71
24	21	18	17	16	15	76	73	70
25	20	19	12	13	14	75	74	69
26	5	6	11	10	53	54	67	68
27	4	7	8	9	52	55	66	65
28	3	2	1	50	51	56	57	64
29	34	35	36	49	48	47	58	63
30	33	38	37	42	43	46	59	62
31	32	39	40	41	44	45	60	61

::::: Puzzle (873) :::::

1	8	9	12	13	14	15	36	37
2	7	10	11	18	17	16	35	38
3	6	21	20	19	28	29	34	39
4	5	22	23	24	27	30	33	40
75	74	73	72	25	26	31	32	41
76	81	80	71	70	69	68	43	42
77	78	79	64	65	66	67	44	45
60	61	62	63	54	53	50	49	46
59	58	57	56	55	52	51	48	47

::::: Puzzle (874) :::::

11	10	9	8	7	6	5	4	3
12	13	14	15	16	17	18	1	2
43	42	39	38	37	36	19	20	21
44	41	40	49	50	35	34	33	22
45	46	47	48	51	52	53	32	23
68	67	58	57	56	55	54	31	24
69	66	59	60	61	78	79	30	25
70	65	64	63	62	77	80	29	26
71	72	73	74	75	76	81	28	27

::::: Puzzle (875) :::::

69	70	71	72	73	74	77	78	81
68	67	66	63	62	75	76	79	80
35	36	65	64	61	60	7	6	5
34	37	52	53	54	59	8	1	4
33	38	51	50	55	58	9	2	3
32	39	48	49	56	57	10	11	12
31	40	47	46	45	16	15	14	13
30	41	42	43	44	17	18	19	20
29	28	27	26	25	24	23	22	21

::::: Puzzle (876) :::::

59	60	63	64	65	66	67	70	71
58	61	62	53	52	1	68	69	72
57	56	55	54	51	2	75	74	73
46	47	48	49	50	3	76	77	78
45	44	43	42	41	4	81	80	79
36	37	38	39	40	5	6	7	8
35	34	33	32	31	12	11	10	9
26	27	28	29	30	13	14	15	16
25	24	23	22	21	20	19	18	17

::::: Puzzle (877) :::::

1	2	3	4	5	6	7	8	9
36	35	34	15	14	13	12	11	10
37	32	33	16	17	18	19	20	21
38	31	30	29	28	27	24	23	22
39	80	79	74	73	26	25	60	59
40	81	78	75	72	71	62	61	58
41	42	77	76	69	70	63	64	57
44	43	48	49	68	67	66	65	56
45	46	47	50	51	52	53	54	55

::::: Puzzle (878) :::::

79	80	81	68	67	4	5	8	9
78	73	72	69	66	3	6	7	10
77	74	71	70	65	2	13	12	11
76	75	62	63	64	1	14	15	16
57	58	61	44	43	30	29	28	17
56	59	60	45	42	31	32	27	18
55	54	47	46	41	34	33	26	19
52	53	48	39	40	35	24	25	20
51	50	49	38	37	36	23	22	21

::::: Puzzle (879) :::::

17	16	13	12	11	10	9	8	7
18	15	14	23	24	25	26	27	6
19	20	21	22	31	30	29	28	5
66	65	56	55	32	33	34	35	4
67	64	57	54	39	38	37	36	3
68	63	58	53	40	41	42	43	2
69	62	59	52	49	48	45	44	1
70	61	60	51	50	47	46	79	80
71	72	73	74	75	76	77	78	81

::::: Puzzle (880) :::::

69	70	71	72	73	74	75	76	77
68	63	62	55	54	81	80	79	78
67	64	61	56	53	50	49	46	45
66	65	60	57	52	51	48	47	44
31	32	59	58	37	38	41	42	43
30	33	34	35	36	39	40	15	14
29	28	21	20	19	18	17	16	13
26	27	22	7	8	9	10	11	12
25	24	23	6	5	4	3	2	1

::::: Puzzle (881) :::::

17	16	13	12	11	10	9	8	7
18	15	14	23	24	29	30	1	6
19	20	21	22	25	28	31	2	5
76	77	64	63	26	27	32	3	4
75	78	65	62	61	34	33	42	43
74	79	66	59	60	35	36	41	44
73	80	67	58	57	56	37	40	45
72	81	68	53	54	55	38	39	46
71	70	69	52	51	50	49	48	47

::::: Puzzle (882) :::::

75	74	73	72	71	70	69	68	67
76	77	56	57	62	63	64	65	66
79	78	55	58	61	8	9	16	17
80	53	54	59	60	7	10	15	18
81	52	1	2	3	6	11	14	19
50	51	46	45	4	5	12	13	20
49	48	47	44	43	24	23	22	21
38	39	40	41	42	25	26	27	28
37	36	35	34	33	32	31	30	29

::::: Puzzle (883) :::::

47	48	51	52	79	78	77	76	75
46	49	50	53	80	81	72	73	74
45	44	43	54	55	56	71	70	69
2	1	42	41	58	57	64	65	68
3	38	39	40	59	60	63	66	67
4	37	36	29	28	61	62	19	18
5	34	35	30	27	24	23	20	17
6	33	32	31	26	25	22	21	16
7	8	9	10	11	12	13	14	15

::::: Puzzle (884) :::::

11	12	13	14	69	70	71	72	73
10	17	16	15	68	67	66	65	74
9	18	21	22	43	44	63	64	75
8	19	20	23	42	45	62	61	76
7	26	25	24	41	46	59	60	77
6	27	32	33	40	47	58	57	78
5	28	31	34	39	48	55	56	79
4	29	30	35	38	49	54	53	80
3	2	1	36	37	50	51	52	81

::::: Puzzle (885) :::::

53	54	55	56	57	72	73	10	9
52	51	50	59	58	71	74	11	8
47	48	49	60	61	70	75	12	7
46	45	44	63	62	69	76	13	6
41	42	43	64	65	68	77	14	5
40	39	38	37	66	67	78	15	4
33	34	35	36	81	80	79	16	3
32	29	28	25	24	21	20	17	2
31	30	27	26	23	22	19	18	1

::::: Puzzle (886) :::::

51	52	53	60	61	62	63	72	73
50	49	54	59	58	65	64	71	74
47	48	55	56	57	66	67	70	75
46	45	44	43	42	41	68	69	76
35	36	37	38	39	40	79	78	77
34	33	32	31	30	29	80	21	20
3	4	9	10	27	28	81	22	19
2	5	8	11	26	25	24	23	18
1	6	7	12	13	14	15	16	17

::::: Puzzle (887) :::::

75	76	77	78	1	4	5	6	7
74	73	80	79	2	3	12	11	8
71	72	81	18	17	14	13	10	9
70	69	68	19	16	15	24	25	26
65	66	67	20	21	22	23	28	27
64	63	62	49	48	39	38	29	30
59	60	61	50	47	40	37	36	31
58	55	54	51	46	41	42	35	32
57	56	53	52	45	44	43	34	33

::::: Puzzle (888) :::::

79	78	77	76	75	74	73	14	15
80	67	68	69	70	71	72	13	16
81	66	65	64	63	62	61	12	17
52	53	54	55	56	57	60	11	18
51	50	33	32	31	58	59	10	19
48	49	34	35	30	5	6	9	20
47	42	41	36	29	4	7	8	21
46	43	40	37	28	3	2	1	22
45	44	39	38	27	26	25	24	23

::::: Puzzle (889) :::::

23	24	25	40	41	42	43	44	81
22	21	26	39	38	47	46	45	80
1	20	27	28	37	48	51	52	79
2	19	18	29	36	49	50	53	78
3	4	17	30	35	56	55	54	77
6	5	16	31	34	57	68	69	76
7	14	15	32	33	58	67	70	75
8	13	12	61	60	59	66	71	74
9	10	11	62	63	64	65	72	73

::::: Puzzle (890) :::::

3	4	17	18	19	24	25	30	31
2	5	16	15	20	23	26	29	32
1	6	7	14	21	22	27	28	33
74	73	8	13	38	37	36	35	34
75	72	9	12	39	42	43	46	47
76	71	10	11	40	41	44	45	48
77	70	69	54	53	52	51	50	49
78	79	68	55	56	57	58	59	60
81	80	67	66	65	64	63	62	61

::::: Puzzle (891) :::::

47	48	49	50	51	54	55	56	81
46	43	42	1	52	53	58	57	80
45	44	41	2	3	4	59	78	79
38	39	40	9	8	5	60	77	76
37	36	11	10	7	6	61	74	75
34	35	12	13	14	15	62	73	72
33	32	25	24	17	16	63	70	71
30	31	26	23	18	19	64	69	68
29	28	27	22	21	20	65	66	67

::::: Puzzle (892) :::::

15	16	17	18	19	20	21	22	23
14	13	12	11	10	9	26	25	24
73	74	75	6	7	8	27	28	29
72	77	76	5	4	33	32	31	30
71	78	79	80	3	34	35	36	37
70	67	66	81	2	1	48	47	38
69	68	65	64	63	50	49	46	39
58	59	60	61	62	51	44	45	40
57	56	55	54	53	52	43	42	41

::::: Puzzle (893) :::::

59	60	9	8	7	6	5	4	1
58	61	10	11	12	13	14	3	2
57	62	63	72	73	74	15	18	19
56	65	64	71	76	75	16	17	20
55	66	69	70	77	30	29	22	21
54	67	68	79	78	31	28	23	24
53	52	51	80	81	32	27	26	25
48	49	50	43	42	33	34	35	36
47	46	45	44	41	40	39	38	37

::::: Puzzle (894) :::::

79	80	81	72	71	4	5	6	7
78	77	76	73	70	3	10	9	8
63	64	75	74	69	2	11	14	15
62	65	66	67	68	1	12	13	16
61	60	59	58	55	54	19	18	17
46	47	48	57	56	53	20	21	22
45	44	49	50	51	52	25	24	23
42	43	38	37	34	33	26	27	28
41	40	39	36	35	32	31	30	29

::::: Puzzle (895) :::::

21	22	29	30	31	32	47	48	49
20	23	28	27	34	33	46	45	50
19	24	25	26	35	42	43	44	51
18	17	16	37	36	41	56	55	52
13	14	15	38	39	40	57	54	53
12	1	2	79	80	81	58	59	60
11	10	3	78	71	70	69	62	61
8	9	4	77	72	73	68	63	64
7	6	5	76	75	74	67	66	65

::::: Puzzle (896) :::::

59	58	49	48	47	46	45	34	33
60	57	50	51	42	43	44	35	32
61	56	53	52	41	40	37	36	31
62	55	54	5	6	39	38	29	30
63	64	1	4	7	10	11	28	27
66	65	2	3	8	9	12	25	26
67	68	69	70	71	14	13	24	23
78	77	76	75	72	15	18	19	22
79	80	81	74	73	16	17	20	21

::::: Puzzle (897) :::::

73	72	7	6	5	2	1	18	19
74	71	8	9	4	3	16	17	20
75	70	69	10	11	12	15	22	21
76	67	68	53	52	13	14	23	24
77	66	55	54	51	28	27	26	25
78	65	56	49	50	29	30	31	32
79	64	57	48	47	46	35	34	33
80	63	58	59	44	45	36	37	38
81	62	61	60	43	42	41	40	39

::::: Puzzle (898) :::::

31	32	33	50	51	54	55	56	57
30	35	34	49	52	53	60	59	58
29	36	37	48	47	46	61	62	63
28	39	38	43	44	45	74	73	64
27	40	41	42	17	16	75	72	65
26	23	22	19	18	15	76	71	66
25	24	21	20	13	14	77	70	67
8	9	10	11	12	1	78	69	68
7	6	5	4	3	2	79	80	81

::::: Puzzle (899) :::::

37	36	35	34	33	32	31	30	29
38	1	4	5	12	13	20	21	28
39	2	3	6	11	14	19	22	27
40	81	80	7	10	15	18	23	26
41	78	79	8	9	16	17	24	25
42	77	76	75	74	73	72	71	70
43	44	51	52	57	58	63	64	69
46	45	50	53	56	59	62	65	68
47	48	49	54	55	60	61	66	67

::::: Puzzle (900) :::::

79	80	51	50	47	46	45	44	1
78	81	52	49	48	41	42	43	2
77	76	53	54	55	40	39	38	3
74	75	58	57	56	35	36	37	4
73	72	59	32	33	34	15	14	5
70	71	60	31	24	23	16	13	6
69	68	61	30	25	22	17	12	7
66	67	62	29	26	21	18	11	8
65	64	63	28	27	20	19	10	9

Puzzle (901)

75	74	71	70	69	16	17	24	25
76	73	72	67	68	15	18	23	26
77	78	79	66	65	14	19	22	27
56	57	80	81	64	13	20	21	28
55	58	59	60	63	12	31	30	29
54	3	4	61	62	11	32	35	36
53	2	5	8	9	10	33	34	37
52	1	6	7	46	45	42	41	38
51	50	49	48	47	44	43	40	39

Puzzle (902)

65	64	63	62	61	60	59	58	57
66	67	68	69	70	71	54	55	56
21	22	77	76	73	72	53	52	51
20	23	78	75	74	47	48	49	50
19	24	79	80	81	46	45	42	41
18	25	30	31	34	35	44	43	40
17	26	29	32	33	36	37	38	39
16	27	28	11	10	9	8	7	6
15	14	13	12	1	2	3	4	5

Puzzle (903)

33	32	31	30	29	28	27	26	25
34	39	40	19	20	21	22	23	24
35	38	41	18	17	16	15	14	13
36	37	42	43	2	3	6	7	12
47	46	45	44	1	4	5	8	11
48	49	50	51	54	55	56	9	10
79	78	77	52	53	58	57	62	63
80	75	76	71	70	59	60	61	64
81	74	73	72	69	68	67	66	65

Puzzle (904)

45	46	49	50	71	72	73	74	75
44	47	48	51	70	69	80	81	76
43	42	41	52	67	68	79	78	77
32	33	40	53	66	65	64	3	2
31	34	39	54	59	60	63	4	1
30	35	38	55	58	61	62	5	6
29	36	37	56	57	14	13	12	7
28	25	24	21	20	15	16	11	8
27	26	23	22	19	18	17	10	9

Puzzle (905)

21	22	23	24	25	52	53	54	55
20	31	30	27	26	51	50	57	56
19	32	29	28	45	46	49	58	59
18	33	34	43	44	47	48	61	60
17	36	35	42	41	68	67	62	63
16	37	38	39	40	69	66	65	64
15	14	5	4	3	70	71	78	79
12	13	6	7	2	73	72	77	80
11	10	9	8	1	74	75	76	81

Puzzle (906)

5	4	35	36	37	38	39	42	43
6	3	34	33	52	51	40	41	44
7	2	31	32	53	50	49	48	45
8	1	30	29	54	57	58	47	46
9	18	19	28	55	56	59	60	61
10	17	20	27	66	65	64	63	62
11	16	21	26	67	68	69	70	71
12	15	22	25	78	79	80	81	72
13	14	23	24	77	76	75	74	73

Puzzle (907)

33	32	31	26	25	20	19	18	17
34	35	30	27	24	21	14	15	16
37	36	29	28	23	22	13	12	11
38	39	40	41	6	7	8	9	10
53	52	43	42	5	4	3	2	1
54	51	44	45	68	69	70	73	74
55	50	47	46	67	66	71	72	75
56	49	48	61	62	65	80	81	76
57	58	59	60	63	64	79	78	77

Puzzle (908)

29	28	27	22	21	16	15	8	7
30	31	26	23	20	17	14	9	6
33	32	25	24	19	18	13	10	5
34	35	36	37	38	39	12	11	4
47	46	43	42	41	40	1	2	3
48	45	44	57	58	61	62	63	64
49	54	55	56	59	60	67	66	65
50	53	72	71	70	69	68	79	80
51	52	73	74	75	76	77	78	81

Puzzle (909)

75	74	65	64	63	16	17	20	21
76	73	66	67	62	15	18	19	22
77	72	71	68	61	14	11	10	23
78	81	70	69	60	13	12	9	24
79	80	53	54	59	58	7	8	25
42	43	52	55	56	57	6	5	26
41	44	51	50	49	2	3	4	27
40	45	46	47	48	1	32	31	28
39	38	37	36	35	34	33	30	29

Puzzle (910)

63	64	65	66	67	68	71	72	81
62	59	58	55	54	69	70	73	80
61	60	57	56	53	52	75	74	79
46	47	48	49	50	51	76	77	78
45	44	43	42	41	40	5	4	3
34	35	36	37	38	39	6	7	2
33	32	31	30	29	28	27	8	1
20	21	22	23	24	25	26	9	10
19	18	17	16	15	14	13	12	11

Puzzle (911)

9	10	11	12	15	16	17	18	19
8	7	6	13	14	1	26	25	20
43	42	5	4	3	2	27	24	21
44	41	40	33	32	31	28	23	22
45	46	39	34	35	30	29	74	73
48	47	38	37	36	77	76	75	72
49	54	55	56	79	78	69	70	71
50	53	58	57	80	81	68	67	66
51	52	59	60	61	62	63	64	65

Puzzle (912)

31	30	27	26	25	24	23	22	21
32	29	28	41	42	17	18	19	20
33	36	37	40	43	16	15	12	11
34	35	38	39	44	45	14	13	10
73	74	75	76	47	46	3	4	9
72	71	70	77	48	49	2	5	8
65	66	69	78	81	50	1	6	7
64	67	68	79	80	51	52	53	54
63	62	61	60	59	58	57	56	55

Puzzle (913)

73	74	75	76	77	78	79	80	81
72	71	70	69	68	67	66	65	64
43	44	45	48	49	60	61	62	63
42	41	46	47	50	59	58	57	56
39	40	35	34	51	52	53	54	55
38	37	36	33	32	31	30	29	28
19	20	21	22	23	24	25	26	27
18	15	14	11	10	7	6	3	2
17	16	13	12	9	8	5	4	1

Puzzle (914)

21	22	33	34	73	74	75	76	77
20	23	32	35	72	71	70	69	78
19	24	31	36	65	66	67	68	79
18	25	30	37	64	61	60	81	80
17	26	29	38	63	62	59	58	57
16	27	28	39	40	47	48	55	56
15	14	13	42	41	46	49	54	53
10	11	12	43	44	45	50	51	52
9	8	7	6	5	4	3	2	1

Puzzle (915)

53	52	49	48	47	46	17	16	15
54	51	50	43	44	45	18	19	14
55	58	59	42	41	28	27	20	13
56	57	60	61	40	29	26	21	12
81	80	63	62	39	30	25	22	11
78	79	64	65	38	31	24	23	10
77	72	71	66	37	32	1	8	9
76	73	70	67	36	33	2	7	6
75	74	69	68	35	34	3	4	5

Puzzle (916)

5	6	7	8	9	12	13	20	21
4	3	2	1	10	11	14	19	22
51	50	49	48	47	46	15	18	23
52	53	54	55	44	45	16	17	24
61	60	57	56	43	42	37	36	25
62	59	58	79	78	41	38	35	26
63	64	81	80	77	40	39	34	27
66	65	70	71	76	75	32	33	28
67	68	69	72	73	74	31	30	29

Puzzle (917)

81	62	61	24	23	22	21	20	1
80	63	60	25	26	27	18	19	2
79	64	59	54	53	28	17	16	3
78	65	58	55	52	29	30	15	4
77	66	57	56	51	32	31	14	5
76	67	68	49	50	33	34	13	6
75	70	69	48	41	40	35	12	7
74	71	46	47	42	39	36	11	8
73	72	45	44	43	38	37	10	9

Puzzle (918)

67	68	69	70	71	72	73	74	75
66	65	64	63	62	61	60	77	76
51	52	53	54	57	58	59	78	81
50	49	48	55	56	43	42	79	80
31	32	47	46	45	44	41	14	13
30	33	36	37	38	39	40	15	12
29	34	35	20	19	18	17	16	11
28	25	24	21	4	5	6	7	10
27	26	23	22	3	2	1	8	9

Puzzle (919)

81	72	71	60	59	54	53	48	47
80	73	70	61	58	55	52	49	46
79	74	69	62	57	56	51	50	45
78	75	68	63	64	41	42	43	44
77	76	67	66	65	40	39	38	1
18	19	20	33	34	35	36	37	2
17	16	21	32	31	30	29	28	3
14	15	22	23	24	25	26	27	4
13	12	11	10	9	8	7	6	5

Puzzle (920)

25	24	23	22	21	20	19	18	17
26	27	28	29	30	3	2	1	16
43	42	39	38	31	4	7	8	15
44	41	40	37	32	5	6	9	14
45	46	47	36	33	66	67	10	13
50	49	48	35	34	65	68	11	12
51	56	57	62	63	64	69	78	79
52	55	58	61	72	71	70	77	80
53	54	59	60	73	74	75	76	81

Puzzle (921)

29	30	31	32	33	50	51	58	59
28	27	36	35	34	49	52	57	60
25	26	37	42	43	48	53	56	61
24	23	38	41	44	47	54	55	62
21	22	39	40	45	46	1	64	63
20	19	18	5	4	3	2	65	66
15	16	17	6	75	74	73	72	67
14	11	10	7	76	79	80	71	68
13	12	9	8	77	78	81	70	69

Puzzle (922)

37	38	39	40	41	42	43	44	45
36	35	34	15	14	13	12	11	46
31	32	33	16	17	8	9	10	47
30	23	22	19	18	7	6	5	48
29	24	21	20	79	80	81	4	49
28	25	76	77	78	1	2	3	50
27	26	75	74	73	72	57	56	51
66	67	68	69	70	71	58	55	52
65	64	63	62	61	60	59	54	53

Puzzle (923)

81	80	79	78	77	74	73	72	71
58	59	60	61	76	75	68	69	70
57	56	55	62	65	66	67	2	1
52	53	54	63	64	19	18	3	4
51	50	49	22	21	20	17	16	5
46	47	48	23	24	25	26	15	6
45	40	39	34	33	28	27	14	7
44	41	38	35	32	29	12	13	8
43	42	37	36	31	30	11	10	9

Puzzle (924)

15	16	17	18	49	50	51	64	65
14	21	20	19	48	53	52	63	66
13	22	23	24	47	54	55	62	67
12	27	26	25	46	45	56	61	68
11	28	29	30	43	44	57	60	69
10	9	32	31	42	41	58	59	70
7	8	33	34	39	40	73	72	71
6	1	2	35	38	75	74	81	80
5	4	3	36	37	76	77	78	79

Puzzle (925)

65	64	57	56	37	36	35	18	17
66	63	58	55	38	39	34	19	16
67	62	59	54	41	40	33	20	15
68	61	60	53	42	43	32	21	14
69	70	51	52	45	44	31	22	13
72	71	50	49	46	29	30	23	12
73	74	75	48	47	28	27	24	11
80	79	76	3	2	1	26	25	10
81	78	77	4	5	6	7	8	9

Puzzle (926)

11	12	15	16	31	32	33	42	43
10	13	14	17	30	29	34	41	44
9	8	7	18	19	28	35	40	45
2	3	6	21	20	27	36	39	46
1	4	5	22	23	26	37	38	47
80	81	70	69	24	25	52	51	48
79	72	71	68	55	54	53	50	49
78	73	74	67	56	57	58	59	60
77	76	75	66	65	64	63	62	61

Puzzle (927)

37	36	33	32	25	24	5	4	3
38	35	34	31	26	23	6	7	2
39	40	41	30	27	22	9	8	1
44	43	42	29	28	21	10	11	12
45	46	47	48	49	20	19	18	13
62	61	58	57	50	51	52	17	14
63	60	59	56	55	54	53	16	15
64	67	68	71	72	75	76	81	80
65	66	69	70	73	74	77	78	79

Puzzle (928)

9	8	7	6	5	4	3	2	1
10	11	12	13	14	15	16	17	18
31	30	27	26	23	22	21	20	19
32	29	28	25	24	39	40	43	44
33	34	35	36	37	38	41	42	45
58	57	56	55	54	53	52	47	46
59	60	61	62	63	64	51	48	81
70	69	68	67	66	65	50	49	80
71	72	73	74	75	76	77	78	79

Puzzle (929)

51	52	59	60	61	62	3	2	1
50	53	58	57	64	63	4	5	6
49	54	55	56	65	66	67	68	7
48	35	34	81	80	75	74	69	8
47	36	33	32	79	76	73	70	9
46	37	30	31	78	77	72	71	10
45	38	29	28	23	22	21	12	11
44	39	40	27	24	19	20	13	14
43	42	41	26	25	18	17	16	15

Puzzle (930)

47	46	45	44	1	2	13	14	15
48	55	56	43	4	3	12	11	16
49	54	57	42	5	6	7	10	17
50	53	58	41	36	35	8	9	18
51	52	59	40	37	34	33	20	19
62	61	60	39	38	31	32	21	22
63	68	69	74	75	30	29	28	23
64	67	70	73	76	79	80	27	24
65	66	71	72	77	78	81	26	25

Puzzle (931)

19	18	17	16	15	6	5	4	3
20	21	22	23	14	7	8	9	2
27	26	25	24	13	12	11	10	1
28	31	32	33	34	81	80	79	78
29	30	45	44	35	36	37	38	77
48	47	46	43	42	41	40	39	76
49	50	51	52	65	66	67	68	75
56	55	54	53	64	63	70	69	74
57	58	59	60	61	62	71	72	73

Puzzle (932)

27	26	19	18	17	16	67	66	65
28	25	20	13	14	15	68	69	64
29	24	21	12	9	8	71	70	63
30	23	22	11	10	7	72	73	62
31	42	43	2	1	6	75	74	61
32	41	44	3	4	5	76	81	60
33	40	45	46	51	52	77	80	59
34	39	38	47	50	53	78	79	58
35	36	37	48	49	54	55	56	57

Puzzle (933)

1	6	7	8	37	38	39	40	41
2	5	10	9	36	35	34	33	42
3	4	11	12	23	24	31	32	43
16	15	14	13	22	25	30	29	44
17	18	19	20	21	26	27	28	45
72	73	74	75	78	79	80	81	46
71	70	69	76	77	56	55	54	47
66	67	68	61	60	57	52	53	48
65	64	63	62	59	58	51	50	49

Puzzle (934)

61	62	63	64	65	74	75	76	77
60	59	58	67	66	73	72	81	78
55	56	57	68	69	70	71	80	79
54	53	52	25	24	23	18	17	16
45	46	51	26	27	22	19	14	15
44	47	50	29	28	21	20	13	12
43	48	49	30	31	32	9	10	11
42	39	38	35	34	33	8	7	6
41	40	37	36	1	2	3	4	5

Puzzle (935)

81	76	75	60	59	58	57	56	55
80	77	74	61	50	51	52	53	54
79	78	73	62	49	46	45	8	7
70	71	72	63	48	47	44	9	6
69	66	65	64	41	42	43	10	5
68	67	36	37	40	15	14	11	4
31	32	35	38	39	16	13	12	3
30	33	34	25	24	17	18	19	2
29	28	27	26	23	22	21	20	1

Puzzle (936)

5	4	67	66	61	60	55	54	53
6	3	68	65	62	59	56	51	52
7	2	69	64	63	58	57	50	49
8	1	70	71	78	79	46	47	48
9	10	73	72	77	80	45	44	43
12	11	74	75	76	81	40	41	42
13	22	23	24	25	26	39	38	37
14	21	20	19	28	27	32	33	36
15	16	17	18	29	30	31	34	35

Puzzle (937)

11	12	13	34	35	54	55	56	57
10	15	14	33	36	53	52	51	58
9	16	17	32	37	38	49	50	59
8	19	18	31	40	39	48	47	60
7	20	21	30	41	44	45	46	61
6	23	22	29	42	43	66	65	62
5	24	25	28	69	68	67	64	63
4	3	26	27	70	71	72	73	74
1	2	81	80	79	78	77	76	75

Puzzle (938)

57	56	55	54	53	52	51	50	49
58	59	60	43	44	45	46	47	48
65	64	61	42	41	40	39	38	37
66	63	62	31	32	33	34	35	36
67	70	71	30	29	28	27	8	7
68	69	72	23	24	25	26	9	6
77	76	73	22	21	14	13	10	5
78	75	74	19	20	15	12	11	4
79	80	81	18	17	16	1	2	3

Puzzle (939)

79	78	77	36	35	30	29	6	5
80	75	76	37	34	31	28	7	4
81	74	39	38	33	32	27	8	3
72	73	40	21	22	23	26	9	2
71	42	41	20	19	24	25	10	1
70	43	44	45	18	17	16	11	12
69	68	47	46	51	52	15	14	13
66	67	48	49	50	53	54	55	56
65	64	63	62	61	60	59	58	57

Puzzle (940)

59	58	57	56	9	8	7	4	3
60	53	54	55	10	11	6	5	2
61	52	51	50	13	12	17	18	1
62	63	64	49	14	15	16	19	20
71	70	65	48	43	42	31	30	21
72	69	66	47	44	41	32	29	22
73	68	67	46	45	40	33	28	23
74	81	80	79	38	39	34	27	24
75	76	77	78	37	36	35	26	25

Puzzle (941)

9	8	7	6	61	60	59	58	57
10	11	12	5	62	63	64	65	56
17	16	13	4	75	74	73	66	55
18	15	14	3	76	81	72	67	54
19	20	21	2	77	80	71	68	53
24	23	22	1	78	79	70	69	52
25	26	27	36	37	38	45	46	51
30	29	28	35	40	39	44	47	50
31	32	33	34	41	42	43	48	49

Puzzle (942)

69	70	71	72	73	74	77	78	81
68	67	66	65	64	75	76	79	80
41	42	45	46	63	62	61	60	59
40	43	44	47	48	49	50	57	58
39	38	37	36	35	52	51	56	1
22	23	24	33	34	53	54	55	2
21	20	25	32	31	30	9	8	3
18	19	26	27	28	29	10	7	4
17	16	15	14	13	12	11	6	5

Puzzle (943)

73	74	75	4	5	8	9	12	13
72	77	76	3	6	7	10	11	14
71	78	79	2	19	18	17	16	15
70	81	80	1	20	21	22	23	24
69	68	51	50	49	28	27	26	25
66	67	52	53	48	29	30	31	32
65	64	55	54	47	36	35	34	33
62	63	56	57	46	37	38	39	40
61	60	59	58	45	44	43	42	41

Puzzle (944)

71	70	69	22	21	20	19	18	17
72	73	68	23	24	25	26	15	16
75	74	67	66	65	28	27	14	13
76	77	78	79	64	29	30	11	12
55	56	57	80	63	32	31	10	9
54	53	58	81	62	33	34	1	8
51	52	59	60	61	36	35	2	7
50	47	46	43	42	37	38	3	6
49	48	45	44	41	40	39	4	5

Puzzle (945)

9	8	7	2	1	28	29	30	31
10	11	6	3	26	27	38	37	32
13	12	5	4	25	40	39	36	33
14	21	22	23	24	41	42	35	34
15	20	47	46	45	44	43	68	69
16	19	48	59	60	63	64	67	70
17	18	49	58	61	62	65	66	71
52	51	50	57	76	75	74	73	72
53	54	55	56	77	78	79	80	81

Puzzle (946)

9	8	7	6	5	4	3	2	1
10	17	18	19	20	73	74	81	80
11	16	23	22	21	72	75	76	79
12	15	24	41	42	71	70	77	78
13	14	25	40	43	68	69	64	63
28	27	26	39	44	67	66	65	62
29	30	37	38	45	54	55	56	61
32	31	36	47	46	53	52	57	60
33	34	35	48	49	50	51	58	59

Puzzle (947)

31	32	37	38	47	48	53	54	55
30	33	36	39	46	49	52	57	56
29	34	35	40	45	50	51	58	59
28	27	26	41	44	63	62	61	60
21	22	25	42	43	64	65	68	69
20	23	24	13	12	11	66	67	70
19	18	17	14	9	10	81	72	71
2	1	16	15	8	79	80	73	74
3	4	5	6	7	78	77	76	75

Puzzle (948)

75	76	77	40	39	38	27	26	25
74	73	78	41	36	37	28	29	24
71	72	79	42	35	34	31	30	23
70	81	80	43	44	33	32	1	22
69	52	51	50	45	4	3	2	21
68	53	54	49	46	5	16	17	20
67	66	55	48	47	6	15	18	19
64	65	56	57	58	7	14	13	12
63	62	61	60	59	8	9	10	11

Puzzle (949)

29	28	25	24	23	22	21	20	1
30	27	26	81	80	79	78	19	2
31	32	49	50	75	76	77	18	3
34	33	48	51	74	73	16	17	4
35	36	47	52	71	72	15	14	5
38	37	46	53	70	69	68	13	6
39	44	45	54	65	66	67	12	7
40	43	56	55	64	63	62	11	8
41	42	57	58	59	60	61	10	9

Puzzle (950)

25	24	23	10	9	8	7	6	5
26	21	22	11	12	1	2	3	4
27	20	17	16	13	74	75	78	79
28	19	18	15	14	73	76	77	80
29	30	31	32	71	72	67	66	81
38	37	34	33	70	69	68	65	64
39	36	35	50	51	52	53	54	63
40	43	44	49	48	57	56	55	62
41	42	45	46	47	58	59	60	61

Puzzle (951)

79	78	77	76	75	74	73	72	71
80	81	64	65	66	67	68	69	70
23	24	63	62	61	58	57	56	55
22	25	26	27	60	59	52	53	54
21	20	19	28	31	32	51	50	49
16	17	18	29	30	33	46	47	48
15	14	13	12	11	34	45	44	43
2	3	6	7	10	35	38	39	42
1	4	5	8	9	36	37	40	41

Puzzle (952)

23	22	19	18	17	16	15	2	3
24	21	20	53	54	13	14	1	4
25	26	51	52	55	12	9	8	5
28	27	50	49	56	11	10	7	6
29	42	43	48	57	58	59	78	79
30	41	44	47	62	61	60	77	80
31	40	45	46	63	64	65	76	81
32	39	38	37	68	67	66	75	74
33	34	35	36	69	70	71	72	73

Puzzle (953)

31	30	29	28	27	26	25	24	23
32	33	34	35	36	81	80	21	22
49	48	39	38	37	78	79	20	19
50	47	40	41	42	77	16	17	18
51	46	45	44	43	76	15	12	11
52	55	56	59	60	75	14	13	10
53	54	57	58	61	74	5	6	9
66	65	64	63	62	73	4	7	8
67	68	69	70	71	72	3	2	1

Puzzle (954)

7	6	5	44	45	46	49	50	51
8	9	4	43	42	47	48	53	52
11	10	3	2	41	56	55	54	81
12	17	18	1	40	57	78	79	80
13	16	19	38	39	58	77	76	75
14	15	20	37	36	59	60	73	74
25	24	21	34	35	62	61	72	71
26	23	22	33	32	63	66	67	70
27	28	29	30	31	64	65	68	69

Puzzle (955)

47	48	51	52	55	56	59	60	61
46	49	50	53	54	57	58	63	62
45	44	43	42	41	2	1	64	65
36	37	38	39	40	3	4	67	66
35	32	31	12	11	10	5	68	69
34	33	30	13	14	9	6	71	70
27	28	29	16	15	8	7	72	81
26	23	22	17	18	75	74	73	80
25	24	21	20	19	76	77	78	79

Puzzle (956)

75	74	73	64	63	58	57	56	55
76	71	72	65	62	59	52	53	54
77	70	69	66	61	60	51	50	49
78	81	68	67	40	41	44	45	48
79	80	37	38	39	42	43	46	47
2	3	36	35	34	33	32	31	30
1	4	5	6	25	26	27	28	29
10	9	8	7	24	23	22	21	20
11	12	13	14	15	16	17	18	19

Puzzle (957)

71	72	75	76	77	78	79	80	81
70	73	74	57	56	55	54	51	50
69	68	67	58	39	40	53	52	49
64	65	66	59	38	41	46	47	48
63	62	61	60	37	42	45	6	7
30	31	32	35	36	43	44	5	8
29	28	33	34	1	2	3	4	9
26	27	22	21	18	17	14	13	10
25	24	23	20	19	16	15	12	11

Puzzle (958)

77	76	75	72	71	68	67	66	65
78	81	74	73	70	69	62	63	64
79	80	27	28	29	30	61	60	59
2	1	26	25	24	31	56	57	58
3	4	21	22	23	32	55	54	53
6	5	20	19	34	33	44	45	52
7	8	17	18	35	42	43	46	51
10	9	16	15	36	41	40	47	50
11	12	13	14	37	38	39	48	49

Puzzle (959)

15	16	75	76	77	78	61	60	59
14	17	74	71	70	79	62	63	58
13	18	73	72	69	80	81	64	57
12	19	20	21	68	67	66	65	56
11	24	23	22	41	42	43	54	55
10	25	26	27	40	39	44	53	52
9	8	7	28	29	38	45	46	51
4	5	6	31	30	37	36	47	50
3	2	1	32	33	34	35	48	49

Puzzle (960)

33	32	31	30	29	28	27	14	13
34	35	22	23	24	25	26	15	12
37	36	21	20	19	18	17	16	11
38	39	40	41	42	79	78	77	10
47	46	45	44	43	80	75	76	9
48	49	50	63	64	81	74	1	8
55	54	51	62	65	72	73	2	7
56	53	52	61	66	71	70	3	6
57	58	59	60	67	68	69	4	5

::::: Puzzle (961) :::::

39	38	31	30	29	28	27	26	25
40	37	32	33	2	1	18	19	24
41	36	35	34	3	4	17	20	23
42	49	50	51	52	5	16	21	22
43	48	47	54	53	6	15	14	13
44	45	46	55	56	7	10	11	12
79	78	59	58	57	8	9	66	67
80	77	60	61	62	63	64	65	68
81	76	75	74	73	72	71	70	69

::::: Puzzle (962) :::::

71	70	69	68	67	66	65	64	63
72	73	44	45	46	55	56	57	62
75	74	43	42	47	54	53	58	61
76	77	78	41	48	49	52	59	60
3	2	79	40	39	50	51	26	25
4	1	80	81	38	37	28	27	24
5	12	13	14	35	36	29	30	23
6	11	10	15	34	33	32	31	22
7	8	9	16	17	18	19	20	21

::::: Puzzle (963) :::::

5	4	3	12	13	16	17	22	23
6	1	2	11	14	15	18	21	24
7	8	9	10	71	72	19	20	25
66	67	68	69	70	73	74	27	26
65	64	63	80	81	76	75	28	29
60	61	62	79	78	77	32	31	30
59	52	51	50	45	44	33	36	37
58	53	54	49	46	43	34	35	38
57	56	55	48	47	42	41	40	39

::::: Puzzle (964) :::::

27	28	29	30	31	32	33	34	35
26	25	24	23	22	21	20	37	36
13	14	15	16	17	18	19	38	39
12	9	8	5	4	1	48	47	40
11	10	7	6	3	2	49	46	41
56	55	54	53	52	51	50	45	42
57	58	59	60	61	80	79	44	43
66	65	64	63	62	81	78	77	76
67	68	69	70	71	72	73	74	75

::::: Puzzle (965) :::::

37	38	39	40	75	74	71	70	69
36	35	34	41	76	73	72	81	68
31	32	33	42	77	78	79	80	67
30	29	28	43	46	47	54	55	66
23	24	27	44	45	48	53	56	65
22	25	26	1	2	49	52	57	64
21	20	19	4	3	50	51	58	63
16	17	18	5	6	7	8	59	62
15	14	13	12	11	10	9	60	61

::::: Puzzle (966) :::::

1	6	7	10	11	20	21	22	23
2	5	8	9	12	19	26	25	24
3	4	81	14	13	18	27	28	29
78	79	80	15	16	17	32	31	30
77	68	67	36	35	34	33	42	43
76	69	66	37	38	39	40	41	44
75	70	65	60	59	52	51	50	45
74	71	64	61	58	53	54	49	46
73	72	63	62	57	56	55	48	47

::::: Puzzle (967) :::::

69	68	65	64	57	56	55	54	53
70	67	66	63	58	49	50	51	52
71	76	77	62	59	48	47	10	11
72	75	78	61	60	45	46	9	12
73	74	79	80	81	44	43	8	13
32	33	34	39	40	41	42	7	14
31	30	35	38	1	2	3	6	15
28	29	36	37	22	21	4	5	16
27	26	25	24	23	20	19	18	17

::::: Puzzle (968) :::::

9	10	15	16	17	18	19	20	21
8	11	14	27	26	25	24	23	22
7	12	13	28	29	30	31	32	33
6	5	40	39	38	37	36	35	34
3	4	41	42	43	46	47	48	49
2	1	68	67	44	45	52	51	50
79	78	69	66	65	64	53	54	55
80	77	70	71	72	63	60	59	56
81	76	75	74	73	62	61	58	57

::::: Puzzle (969) :::::

15	14	13	12	11	10	9	4	3
16	17	18	19	20	21	8	5	2
31	30	27	26	23	22	7	6	1
32	29	28	25	24	47	48	51	52
33	34	35	44	45	46	49	50	53
38	37	36	43	76	77	78	55	54
39	40	41	42	75	74	79	56	57
68	69	70	71	72	73	80	81	58
67	66	65	64	63	62	61	60	59

::::: Puzzle (970) :::::

67	68	69	70	71	72	5	4	3
66	65	80	81	74	73	6	7	2
63	64	79	78	75	40	39	8	1
62	47	46	77	76	41	38	9	10
61	48	45	44	43	42	37	36	11
60	49	50	31	32	33	34	35	12
59	52	51	30	25	24	23	14	13
58	53	54	29	26	21	22	15	16
57	56	55	28	27	20	19	18	17

::::: Puzzle (971) :::::

75	76	77	78	79	80	81	2	3
74	73	72	43	42	39	38	1	4
69	70	71	44	41	40	37	36	5
68	57	56	45	32	33	34	35	6
67	58	55	46	31	22	21	8	7
66	59	54	47	30	23	20	9	10
65	60	53	48	29	24	19	18	11
64	61	52	49	28	25	16	17	12
63	62	51	50	27	26	15	14	13

::::: Puzzle (972) :::::

71	70	69	68	65	64	61	60	59
72	75	76	67	66	63	62	57	58
73	74	77	78	79	80	81	56	55
40	41	42	43	48	49	52	53	54
39	38	37	44	47	50	51	2	1
34	35	36	45	46	19	18	3	4
33	32	23	22	21	20	17	6	5
30	31	24	25	14	15	16	7	8
29	28	27	26	13	12	11	10	9

::::: Puzzle (973) :::::

67	68	69	70	71	72	75	76	81
66	65	64	61	60	73	74	77	80
27	28	63	62	59	56	55	78	79
26	29	32	33	58	57	54	53	52
25	30	31	34	35	48	49	50	51
24	21	20	37	36	47	46	45	44
23	22	19	38	39	40	41	42	43
16	17	18	1	2	3	4	5	6
15	14	13	12	11	10	9	8	7

::::: Puzzle (974) :::::

1	2	3	4	5	6	7	8	9
18	17	16	15	14	13	12	11	10
19	20	81	80	79	78	77	76	75
22	21	66	67	70	71	72	73	74
23	64	65	68	69	54	53	52	51
24	63	62	59	58	55	48	49	50
25	26	61	60	57	56	47	46	45
28	27	32	33	36	37	40	41	44
29	30	31	34	35	38	39	42	43

::::: Puzzle (975) :::::

23	24	73	74	75	76	77	78	79
22	25	72	71	64	63	62	81	80
21	26	69	70	65	60	61	54	53
20	27	68	67	66	59	58	55	52
19	28	29	30	41	42	57	56	51
18	33	32	31	40	43	46	47	50
17	34	37	38	39	44	45	48	49
16	35	36	1	2	3	4	5	6
15	14	13	12	11	10	9	8	7

::::: Puzzle (976) :::::

51	52	55	56	57	58	81	80	79
50	53	54	1	2	59	60	77	78
49	46	45	4	3	62	61	76	75
48	47	44	5	6	63	64	73	74
37	38	43	42	7	8	65	72	71
36	39	40	41	10	9	66	67	70
35	34	33	32	11	14	15	68	69
28	29	30	31	12	13	16	17	18
27	26	25	24	23	22	21	20	19

::::: Puzzle (977) :::::

1	2	3	16	17	20	21	24	25
6	5	4	15	18	19	22	23	26
7	10	11	14	31	30	29	28	27
8	9	12	13	32	35	36	47	48
75	74	73	72	33	34	37	46	49
76	77	70	71	40	39	38	45	50
79	78	69	68	41	42	43	44	51
80	65	66	67	60	59	56	55	52
81	64	63	62	61	58	57	54	53

::::: Puzzle (978) :::::

81	80	79	66	65	64	63	54	53
74	75	78	67	60	61	62	55	52
73	76	77	68	59	58	57	56	51
72	71	70	69	24	25	26	27	50
1	20	21	22	23	30	29	28	49
2	19	18	17	16	31	32	47	48
3	8	9	14	15	34	33	46	45
4	7	10	13	36	35	40	41	44
5	6	11	12	37	38	39	42	43

::::: Puzzle (979) :::::

65	64	3	4	5	8	9	12	13
66	63	2	1	6	7	10	11	14
67	62	21	20	19	18	17	16	15
68	61	22	23	24	25	32	33	34
69	60	57	56	27	26	31	36	35
70	59	58	55	28	29	30	37	38
71	72	73	54	53	52	41	40	39
80	79	74	75	50	51	42	43	44
81	78	77	76	49	48	47	46	45

::::: Puzzle (980) :::::

29	28	25	24	21	20	19	18	17
30	27	26	23	22	13	14	15	16
31	2	1	6	7	12	11	70	69
32	3	4	5	8	9	10	71	68
33	34	35	76	75	74	73	72	67
40	39	36	77	60	61	62	63	66
41	38	37	78	59	58	57	64	65
42	45	46	79	80	81	56	55	54
43	44	47	48	49	50	51	52	53

::::: Puzzle (981) :::::

37	38	73	72	71	70	69	68	67
36	39	74	75	76	77	78	79	66
35	40	41	42	45	46	47	80	65
34	33	32	43	44	1	48	81	64
29	30	31	12	11	2	49	62	63
28	25	24	13	10	3	50	61	60
27	26	23	14	9	4	51	58	59
20	21	22	15	8	5	52	57	56
19	18	17	16	7	6	53	54	55

::::: Puzzle (982) :::::

73	74	75	76	77	78	79	80	81
72	71	70	69	68	67	66	1	2
51	52	55	56	59	60	65	64	3
50	53	54	57	58	61	62	63	4
49	48	35	34	33	32	31	30	5
46	47	36	25	26	27	28	29	6
45	44	37	24	19	18	13	12	7
42	43	38	23	20	17	14	11	8
41	40	39	22	21	16	15	10	9

::::: Puzzle (983) :::::

81	80	79	70	69	14	13	8	7
76	77	78	71	68	15	12	9	6
75	74	73	72	67	16	11	10	5
48	49	64	65	66	17	18	3	4
47	50	63	62	61	20	19	2	1
46	51	52	53	60	21	22	25	26
45	44	43	54	59	58	23	24	27
40	41	42	55	56	57	32	31	28
39	38	37	36	35	34	33	30	29

::::: Puzzle (984) :::::

79	80	81	48	47	44	43	42	41
78	75	74	49	46	45	38	39	40
77	76	73	50	35	36	37	2	3
70	71	72	51	34	33	32	1	4
69	68	67	52	25	26	31	30	5
64	65	66	53	24	27	28	29	6
63	62	55	54	23	22	21	20	7
60	61	56	15	16	17	18	19	8
59	58	57	14	13	12	11	10	9

::::: Puzzle (985) :::::

1	2	3	48	49	50	51	54	55
6	5	4	47	80	81	52	53	56
7	8	45	46	79	62	61	60	57
10	9	44	77	78	63	64	59	58
11	12	43	76	75	74	65	66	67
14	13	42	41	40	73	70	69	68
15	16	37	38	39	72	71	30	29
18	17	36	35	34	33	32	31	28
19	20	21	22	23	24	25	26	27

::::: Puzzle (986) :::::

39	38	17	16	15	14	13	10	9
40	37	18	19	20	21	12	11	8
41	36	29	28	23	22	5	6	7
42	35	30	27	24	1	4	75	76
43	34	31	26	25	2	3	74	77
44	33	32	49	50	51	52	73	78
45	46	47	48	57	56	53	72	79
62	61	60	59	58	55	54	71	80
63	64	65	66	67	68	69	70	81

::::: Puzzle (987) :::::

21	20	19	18	17	16	15	14	1
22	29	30	79	78	77	76	13	.2
23	28	31	80	69	70	75	12	3
24	27	32	81	68	71	74	11	4
25	26	33	66	67	72	73	10	5
38	37	34	65	64	63	62	9	6
39	36	35	58	59	60	61	8	7
40	43	44	57	56	55	54	53	52
41	42	45	46	47	48	49	50	51

::::: Puzzle (988) :::::

45	46	47	54	55	56	61	62	63
44	43	48	53	52	57	60	65	64
41	42	49	50	51	58	59	66	67
40	39	38	37	36	3	2	69	68
29	30	31	32	35	4	1	70	71
28	21	20	33	34	5	80	79	72
27	22	19	18	17	6	81	78	73
26	23	14	15	16	7	8	77	74
25	24	13	12	11	10	9	76	75

::::: Puzzle (989) :::::

3	4	43	44	45	48	49	52	53
2	5	42	41	46	47	50	51	54
1	6	7	40	37	36	59	58	55
10	9	8	39	38	35	60	57	56
11	20	21	30	31	34	61	64	65
12	19	22	29	32	33	62	63	66
13	18	23	28	73	72	71	70	67
14	17	24	27	74	77	78	69	68
15	16	25	26	75	76	79	80	81

::::: Puzzle (990) :::::

27	26	25	24	17	16	5	4	3
28	31	32	23	18	15	6	1	2
29	30	33	22	19	14	7	8	9
38	37	34	21	20	13	12	11	10
39	36	35	76	75	72	71	70	69
40	41	78	77	74	73	60	61	68
43	42	79	52	53	54	59	62	67
44	81	80	51	50	55	58	63	66
45	46	47	48	49	56	57	64	65

::::: Puzzle (991) :::::

21	20	19	18	17	16	15	14	13
22	23	24	25	26	27	28	1	12
73	74	75	76	31	30	29	2	11
72	71	78	77	32	33	34	3	10
69	70	79	58	57	36	35	4	9
68	81	80	59	56	37	38	5	8
67	62	61	60	55	40	39	6	7
66	63	52	53	54	41	42	43	44
65	64	51	50	49	48	47	46	45

::::: Puzzle (992) :::::

75	76	79	80	33	32	31	30	29
74	77	78	81	34	25	26	27	28
73	72	71	36	35	24	23	22	21
68	69	70	37	38	17	18	19	20
67	66	65	64	39	16	15	14	13
52	53	62	63	40	41	10	11	12
51	54	61	60	59	42	9	8	7
50	55	56	57	58	43	4	5	6
49	48	47	46	45	44	3	2	1

::::: Puzzle (993) :::::

19	20	21	22	23	24	25	26	27
18	17	10	9	4	3	2	1	28
15	16	11	8	5	32	31	30	29
14	13	12	7	6	33	34	55	56
41	40	39	38	37	36	35	54	57
42	43	44	47	48	51	52	53	58
79	80	45	46	49	50	65	64	59
78	81	74	73	70	69	66	63	60
77	76	75	72	71	68	67	62	61

::::: Puzzle (994) :::::

35	36	37	44	45	78	77	76	75
34	33	38	43	46	79	80	81	74
31	32	39	42	47	48	49	72	73
30	1	40	41	52	51	50	71	70
29	2	3	4	53	54	55	56	69
28	21	20	5	8	9	58	57	68
27	22	19	6	7	10	59	66	67
26	23	18	15	14	11	60	65	64
25	24	17	16	13	12	61	62	63

::::: Puzzle (995) :::::

3	2	81	80	79	78	77	74	73
4	1	34	35	42	43	76	75	72
5	32	33	36	41	44	51	52	71
6	31	30	37	40	45	50	53	70
7	28	29	38	39	46	49	54	69
8	27	26	25	24	47	48	55	68
9	10	21	22	23	60	59	56	67
12	11	20	19	18	61	58	57	66
13	14	15	16	17	62	63	64	65

::::: Puzzle (996) :::::

13	14	15	16	17	18	19	20	21
12	11	10	29	28	27	26	25	22
7	8	9	30	31	32	33	24	23
6	5	4	3	36	35	34	47	48
69	68	67	2	37	40	41	46	49
70	71	66	1	38	39	42	45	50
73	72	65	64	63	62	43	44	51
74	81	80	79	60	61	56	55	52
75	76	77	78	59	58	57	54	53

::::: Puzzle (997) :::::

13	12	11	10	9	8	7	6	5
14	15	16	17	18	25	26	3	4
69	68	67	20	19	24	27	2	1
70	65	66	21	22	23	28	29	30
71	64	63	46	45	44	43	42	31
72	61	62	47	48	49	50	41	32
73	60	59	58	57	52	51	40	33
74	81	80	79	56	53	38	39	34
75	76	77	78	55	54	37	36	35

::::: Puzzle (998) :::::

59	58	57	56	55	54	53	10	11
60	61	62	49	50	51	52	9	12
67	66	63	48	47	46	45	8	13
68	65	64	41	42	43	44	7	14
69	70	71	40	39	2	3	6	15
80	81	72	37	38	1	4	5	16
79	74	73	36	27	26	25	24	17
78	75	34	35	28	29	22	23	18
77	76	33	32	31	30	21	20	19

::::: Puzzle (999) :::::

63	64	65	66	75	76	79	80	81
62	61	60	67	74	77	78	1	2
57	58	59	68	73	72	13	12	3
56	55	54	69	70	71	14	11	4
51	52	53	32	31	16	15	10	5
50	49	48	33	30	17	18	9	6
45	46	47	34	29	28	19	8	7
44	41	40	35	36	27	20	21	22
43	42	39	38	37	26	25	24	23

::::: Puzzle (1000) :::::

1	2	3	4	5	6	7	10	11
50	49	46	45	42	41	8	9	12
51	48	47	44	43	40	27	26	13
52	57	58	59	38	39	28	25	14
53	56	61	60	37	30	29	24	15
54	55	62	63	36	31	32	23	16
81	80	65	64	35	34	33	22	17
78	79	66	67	68	69	70	21	18
77	76	75	74	73	72	71	20	19

Special Bonus for Logic Puzzles Lovers

Please go to the link below to download and print this 500 Easy to Hard logic puzzles and start having fun.

https://bit.ly/2BM2LSC

A Special Request

Your brief review could really help us.

Thank you for your support

Made in the USA
Middletown, DE
30 October 2021